法医报告2

遗骨会说话

Written in Bone
Hidden Stories in What We Leave Behind

[英] 苏·布莱克 著
（Sue Black）
温雅 李金泽 译

中信出版集团 | 北京

图书在版编目（CIP）数据

法医报告. 2, 遗骨会说话 / （英）苏·布莱克著；
温雅, 李金泽译. -- 北京：中信出版社, 2021.8（2025.5重印）
书名原文: Written in Bone: Hidden Stories in
What We Leave Behind
ISBN 978-7-5217-3269-6

Ⅰ. ①法… Ⅱ. ①苏… ②温… ③李… Ⅲ. ①死亡－
普及读物 Ⅳ. ①Q419-49

中国版本图书馆CIP数据核字（2021）第121427号

法医报告2——遗骨会说话

著　　者：[英]苏·布莱克
译　　者：温雅　李金泽
出版发行：中信出版集团股份有限公司
（北京市朝阳区东三环北路 27 号嘉铭中心　邮编　100020）
承 印 者：河北鹏润印刷有限公司

开　　本：880mm × 1230mm　1/32　　印　　张：11.5　　字　　数：227千字
版　　次：2021年8月第1版　　印　　次：2025年5月第6次印刷
京权图字：01-2020-4539
书　　号：ISBN 978-7-5217-3269-6
定　　价：58.00元

献给汤姆，

我将与你生死相依。

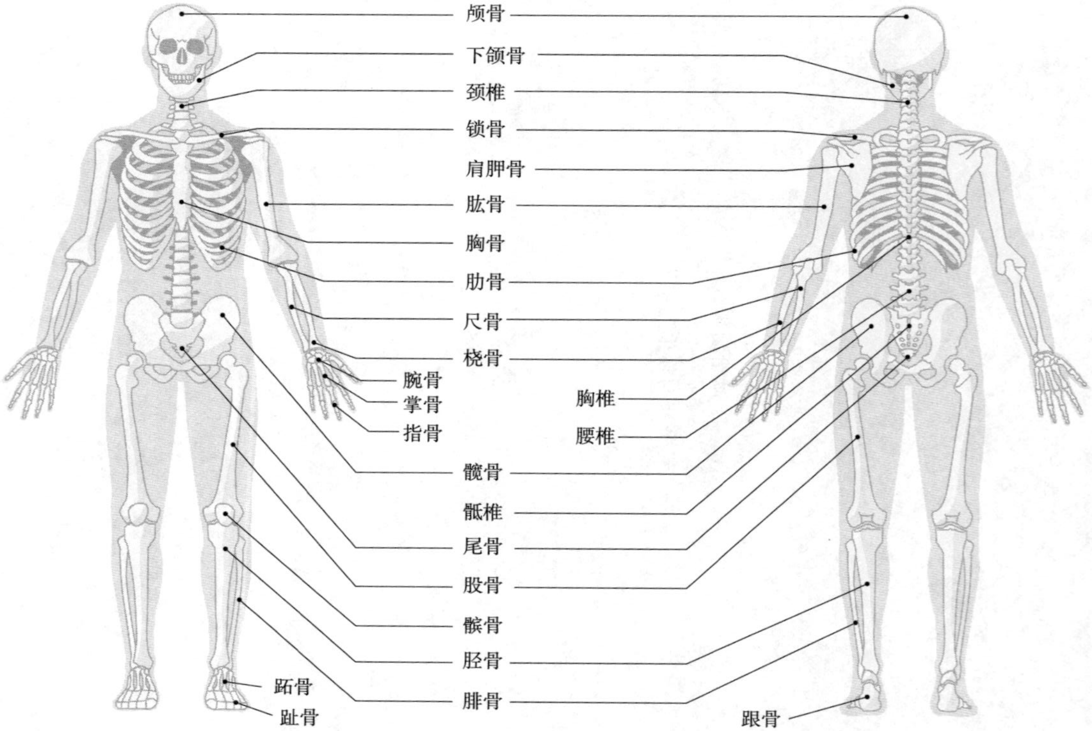
颅骨
下颌骨
颈椎
锁骨
肩胛骨
肱骨
胸骨
肋骨
尺骨
桡骨
腕骨
掌骨
指骨
胸椎
腰椎
髋骨
骶椎
尾骨
股骨
髌骨
胫骨
腓骨
跖骨
趾骨
跟骨

目　录

前 言
肉身消失，骨骼永存

肉体遗忘，骨骼铭记。

——乔恩·杰斐逊，作家

不是只有大脑承载我们生活的记忆。成年人的骨骼有 200 多块，每一块都有自己的故事，有的骨骼心甘情愿与所有在意它们的人分享，有的骨骼却小心翼翼地守护自己的秘密，除非遇到老练执着的研究人员，否则轻易不会讲述自己的故事。骨骼是我们身体的支撑物，即便皮肤、脂肪、肌肉、器官都已经腐烂分解，化作尘土，我们的骨骼依然如故。骨骼质地坚硬，让身体可以保持直立的形态，自然就成了我们来这世上走一遭的最后见证者和守护者。

我们以前错把骨骼看作枯燥且无生命的东西，但实际上，只要我们还活着，我们的骨骼就是有生命的。骨骼被切割会流血，折断后也会让人有痛感，并且它们还有自我修复的能力，可以基本恢复到受伤前的形状。骨骼会随着我们的生长而生长，会随着我们生活方式的改变而改变。人体骨骼是一个有生命且复杂的器官，需要持续不断的营养供给。骨骼的营养主要来自肠胃吸收的养分和周围动脉血管带来的养料。同时，骨骼还需要静脉和淋巴循环带走自身的代谢物质。

骨骼会不断调整对钙、磷等矿物质，氟、锶、铜、铁、锌等微量元素的吸收量，以保证自身的坚韧度和灵活度。如果骨骼只是由无机物组成，就非常容易发生骨折。所以骨骼还需要一种有机物——骨胶原，它可以增加骨骼的柔韧度。骨胶原是一种蛋白质，它的名字来自希腊语中的胶水一词，它也确实如其名，可以将骨骼中的各种矿物质黏合在一起，为我们提供一种复杂的混合物，最大限度地增强骨骼的力量和灵活度。

我们以前在生物课上经常通过实验来验证这两种基础物质（有机物和无机物）的不同作用。我们会拿两根骨头，通常是兔子的大腿骨（兔子是我父亲打猎的战利品）。我们把第一根腿骨放到炉子里，燃烧去除骨骼上的有机物，只剩下矿物质，这时候的骨骼就没有了可以让其固定在一起的弹性物质，简单来说，就只剩下骨灰了。这一根已经燃成灰烬的骨头可以短暂地保持原有形态，但只要你轻轻一碰，它就会立马变成一堆灰烬。

我们把第二根腿骨浸泡到盐酸里，去除矿物质。这时骨骼会有橡胶一般的手感，因为骨骼的坚硬质地是矿物质沉积的结果。如果你用手指去捏一捏，会感觉像是在捏一块橡皮，不但如此，即使你把这根腿骨对折，让其两头相触，它也不会被折断。不管是无机物还是有机物，都不能单独起作用，只有两者相结合，才能让我们拥有适合生存的骨骼系统。

虽然骨骼看起来非常坚硬，但如果你把骨头切开，会发现两种截然不同的物质，很多人通过煮熟的肉制品或者宠物狗啃过的骨头已经知道了这两种组成物质。骨骼的外面一层叫骨密质，它质地厚密，呈象牙白色。里面是更加精细的网状结构（骨小梁），看起来很像蜂窝，这就是骨松质。填满骨腔的物质是骨髓，骨髓由脂肪和造血细胞组成，所以骨髓还能制造红细胞、白细胞和血浆。我们的骨骼系统，不仅仅起支撑肌肉的作用，还是人体的矿物质储藏室、造血工厂、保护内脏器官的盔甲。

人的一生，骨骼一直处在不断重塑的过程中。有研究表明，人类的骨骼系统 15 年会换新一次。有的骨骼部分更新更快，例如，骨松质就更新频繁，而骨密质更新一次需要的时间最长。在生活中，人们稍不留神就可能造成骨松质的轻微骨折，骨松质会立马启动修复功能，避免更大的损伤出现，这也就解释了骨松质更新最快的原因。这样“修修补补”的工作基本上不会影响到骨骼的原有形态。但是，如果骨骼的某些部分受到重创，或者因为年龄的原因进行过骨骼置换手术，随着时间的流逝，我们的骨骼形态最终也会发生变化。

所以，我们应该摄入足够的营养来保证身体达到最佳的状态。骨密度大概在我们40岁时达到最高值。准妈妈和哺乳期的母亲特别需要这些矿物质营养素，而且随着年龄的增长，骨骼的各类营养物质都会消耗殆尽，全身的骨骼都会变得容易骨折。这在绝经后的女性身上表现得尤为明显，因为随着体内激素分泌减少，雌激素的保护作用也随之减弱。等到人体几乎不再分泌雌激素的时候，矿物质会大量流失，而且也得不到相应的补充，骨骼就会变得特别脆弱。这样的情况可能会导致骨质疏松，手腕、髋关节和脊柱最容易骨折，事实上，摔倒或者遭受外伤时，身体各处都可能骨折。到这个年龄阶段，不一定非得剧烈运动，随便一扭都有可能导致骨折。

在儿童和青少年时期，让骨骼能有充足的矿物质沉积尤为重要。当我们还在长身体的时候，牛奶是最好的钙源，而钙也是骨骼发育最重要的矿物质。这也就是给在校学生提供免费牛奶的原因，这一举措开始于二战后的英国，直到现在，英国政府也还在为五岁以下的幼儿园小朋友提供牛奶。

另外一种对骨骼生长起关键作用的营养物质是维生素D，它可以帮助人体吸收骨骼所需要的钙和磷。维生素D可以从奶制品、鸡蛋和鱼油中获取，但最好的来源是阳光中的紫外线，紫外线可以将皮肤中的胆固醇转化为维生素D。缺乏维生素D会导致多种临床疾病，尤其是儿童时期，这些疾病比较常见。长期包裹在襁褓中的婴儿、不出门的幼童，很容易患上佝偻病，造成骨骼软化脆弱，最常见的症状是 X 形腿或 O 形腿。

我们身体组织的大部分，不管是软组织还是硬组织，都能反映我们的生活经历、习惯和活动。我们只需要找到合适的工具去取证，再揭秘和解释这些证据。例如，酗酒的人的肝脏上会留下疤痕，吸食冰毒的人的牙齿上会留下痕迹（俗称“冰毒牙”）。长期饮食油腻会对心脏、血管、皮肤、软骨和骨骼造成危害，如果血管堵塞危及心脏，就必须立马打开胸腔进行手术。

事实上，我们很多的生活经历都已经被书写在了骨骼里。一个人是素食主义者，通过他的骨头就能看出来，愈合的锁骨可能是你某次骑山地车摔倒的“纪念品”，增加的肌肉量和肌肉与骨骼附着的部位是你在健身房挥汗如雨的成果。

也许这并不是我们传统意义上所说的记忆，但它们却真实可靠地记录了我们生活的轨迹。通常情况下，这些记忆都不会被翻开，除非需要专业人员来仔细检查，比如去医院拍片，或者有人死于意外，必须通过尸检查明死者身份和死因。

尸检这项工作必须是专业人员通过“听歌识曲”来找寻答案。要挖掘整首曲子有点不切实际，有时候需要的也只是一小段旋律而已。像是那种猜歌游戏，给你听一段前奏，让你猜出歌名。

我们把人体骨骼系统看成是一张唱片，法医人类学家的工作就是拿起我们专业的“唱针”，读取这首“身体之歌”任何有用的片段，还原出早前就书写下的旋律。通常，这都是一首悲伤的曲子，因为一个生命就这样结束了。我们关注的是这个生命曾经怎样存在过，它姓甚名谁。我们试图从骨骼中发现蛛丝马迹，还原这个生命的故事，或者找出这具尸体的身份。

在法医人类学的框架内，出于医学或法律的原因，需要研究人体或尸体部分时，从业者必须要先搞清楚四个最基本的问题。大多数时候，如果是对的人用对的方法，这四个问题都能得到解答。

第一个问题，这是人的尸体吗？

如果在意外的情况下发现骨骼，除非确定是这人类遗骸，否则警方不予立案。如果我们法医人类学家做出错误判断，让警方认为这是人类遗骸，最后却发现这只不过是猪、狗、猫或者乌龟的骨头，那这个错误就真的代价高昂。所以，法医人类学家想要确定摆在他们面前的骨头所属，就必须要对在自己工作的国家经常可能遇到的几种动物的骨骼有足够的了解。

因为英国四面环海，所以任何种类的动物遗骸都有可能被冲到岸边。大多数时候，这些遗骸属于海洋动物，那么，我们就必须熟知海豹、海豚或者鲸鱼的身体各部分，不管是活的、死的还是正在腐烂的。

我们需要熟悉各类动物骨骼的特点，不管是畜牧动物中的猪牛马羊，还是猫狗这样的宠物，抑或是兔子、狐狸、麋鹿这样的野生动物。每一种动物的每一种骨骼都有细微的差别，但就相同功能的骨骼来说，它们在形态上具有共性。例如股骨，不管是兔子还是马的股骨，长得都是股骨该有的样子，只是有大小的差异和形状上的些许差别而已。

对于那些曾经有过共同祖先的动物，我们就更难区分它们的骨骼了，比如羊和鹿的脊柱就非常相似。还有一些动物的骨骼很容易跟人类的骨骼混淆不清，即便法医人类学家具备解剖学知识，在区分这些骨骼时也要尤为仔细。人的肋骨跟猪的肋骨就很难分清。马的尾骨跟人的指骨看起来也没有什么差别，最让我们难以区分的是那些跟我们有共同祖先的灵长类动物。虽然混淆骨骼的事在英国鲜少发生，但法医人类学家的黄金准则之一仍是：凡事千万不要认为理所当然，正如我们前面提到的极易被混淆的骨骼，这种乌龙事件也并非闻所未闻。

我们有可能在地面上或者地下发现遗骸。如果遗骸被埋在地下，那么这就有可能是一种有意的行为，通常只有人类会做出这样的行为。一般来说，人类会埋葬自己的同类，但人类也会埋葬动物，尤其是自己的宠物。但不管是埋葬动物还是埋葬自己的同类，都有一些特定的地方，比如，我们喜欢把宠物埋在自己的院子或者树林里，把逝者埋葬在墓地里。所以，如果我们发现被随意丢弃的尸体，或者被埋在后院或野外的尸体，那就疑点重重，有很多问题需要调查清楚，换句话说，这就需要警方介入调查。

第二个问题，遗骸是否属于法医调查范畴？

刚被发现的尸体并不一定是才被埋葬的，如果它是一具古罗马时期的遗骸，展开凶杀案调查也不大可能有结果。在犯罪电视剧中，临床医生、法医病理学家、法医人类学家常被问到的第一个问题就是："死者的死亡时间是什么时候？"这个问题并没有那么容易回答。笼统地说，如果尸体上还有肌肉附着，肌肉也还有水分和脂肪，能闻到腐烂的臭味，那么死者死亡的时间就不会太久，可以展开法医调查。

但如果被发现的是一具枯骨，那问题就来了。因为在不同的地区，尸体腐烂成为枯骨的时间是不同的。在气候暖和的地区，昆虫活动猖獗，被弃之野外的尸体只需要几周的时间就能变成一堆白骨。但如果尸体被埋在地下，腐烂的时间就会延长，因为地下的温度低于地面，昆虫活动也受到一定的限制，尸体腐烂成枯骨的过程可因条件的不同在 2 周到 10 年之间完成，但也可能跨度更长。在特别寒冷和干燥的地区，尸体可能永远都不会变成白骨。这种广泛的推测对警方并没有太多实质性的帮助，但死亡时间的推测确实不是一项可以做到十分精确的科学方法。

不管怎样，确定一个时间节点非常重要，在这个时间节点以前的人类遗骸就不再属于法医调查的范畴。当然也有一些例外，不管时间过去多久，有些遗骨还是会引起法医的注意。比如，在英国西北部沙德伍兹沼泽地区，只要有青少年遗骨被发现，就一定会进行法医调查，看这是否与 20 世纪 60 年代伊恩·布雷迪和迈拉·欣德利犯下的沼泽连环杀人案有关，因为还有受害者的遗体没有找到。现在，这两名杀人犯也不能再提供任何可以帮助我们找寻受害者遗体的信息，所有的秘密都被他们带到了坟墓里。

通常情况下，如果遗骸的主人死亡时间已经超过 70 年，就不会再调查他的死因，因为也不大可能找到凶手。从理论上来讲，这具遗骸会被划分到考古学的范畴。这完全是人为的划分，其依据是人类可达到的寿命平均值。现代科学还不能提供任何可靠的技术，帮助我们准确地推测死亡时间。

有时候，死者身边的物品也可以提供帮助。如果在罗马一些著名的历史遗迹附近发现一具遗骸，遗骸的身边还有一个罗马币，那这具遗骸就不大会引起警方的注意。同样，如果因为暴雨冲刷，在奥克尼群岛发现的人类遗骸多半也跟考古有关。但为了以防万一，也都会进行调查。法医人类学家会先做一个评估，如果评估结果不够准确，那我们会把样品寄到相关机构检测。检查木头和骨头等有机物中的碳 -14 是人类学家确定考古发现具体年份的一种方法，这项技术从 20 世纪 40 年代开始一直沿用至今。碳 -14 是碳元素的一种放射性同位素，存在于大气中。不管是植物还是动物，一旦死亡，它们的碳 –14 含量就会逐渐减少。因为碳 –14 这种特殊的放射性同位素分解得非常缓慢，可能需要好几千年才会完全消失，所以，检测对象至少要有 500 年的历史，这项检测才能对其进行分析。因此这项技术不能帮助我们检测近现代的物品。

在最近 100 年的时间里，人类成了核试验的受害者，人体被检测出新的放射性元素。核试验后，一些新的人造放射性元素开始出现，锶 –90 就是其中之一。锶 –90 的半衰期为 30 年，而且是在核试验后才出现的元素，所以如果在骨骼中检测到锶 –90，那它一定是逝者生前接收到的放射性元素。这样可以把死亡日期缩短到 60 年左右。然而随着时间的推移，显然这种方法也会失效。所以当你看到电视剧里一位病理学家肯定地说这具尸骨在地下埋了 11 年，千万不要相信，那是假话。

第三个问题，死者是谁？

如果确定遗骸属于人类，其死亡时间也不长，我们的任务就是找出死者的身份。虽然我们的骨骼上不可能写着自己的姓名，但它们却隐藏着足够多的线索帮助专业人员确定死者的身份。一旦我们掌握这些线索，就会将其与采集到的死者生前信息、医疗和牙科记录以及亲属的生物信息做比对。在鉴定死者身份这个阶段，最需要法医人类学家的专业技能。我们的工作就是挖掘出这些隐藏在骨骼中的秘密。死者是男是女？死亡时的年龄是多少？死者是什么人种？他属于哪个民族？他的身高是多少？

回答上述问题为我们提供了四个基本参数，每个人都可以按照四个标准分类：性别、年龄、种族、身高。用这些数据可以建立一个生物侧写。比如，男性，白人，年龄为 20~30 岁，身高为 183~190 厘米。这个侧写可以自动排除那些不符合条件的失踪人口，进而缩小调查范围。如果读者想知道调查范围这个概念，这里有一个最近的案例：与生物侧写相匹配的名字就有超过 1500 个，有待警方调查。

我们总是揪着骨骼不放，询问各种各样的问题，期许它们能够回答。她生过小孩吗？她的关节炎是不是影响到了她的行动？她的髋关节置换手术是在哪里做的？她的桡骨是什么时候骨折的？她是左撇子还是右撇子？她穿几码的鞋？我们身体的每一处，都知晓我们的一部分经历。我们活得越久，骨骼能讲述的故事也越精彩。

DNA 鉴定技术的出现，在很大程度上改变了死者身份鉴定的方式。但如果要进行死者的 DNA 比对，调查人员必须要有原始的 DNA 数据。做 DNA 数据比对需要有个人在生前提供的 DNA 样本并把它输入数据库中。除了警察、士兵、法医专家等少数人因为职业原因需要提供 DNA 样本，只有被定罪的犯人才会被强制要求采集 DNA 数据。如果警方已经查明死者的身份，那么他们可以在死者的家里、办公室或者车里寻找原始DNA样本，再将样本与死者父母、兄弟姐妹或者子女的DNA做比对。有时候，死者亲属的信息已经在犯罪数据库中，用这样迂回的方法可最终找到与死者之间的联系。

当先进的法医科学不能为鉴定死者身份提供答案时，法医人类学就只能将注意力放在这一堆白骨上，把它当作最后一根救命稻草。除非我们已经知道死者的身份，否则警方无法立案调查，更不要说将罪犯绳之以法，还死者家属一个公道。

第四个问题，法医人类学可以帮助鉴定死亡方式和死亡原因吗？

在英国，法医人类学家是科学家，并不具备医学执照。确定死亡方式和死亡原因是法医病理学家的专业和责任。假设死亡的"方式"是受害者头部受到钝器撞击，死亡"原因"则是流血过多，在这样的情况下，病理学和人类学是可以相得益彰、和谐共处的。骨骼不仅仅可以告诉我们死者是谁，还可能知道死者身上究竟发生了什么。

在寻找死亡方式和死亡原因时，我们会问很多问题。比如，这个孩子身上反反复复的旧伤只是被虐待所致吗？这位女士身体上的骨折是否是自卫时造成的？

专家们会根据自己的目的解读身体的各个部分。临床医生会检查各种软组织和器官，看是否有病变的迹象。临床病理学家会做肿瘤切片活体检查，对细胞变异程度进行分类，确定发病机理和病变的发展过程。法医病理学家将注意力放在死亡方式和死亡原因上。而法医毒理学家则分析体液，包括血液、尿液、眼睛里的玻璃体液、脑脊髓液，以此来确定死者生前是否吸食毒品或饮酒。

不同的学科都只关注自己的领域，综合起来就构成了一幅大的画卷，就算我们目不转睛地观看，也会遗漏一些细节。在临床医生和病理学家的眼中，用骨钳和电锯打开骨骼仅仅是为了里面的器官，除非发现肿瘤或者明显的病变，否则他们不会多看这些骨头一眼。法医生物学家对骨腔中的细胞更感兴趣，而不会关注本身就是由细胞组成的骨骼，他们把骨头切成小片，碾磨成粉，为的是挖掘那些隐藏在细胞核中的秘密。法医牙科学家看到牙齿就兴奋，却可能对牙槽骨都不关注。

这首“骨骼之歌”就这样被忽视了。明明骨骼是身体最坚固的部分，甚至可以保存好几个世纪，一个人隐藏在软组织中的记忆分解消失后，骨骼还将那些秘密牢牢地守护着。

如果可以通过 DNA、指纹或者牙齿确定死者身份，没有人会想到“识骨认人”。但如果这些方法都试过，专家们已经黔驴技穷，找不到答案，才会有人想到更传统的方法。等到法医人类学家介入案件时，尸体可能已经被发现几个月甚至几年了，终于，这些骨头可以说出它们一直坚守的秘密。

科学家无法选择自己的工作对象，尸体是否最近才被发现，尸体是否完整，是否一定能从尸体上发现足够的线索，这一切都是不可控的。而且，被发现的尸体可能不完整，或者腐烂严重。时间的流逝会让那些被丢弃、被隐藏、被埋葬的尸体遭受更大程度的破坏。野兽的啃食，天气的作用，土壤和化学物质的侵蚀，都会阻碍我们去聆听那些曾经奏响的“生命之歌”。

法医人类学家通过手边能获得的一切资源，竭尽所能去复原这首“生命之歌”，哪怕只是一小段旋律。为了达到这个目的，我们就要清楚地知道我们要寻找什么，到哪里去找。如果有好几种骨骼都在向我们讲述相同的故事，那我们就能证实自己的猜想。如果我们只找到一种骨骼，那我们就得更加小心地解读，跟电视剧里那些言辞凿凿的法医不同，我们必须脚踏实地地寻找线索来解开谜团。

法医人类学研究的对象有时间年代的限定，与骨质考古学和人类生物学不同，不涉及历史久远的遗骨。因为我们需要把发现提交给法院，并且为这些证据做辩护，这是对抗性法律程序的一部分。所以我们的结论必须是有科学依据的事实。我们首先要对自己提出的理论进行研究、检测、再检测，还要熟知这个理论的统计概率并向法院呈现这些科学证据。另外，我们还要理解并遵守英国刑法第十九条关于专家证据的规定，并按照英国皇家检控署的规定管理好已经公开和未公开的案件材料。在法庭上，我们会被交叉询问，要求回答一些刁钻的问题。如果我们的证据被陪审团采纳，最终决定被告有罪或清白，我们就更要保证自己提供的这些证据有坚实的科学基础，并在法庭上清楚完整地展示我们的证据，以及证据收集过程是完全合法合规的。

曾经大家都认为法医人类学是步入法医科学世界的捷径，尤其在犯罪小说中，法医协助调查案件的情节总是那么紧张有趣，扣人心弦，然而事实并非如此。法医人类学家，是在英国法律监管下的一种职业体系，需要通过考试才能取得从业资格，而且为了保证每位从业者都是专业的、合格的专家证人，他们每隔5年需要重新参加一次考试。我们这个行业可容不下业余的侦探们。

本书将会带领大家一同踏上认识人体的旅程，从解剖学和法医人类学的视角向大家展示人体各个部分在现实生活中的作用。在这本书中，我将人体分成了不同的部分，逐一按章节讲解，向大家一一展示具有解剖学背景的法医人类学家如何帮助警方确定死者身份，帮助病理学家找出死者死亡原因和死亡方式，帮助牙医和放射科医生解读他们专业领域的发现。我会向读者展示我们的生活经历是如何深刻影响骨骼，专业人员又如何通过科学的手段复原这些故事。我会向读者讲述我们如何利用对骨骼的认知拼凑出不平凡的故事，生活中的经历远比小说更精彩。

本书中的法医案例都是真实发生过的案件，出于对死者及其家属的尊重，我更改了大部分案例中相关人员的姓名和发生地，只有在那些已经经过法院审理并被媒体报道过细节的案件中，我使用了真实的姓名。死者的隐私也应该被尊重。

第一部分

头部：颅骨

第 一 章

脑颅

还原生命的真相

生命的真相隐藏在颅骨里。

——尼可斯 · 卡赞扎基斯

（1883—1957）

作家

跟死亡相关的各种意象中，颅骨最容易让人联想到死亡。从最早期的人类社会开始，颅骨及其相关的象征物就有祭祀的作用，而且几乎贯穿了所有的文化和文明。如今，骷髅头成了我们最喜欢的万圣节象征，得到了重金属摇滚乐手、机车手和古代海盗们的青睐，成为国际上通用的有毒物质的警示标志，频繁地出现在风靡当下的哥特 T 恤上。

装饰繁复的颅骨在维多利亚时期作为古董珍品在市场上销售。比如闻名遐迩的水晶颅骨，据传就是哥伦布发现美洲大陆前，阿兹特克文明和玛雅文明的产物。但很多水晶颅骨最后被证实只是 19 世纪后期制作的赝品，目的就是欺骗和糊弄有钱的收藏家。伪造颅骨不只是为了牟取暴利，还有的是为了“促进”科学理论的发展。1912 年的皮尔当人骗局就是为了向学术界证明，类人猿向人类进化过程中的“丢失环节”已经找到。1953 年，这个之前在英国东萨塞克斯郡皮尔当被发现的古人类颅骨被揭露是一个伪造品。经过仔细检查，人们发现这个伪造品的脑颅来自一个矮小的现代人，被改造过的下颌骨属于一只红毛猩猩。这次事件也成了一直以严谨著称的英国科学界的黑历史。

除此之外，颅骨还成了价值连城的艺术品。2007年，艺术家达明安·赫斯特创作了他的成名之作《以上帝之名》。他创作这个作品的原因是他的母亲经常这样问他："以上帝之名，你接下来该怎么做?"这一次，他的回应是一个以白金浇铸，用8600颗极品钻石装饰的极尽奢华的骷髅头。不仅如此，他还在这个骷髅头额骨的正中，镶嵌了一颗巨大的梨形粉钻，代表洞悉一切的第三只眼。这件作品被认为是死亡的象征，通过这样一件艺术品，我们思考死亡的真谛。同时它也向我们暗示，或许艺术比生命更能跨越时间的鸿沟，生命总归化为尘土，而艺术的美却能源远流长。据说这件艺术品的造价约为1400万英镑。它最终是否售出，以及被售卖给了谁，我们无从得知，毕竟5000万英镑的天价不是谁都承受得起的。

关于这件艺术品，有两个方面让我难以接受。大量使用钻石来打造这样一件浮夸的艺术品不是我的关注点。我在意的是，用作模型的原始颅骨是从伊斯灵顿的一家标本商店购买的[①]，买卖

---

① 关于这件艺术品原始颅骨的来源及身份，网上众说纷纭，此处为本书作者原文所述。——编者注

我们祖先的遗骨会引起道德上的争议，也忽视了遗骨作为历史文物的重要性。在某个或近或远的时期，这些遗骨曾是某人在世的儿女。如果有人从我们自己的祖坟里偷盗遗骨售卖，我们肯定会被冒犯到，同样，我们就该换位思考，尊重别人的祖先。还有，这件艺术品上的牙齿是真的，它们从颅骨上被拔下来，再被镶嵌到已经浇铸好的艺术品上。打着艺术的名号，严重破坏了原始颅骨的整体性，这种行为让我难以接受。而且，从另外一个方面来说，我也很怀疑艺术家并没有按照牙齿的正确顺序镶嵌。

也许，我们被颅骨所蕴藏的象征意义吸引是因为颅骨是遗骨中最显眼的部分，更是我们作为人的核心部分。大脑承载着我们的智慧、力量、性格、感知，或者像有些人相信的那样，还有我们的灵魂。就好比我们通常是靠脸来认人，而不是靠膝盖。与人交往时，和我们互动最多的也是对方的大脑，同时，大脑也是我们意识、智慧、人性和真我的殿堂。我们对骨骼和颅骨经久不息的痴迷，原因或许很简单：我们都拥有一具肉身，但骨骼却隐藏在我们看不见的深处，所以成谜。

当警方邀请法医人类学家协助调查案件时，多半是因为发现了尸身不全的受害者，并需要合理的解释，从而需要我们的专业帮助。虽然大部分人在出生时都四肢健全，但也有例外的情况，其中一个可能的原因是羊膜带综合征，这种情况会造成胎儿在子宫内四肢或足趾不发育。在我们的一生当中，有一些人可能会因为外伤或者外科截肢手术而失去四肢，这是遗体不全的一个原因。另外，当一具尸体被发现缺失一部分时，大部分原因可能是因为野兽的啃食，但有时也可能是因为被蓄意分尸或抛尸。在这种情况下，作为一名法医人类学家，必须保持开放的思维，哪怕是尸体最小的部分，我们也要竭尽所能在上面寻找有用的信息。

几年前，我在伦敦教堂的一个地下墓室挖掘一位爵士的铅棺时跟我的同事说道："我怎么找不到他的左腿？"我的同事让我再仔细看看，毕竟我们都是有两条腿的生物。然而这一次的确如此，我仔细看了，他也只有一条腿。原来约翰·弗雷泽爵士在1782年的直布罗陀包围战中被大炮炸断了左腿。我们可以肯定的是，就算人类少了一条腿、一根手指，甚至两条腿、两根手指，也能继续生活，但如果没有了脑袋，没有人可以活下来。所以，每一具遗骸都有一个颅骨，或者说都曾有过一个颅骨，这是我们迫切想要寻找的部分。

在我职业生涯的早期，还作为人类学家在伦敦工作时，我就遇到了一具无头骸骨。一天早上，我接到警局的电话，他们希望我可以协助调查一桩"不寻常的"案件。说实话，在我们这个行业里，几乎没有什么案件是平淡无奇的，每一个案件都有它不寻常的地方。警察局询问我是否可以过去一趟，指导他们复原一具在花园里发现的遗骨，并在当地的停尸间对遗骨进行检查。

我们法医战略小组的人员在警察总局碰面，这里跟其他警察局一样，都是那种灰色的不起眼的建筑物。他们准备的茶水倒是特别充足，要是运气够好，还能尝一尝他们的培根三明治。一名高级调查员为我们讲述案件的背景。

一位看上去很和善的中年妇女畏畏缩缩地走进当地的一个警察局，她告诉值班的警员，如果他们撬开附近一座一层小楼后花园的石板，将会发现一具尸骨。

警方羁押了这名女子，并立即派遣了一队搜查人员赶到公寓。当被警方询问时，这名女子解释道，大约20年前，她在那间房子里照顾过一位老太太，有一天，她自己开门进去后，发现自己的雇主死在了地板上。她惊慌失措，六神无主，不知道该怎么办才好，为了不让自己被警方怀疑，她私自将雇主的尸体埋葬在花园里，然后她告诉房东，老太太患病并且搬去了养老院。然后，她里里外外地打扫了这间房子。警方并没有轻信她的证词，因为这不能解释为什么在老人死后的几年里，她还一直冒领老人的养老金。冒领养老金这件事情本身就疑点重重，容易引起大家的注意，后面的调查也证实了警方的怀疑。

这间公寓现在已经有了新的租户，法医队伍进驻之后，他们搬到了另外一个临时的住所。穿过两扇玻璃推拉门后，警方就发现了一个铺着水泥板的天井。水泥板很容易就被撬开了，在距离地面不足15厘米的地方，他们就发现了第一根骨头。也就是在这个时候，警方给我打来了电话。

发掘尸骨的工作正式展开，最终发现了一具“完整的”人类遗骸。但当我检查这具遗骸时，发现遗骸缺失了头部。我立马询问了办案人员，但他们却认为可能是我自己看漏了。这似乎是在暗示我没有认真对待自己的工作，或者我根本无法辨别什么是人类的颅骨，这着实让我怒火中烧，所以我的回答也很生硬。你能看不见足球那么大的头吗？我没有看漏。颈椎第四节以下的骨骼都完整地摆放在那里，而最上面的三节颈椎和颅骨并没有找到。

通过检查停尸房里的遗骨，我能肯定这具无头的尸骨确实属于一位年老的女性，并且手和脚都曾患有关节炎，还做过髋关节置换手术，这些都符合护工的描述。我们还找到了死者生前系的皮带，这条皮带属于她早已过世的丈夫，上面有一个士兵专用的皮带扣。病理学报告中也提到，没有明显的证据能证明死者的死亡原因和死亡方式，认为死者应该就是老人无疑。

死者的医疗档案显示，她曾在几年前做过右髋关节置换手术，但不幸的是，内置物上的编码并没有记录在档案里，否则这个编码可以作为死者身份认定的重要证据。死者的牙医告诉我们，死者佩戴假牙，但因为我们没有找到头部，所以也无法印证。而且死者已经没有在世的亲人，也无法进行 DAN 比对。

从死者现有颈椎最上面一节的表面来看，我认为死者的头部是在死者遇害后被割下来的。颈椎表面也有明显的外伤和断裂痕迹，证明死者头部是被外力强制分割下来的。但无论如何，最重要的是我们必须找到死者的头部。

当警方再次询问被羁押的护工，为什么没有发现死者的头部时，她终于承认，因为在埋葬尸体时无法面对死者的目光，她将死者的头颅用铁锹割了下来，装进一个塑料袋里。为了不被人发现，她把死者的头颅藏在了自己的家里，每次搬家，她都会带上这个头颅。后面的问题就肯定是，我们在哪里可以找到这个头颅。最终她交代，头颅藏在她花园的棚屋里，在一堆花盆的下面。

警方派遣队伍前往护工的花园棚屋，证实她确实良心发现，这一次没有再说谎。死者的头颅装在一个超市用的口袋里被带回到停尸间。我的第一个工作就是判断这个颅骨是否与躯干相匹配。那时候DNA鉴定技术刚刚起步，所谓的“匹配”是通过比对头颅与躯干的切口，以及骨骼反映的死者性别、年龄来判断。我拿到了颅骨、下颌骨、第一节和第二节颈椎，但没有找到第三节颈椎。很显然，凶手是从第三节颈椎开始肢解尸体的，从人体解剖的角度来讲，没有这一节颈椎，我们无法确定这个颅骨与躯干是否属于同一人。但是，从颅骨和下颌骨的特征来看，它们极有可能属于一位年老的女性，而且这位女性在过世时已经完全没有了牙齿。当然，我不相信还能找到她的假牙。

意外情况接踵而至。后脑勺和第二节颈椎处都有被刀砍过的痕迹。这就说明，除了铁锹（我很怀疑是否真的用到了铁锹），凶手还用到了砍刀这样的利器。不但如此，我还在颅骨上发现了裂纹。我认为死者的头部至少遭受了两次钝器重击，有可能就是护工之前提到过的铁锹，造成颅骨多处骨折。病理学家也认为，死者的死亡原因极有可能是后脑勺遭受钝器袭击，头颅是在死后被分割下来的，目的是掩饰死者的死亡方式。这也许就是为什么护工每次搬家都要把这个颅骨带上。

死者并不在失踪人员名单内，因为她已经没有任何家人在世，也没有人会想起她。我不知道为什么她会遭受如此暴力的行为，而施暴者本该是她亲密的朋友才对。不管怎样，这名护工最终因为殴打致人死亡被起诉，她用铁锹至少两次重击死者头部，之后还有可能用铁锹分尸。当她发现铁锹不好分尸时，她可能在厨房找到了合适的利器。在她终于成功切下头部后，随意拿起一个塑料口袋将它带回家中，并将剩下的尸体部分埋在花园的天井下。

凶手在想出办法掩盖自己的罪行前，一定花费了很长时间清理现场，大概还拿走了公寓里一些值钱的物件，最后还打起了死者养老金的主意。

凶手也许是因为金钱的驱使才犯下如此罪恶的行径，也许是争吵后的一时冲动，也许仅仅只是对老人失去了耐心。她的杀人动机我不得而知，毫无疑问，她确实逍遥法外20年，或许是因为良心不安，或许是因为无法承受谎言的负担，最终，她走进了警察局，坦白了自己的罪行。她被判处谋杀罪、分尸罪、藏匿尸体罪和养老金诈骗罪，剩下的为数不多的年月，她都将在监狱中度过。虽然已经过去20年，虽然她已经不再年轻，法律仍旧不会轻判，尤其是这样残忍的凶杀案。

很多案件都有自己的绰号，这个“棚屋藏头案”在当时更是轰动一时。我经常跟那些写犯罪小说的作家说，如果他们写的小说来源于我们遇到的真实案例，没有人会相信他们，因为那些情节真的出人意料、不可思议。

在这个案件中，骨骼不但告诉我们凶手有意将尸首分离，还告诉我们死者是被蓄意谋杀，而非自然死亡的。如果我们想要解读骨骼隐藏的故事，首先要确定它们是人体骨骼。因为有些物体看起来和骨骼很相似，这就要求我们要有专业的鉴别能力。青少年的一些骨骼很容易跟动物的骨骼混淆，也可能看起来像小块的圆形砾石。一般来说，即便是青少年的脑颅，也很好辨认，因为脑颅在人出生前就已经发育完整，当然也有被认错的时候。

2008年，泽西岛原加雷纳儿童福利院受到了全世界的关注，因为在这里发现的疑似青少年颅骨，引发了对当年儿童受虐案的调查。这个“颅骨”的发现被认为是虐童的关键性证据，调查也随之深入。甚至有传言说这个儿童福利院的孩子遭到了殴打和谋杀，他们的遗骨还被藏了起来。然而出人意料的是，当实验室取下一块脑颅骨去测定死者年龄时发现，这根本不是人体骨骼，而是一块木头，最有可能是一块椰子壳。

最后，警方不得不承认他们没有任何证据证明加雷纳儿童福利院发生过凶杀案。在这里找到的 170 多块疑似骨骼碎片中，仅有 3 块属于人类，且已经有 100 多年的历史。

虽然没有发现遗骸，但这里确实发生过令人发指的虐童事件。随着调查的深入，除了加雷纳，泽西岛的其他一些儿童福利院虐待儿童的丑闻逐渐浮出水面，时间最早可以追溯到 20 世纪 40 年代后期。虽然大部分犯罪嫌疑人都没有得到应有的惩罚，因为事件曝光时他们已经不在人世，但最终，还活着的罪犯并没有逃过法律的制裁。当时，因为浪费公共财产和警力来挖掘和鉴定那些假的人骨，致使警方和法医专家都受到了大众强烈的谴责，甚至一度威胁到关键调查的进行。

泽西岛发生的事件告诉我们，不管我们多么希望这个发现能成为有利的证据，事实都可能不尽如人意。如果你一心要找的是儿童的遗骸，就可能无法辨认那只是一块椰子壳，这就是证真偏差（confirmation bias）在作祟。证真偏差是指如果我们已经有先入为主的信念，会更倾向于寻找能够证明信念的证据，并带着这样的偏差解读我们的发现。这种思想上的偏见，我们一定要尽可能地避免。所以，当我们在判断石头、木头甚至小块的塑料（尤其是在火灾现场）是否属于人类骨骼时，一定要经过细致的调查再得出结论。毕竟，有的时候，你认为的骨骼，可能只是一块椰子壳。

不管是在文化上还是在情感上，我们都赋予了颅骨丰富的意象，这样的传统由来已久，但颅骨真正的神奇之处在于它的结构，它的构成和生长，它向我们讲述的关于自己主人的生平甚至死亡的故事，即便这位主人只是在短暂的时间维度上与之相依相伴。

在孕妇怀孕第 2 个月后期，胎儿颅骨就开始发育。等到婴儿出生 7 个月后，每一块颅骨的组成部分都能被辨认，即便单独拿出一块骨骼，只要专业人员清楚了解各个部分，都能辨认出来。成人的颅骨由 28 块骨骼组成，这 28 块骨骼是骨骼不断发育和融合的结果，这也使颅骨成为人体骨骼中最复杂的部分之一，不容易被认识，颅骨的碎片也很难复原。

新生儿的颅骨大约由 40 块骨骼构成，有的骨骼只有几毫米长。胎儿在母体时，脑容物的发育很快，比较而言，颅骨的发育跟不上脑容量的增长。为了保证胎儿头部能通过狭窄的产道，颅骨必须保持弹性。胎儿头部柔软的部分，也就是囟门，可以让颅骨骨骼部分重叠，促使胎儿头部挤出产道，柔软的囟门使颅骨有伸展的空间，这样才能装下比骨骼生长更快速的脑容物。很多新生儿的颅骨看起来都是变形的，等到各部分骨骼复位、6 处囟门闭合，就可以恢复正常。囟门闭合从胎儿出生后 2~3 个月开始，18 个月左右才能完全闭合。

从出生开始，颅骨就有 4 个主要的作用：

第一，保护柔软脆弱的脑组织和结缔组织。

第二，颅骨上有供血管和神经穿过的孔，以及可以容纳感觉器官（眼睛、耳朵、鼻子、嘴巴）外开的空腔，这样的结构让感觉器官能有效发挥作用，直观感受周围环境。

第三，颅骨为牙齿的排列提供空间，使牙齿发挥切割和咀嚼食物的功能，颅骨下方成对生长的颌骨让牙齿相互碾磨，捣碎食物，这是消化食物的第一步。

第四，颅骨是上呼吸道和上消化道开始的地方，能够帮助呼吸和运送食物。

颅骨一般分为两部分。体积大的一部分叫脑颅，由 8 块骨骼构成，这个坚硬的颅腔具备上述第一个作用，那就是保护和支撑脆弱的脑组织。另外一个部分叫面颅，成年人的面颅由 14 块骨骼构成，具备上述第二个作用和第四个作用。新生儿的面颅体积相对较小，占脑颅面积的 1/7 左右。

所以新生儿的头部相对较大（这也是为什么自然分娩会很困难），而且，因为眼睛是向外生长的，所以新生儿的眼眶看起来不合比例地显大。为迪士尼和华纳兄弟创作动画人物的漫画师、动画片制作人，特意夸大了青少年和成年人之间头部大小的差异，潜意识地用这种差异来表达“善良”和“邪恶”的人物品质。例如爱发先生——兔八哥的死对头，就是一个身材矮胖、光头圆脸的人物，而且他下巴圆润、眼大有神，这些都是孩童的相貌特征。相反，邪恶危险的人物——《阿拉丁神灯》中的贾方和《睡美人》中的黑女巫则高挑瘦削、小头斜眼，下巴和脸尤其瘦长。如今的动画片和电脑特效制作的人物形象已经更加成熟饱满，但这种反映好人与坏人的特征差异还是非常明显。

颅骨的比例大小决定了婴儿独特的面部特征，而牙齿和大脑这两种完全不同的组织又决定了颅骨的大小。因为大脑发育远在牙齿发育之前，所以大脑发育的需求在胚胎的最早期尤为明显。人类胚胎的神经系统在发育的初期是一小块扁平的组织，随后这块组织逐渐向中心折叠，闭合形成一根吸管状的组织，从胚胎体的中心向两边延伸，向上的一端将发育成大脑端，向下的一端则发育成尾端。胚胎在子宫里的第4周，大脑端的组织开始向前弯曲生长，逐渐靠近未来的脑干区域，并膨胀成一个气球状，这就是头部的雏形。

此时，未来的大脑区域神经系统快速扩张，在脑颅这样的骨骼支撑物出现之前，神经系统已经发育到相对高级的阶段。大脑组织，或者笼统地说，神经组织，会在这个时候发出指令，让大脑周围的骨骼开始生长，以起到保护脑组织的作用。这样看来，人类最早发育的骨骼是颅骨，或确切地说是脑颅，也就不足为奇了。

一些骨骼的生长模式可以帮助我们判断骨骼是属于胎儿还是新生儿。蝶骨就是其中之一，蝶骨位于颅底正上方，由 6 个部分组成：2 个体，1 对小翼，1 对大翼。胎儿 5 个月时，1 对小翼与体的前侧两端融合在一起。到 8 个月时，小翼又进一步与体的后侧两端融合。所以在胎儿出生时，蝶骨实际上是由 3 个不同的部分构成：体及与其完全融合的 1 对小翼，2 个独立的大翼。

蝶骨的所有骨骼部分，在胎儿出生 1 年后都会融合在一起。仅从蝶骨这一处，如果人类学家能辨认出其中融合或没有融合的细小骨骼，能了解蝶骨与年龄相关的变化顺序和模式，就能相当准确地判定儿童的年龄。不仅仅是蝶骨，颅骨中还有很多其他的骨骼可以帮助判断年龄，所以颅骨确实是一个“信息库”。

在一定情况下，大脑的两个半球均未发育，也就是脑神经没有发出指令让周围的骨骼生长，临床上叫无脑畸形。这样的后果是，胎儿可能会顺利出生，也有清晰可辨的脸部轮廓，但眼眶畸形、大脑萎缩，最重要的是，大脑周围没有坚硬的颅骨支撑保护，整个头部看上去像一个漏了气的气球。患有这种先天疾病的婴儿出生后最多能活几小时或者几天。没有脑组织，没有颅骨，注定了这个生命短暂悲剧的一生。

组成颅盖骨的骨骼原本是包裹在脑组织周围的结缔组织膜，

经过膜内成骨形成膜化骨，所以此处的骨骼与身体其他部分的骨骼有所不同。颅盖骨是双层骨，由内外骨板和中间的板障（diploic bone，来源于希腊语，意为双层）构成。这就像是一个三明治，在两层密质骨的中间有一层非常薄的松质。板障上多有小孔，有板障静脉通过。

有时候，这种三明治结构的骨骼会出现发育异常，有部分区域的骨骼薄弱，使得颅骨很容易受到损害。这种遗传病被称为"卡特琳缺陷"（Catlin mark），其症状是在颅骨后部的顶骨处有2个圆形的孔。这种遗传病最早是被美国生物学家威廉·M.戈德史密斯发现，他在卡特琳家族五代人中发现16名家族成员患有这种缺陷，所以将其命名为"卡特琳缺陷"，并在1922年发表了他的研究成果。但因为这些小孔只占据顶骨的一小部分，所以不会对人的寿命产生影响，然而，如果患者头部受伤，其颅骨就会比普通人更容易受到损害。

卡特琳缺陷的小孔与人为的颅骨穿孔不同，环钻术在全世界很多地方都出现过，这是一种与历史文化相关的活动，用十分简单的工具在患者头部钻孔（通常都是在有意识的情况下进行）。这样简单粗暴的穿孔手术或许是为了治疗严重的头痛病，或许是为了治疗精神疾病（甚至可能是为了释放所谓的禁锢在脑中的鬼神，以期精神上、生理上的疾病都可以治愈）。这种传统在中世纪后逐渐被大多数文化摒弃，但在非洲和波利尼西亚的部分地区，这种传统一直保留到了 20 世纪初期。没有现代麻醉技术的辅助，穿孔手术带来的剧痛让人难以想象。也有证据表明，在手术过程中，患者可能会极度兴奋，产生幻觉。让人难以置信的是，确实有人在经历过这种野蛮的手术干预后活了下来，他们颅骨上小孔边缘愈合的痕迹证明了这个事实。

在骨科手术中，有一种看起来很吓人的工具——手钻。手钻最早可以追溯到 18 世纪，从这一件工具可以看出后世的手术是如何进行的。手钻看起来很像电钻，像凿子的一端中间有一根细长的钻头，如果你拿给木匠看，他会以为那是木工扁钻的钻头。可以说，整容行业用到的很多工具其实就是仿照了木工工具，毕竟整容手术和木工活确实也有相同之处。我也听说过类似的故事，威尔士的一名实习医生为了磨炼自己的手术技艺，跑去一个建筑工地给木匠当了一个星期的学徒。很显然，他找到了一个很好的方法。

当一名法医人类学家面对一个穿孔的颅骨时，他知道造成这种情况的原因多种多样，在很多情况下，颅骨穿孔并不是造成死亡的主要原因，甚至与死亡毫无关系。一名有经验的专业人员可以相对清楚地判断卡特琳缺陷与古人的环钻术之间的区别。首先是位置和分布的区别：卡特琳缺陷两侧均有，一般是在两侧顶骨的后部，位置和大小都很对称；环钻术留下的孔多出现在一侧，且可能出现在颅骨的任意位置。

其次，孔边缘的形状也有不同。卡特琳缺陷的孔边缘呈尖锐状，而环钻术留下的孔边缘则是圆形的内凹，这是因为术后骨骼自愈出现的形状，证明患者挺过了手术，小孔开始愈合。如果患者在术中或者术后很短的时间内死亡，那他的伤口还会有明显的钻孔造成的伤痕和凹槽，以及没有愈合的骨折线。

颅盖骨非常独特，不会跟其他任意骨骼混淆不清，即便只有单独的一小块，也能清楚判断。当然，颅骨的其他部分就没有那么高的辨识度了。

一位住在苏格兰小镇上的中年女人突然离奇失踪，而唯一的线索是现场勘查的警察找到的一块疑似人骨的骨骼。

玛丽被上报失踪时，距离目击者看见她披上大衣下班已经过去5天。玛丽最后对她的同事说的一句话是她要把自己的丈夫赶出家门，因为她已经受够了丈夫的谎言和欺骗。玛丽在上班时接到一通银行的电话，告诉她他们夫妻二人共同申请的5万英镑贷款文件有些不合常规的地方。这确实很不合常规，因为她根本没有签署过这样的文件，她的丈夫伪造了她的签名。

玛丽丈夫的名下有好几桩失败的生意且负债累累。她对丈夫已经束手无策，经常跟自己的朋友抱怨道："如果哪天我没来上班，警察找来时，你就告诉他们去挖我家的后院。"

现在，玛丽真的失踪了，而且已经失踪5天，她的丈夫也没有想到报警。在审讯中，她的丈夫解释说玛丽下班后确实回到了家中，他们发生了激烈的争吵，随后她摔门而去。他还说，她没消气之前本就不打算回来。他以为玛丽去了伦敦，跟他们的一个已经成年的孩子待在一起。但实际上，玛丽并没有去伦敦。

现场勘查的警察封锁了玛丽的家。警察在浴室发现一些血迹，经 DNA 检测后或许会与玛丽匹配，他们还用内窥镜在浴室的 U 形管里发现了一块剥落的牙釉质。但这并不能证明玛丽已经死亡，日常在浴室发生滑倒事故也能解释为什么会在这里发现血迹和牙釉质。

紧接着，警察又搜查了厨房，他们在洗衣机的门上发现一些血迹，但这很有可能是玛丽沾在衣服上的经血。在洗衣机下水的地漏处，警察发现了一小块他们认为是骨骼的物质。在将这块物质送去做 DNA 检测之前，警方需要一位人类学家先仔细检查这块物质，并且确定这是否是一块骨骼，如果是，那是否是人骨，如果是人骨，是否能判断它是哪一部分的骨骼。

对于较小的证物，我们要非常注意分析证物的顺序。首先进行的是对证物没有损害的法医检查，避免化学检查对证物造成不可逆转的改变。这块骨骼也就 1 厘米长，0.5 厘米宽。如果要进行 DNA 检测，肯定需要将这块物质碾磨成粉，这样就完全改变了证物的形态。通过解剖这门学科来判断证物是否是人骨，是哪一部分人骨，就显得尤为重要，因为这可能是谋杀诉讼的重要依据。失去人体骨骼系统中的某一些骨骼，人类可以继续生活，但有一些骨骼却是人类生存的关键，一旦在体外发现这一类骨骼，那骨骼的主人很有可能已经死亡。

警察把这件证物带到了我的实验室，我们围坐在一张桌子旁，我和我的同事拿着放大镜仔细地端详。它实在太小了，我们都不敢用镊子挑起来观察，生怕会破坏证物。这样的情形着实让人倍感压力，在一屋子警察面前，我们的思维展露无遗。一开始的猜想多半不是最终的答案，在经历各种死胡同、误导之后终于得出结论，这样的过程总让我担心警察会质疑我们的专业性。

但我们的判断必须经过缜密的评估，排除，再得到最终的结果。科学判断上不可能有两种可供选择的答案。遗憾的是，我们不能像夏洛克·福尔摩斯那样凭空生出灵感，随便拿着一块骨骼碎片，观察一下，就能言辞凿凿："华生，如果我没猜错，这块碎骨的主人是一位 23 岁左右、走路一瘸一拐的女人，这块骨骼位于第三胸椎的上关节面。"事实上，这样一块碎骨，不过是 1000 块骨骼拼图中独一无二的一块，因为人体没有两块完全相同的骨骼。这块是否有突起？你找出这块骨骼的特点了吗？这样的特点是否还能出现在别处？

在这起案件中，我们一开始就能确定的是，这确实是一块人骨，而且是颅骨的一部分。它的外层是光滑的壳状物，内侧有迂回的线状隆起，综合所有特点，我们再也想不出第二种可能。

在确定了骨骼的性质后，我们要做的就是一一排除这块骨骼所在的可能位置。我们认为它一定不是颅盖骨的组成部分，也就是脑颅的上部分，因为这部分骨骼有板障。我们认为这块骨骼可能是颅骨两侧、颅底或面颅的骨骼，因为这块骨骼内侧有大脑沟回的压痕。我们将可能的位置缩减到三处：额骨的眶板（也就是眼眶的顶部），颞骨鳞部（耳部的上方），蝶骨的大翼（眼部后方的太阳穴，也就是头疼时按压的位置）。

眶板一般达不到这块骨骼的厚度，这种可能予以排除。排除第二个可能的位置是因为颞鳞上有隆起的嵴，而这块骨骼上并没有。最后的可能就是蝶骨了。蝶骨是脑颅的组成部分，没有板障结构，内侧有大脑皮质沟回的压痕，以及与额骨连接处的嵴。大家认为已经排除了其他一切可能性，证物是蝶骨的一处骨骼具有可信度和说服力。讨论持续了一个多小时，在场的警官对我们已经很不耐烦，还有没完没了的关于解剖学方面的争论。

最后，我们还必须确定这块骨骼是来自蝶骨的左翼还是右翼。如果没有判断错误，应该是左翼，否则嵴的位置和方向就刚好相反。在这块薄骨的附近有数条大动脉（脑膜中动脉）通过，如果颅骨的这一部分骨折，如此大小的骨骼被挤压脱离人体，我们可以比较肯定地判断玛丽已经不在人世。

当然，最后还需要病理学家做出正式的判断。病理学家也同意我的结论，但他不能对做出判断的过程给予任何评价，因为这已经超出了他的专业知识范畴。大家也并没有因为病理学家对我们专业的肯定和感谢而沾沾自喜，相反，我们把他的反应解读为一种忠告。这意味着我们很有可能被法庭传唤，如果案件成立，遗骨的鉴定对检方来说至关重要。地方检察官也证实这起案件将作为谋杀案展开调查。

这一小块骨骼最后被送去做 DNA 检测，结果与玛丽的 DNA 匹配。她的丈夫立马改变了说辞。玛丽确实回到了家中，他们之间的争吵逐渐升级。玛丽拿着刀在做三明治，这让他感到很害怕，害怕玛丽会伤害他。所以他抓住玛丽的手，一把把她推开。玛丽摔倒在厨房门口，又一骨碌滚下了阶梯，头部撞到了最后一级阶梯的水泥地上。玛丽的血和脑组织溅得到处都是。我想说的是，玛丽的头部撞击到水泥地面时，并不是玛丽丈夫描述的那番情景，而且这里也没有发现大量的血迹。

他又说道，玛丽左耳畔脑部的伤口血流如注，他这才意识到她已经死亡，于是将玛丽转移到浴室并将她放到浴缸里。然后他打扫了屋子，将玛丽用塑料布包裹起来，放进汽车的后备厢里。次日凌晨 2 点左右，他开车到野外抛尸。这部分陈述得到了警方的证实，因为他们在汽车的后备厢中发现了玛丽的血迹，交通摄像头也拍下了他开车时的照片。他告诉警方，他把玛丽的尸体丢进了当地一条水流湍急的河中。时至今日，玛丽的尸体也还没有被找到。

他把血衣放进洗衣机，却没有想到血衣里还夹杂着一小块玛丽的蝶骨。幸运的是，他并没有倒入有生物降解功能的洗衣液，洗衣机的水温也调得不高，否则，我们可能无法在这块蝶骨上提取到任何 DNA 物质。

这起案件并未结束，更困难的部分是检方和法医科学要证明这块骨骼属于玛丽本人。你可能会说，不是玛丽还会是谁？然而为了司法公正，我们的法律系统要求检方负责举证，而辩方则是提出合理的质疑。

正如我所担心的那样，我确实被法庭传唤了。在这里，我在解剖学方面的专业知识、对证物的专业判断，都无可避免地要被反复质疑。对一位科学家来说，法庭是一个非常陌生的地方。我们只能回答被问到的问题，如果一直没有被问到与专业相关的问题，坐在那里是让人沮丧且筋疲力尽的经历。在苏格兰，证人不能旁听诉讼经过，我们会在毫无防备的情况下被带到证人席，完全不知晓此时的诉讼战略、已经提交的证据以及接下来要呈现的证词。

首先是检方询问证人，但检方的开场白却是让我以女王之名证明自己的信誉，这样的形式我从没遇到过。然后我被允许提交我的证据，并被要求说明得出结论的过程。事实上，被检方询问算是比较轻松的环节，如果不是因为对案件有帮助，检方一般都不会挑战法医的证词。询问持续了近 1 个小时，大部分时间就是向法庭证明我有资格鉴定证物。

作为证人出现在法庭上，很重要的一点是，你发表的专家意见一定仅限于自己的专业领域，千万不要引申到另外的领域。

我当天的证词很简单，我确定证物是一块人骨，而且这块骨骼来自蝶骨的左大翼。我不能对骨骼主人是否还活着以及这块骨骼是否属于玛丽做出任何评论。我也不能对骨骼存留在洗衣机过滤器的时间，以及它为何出现在过滤器中做出任何评论。

因为法官和陪审团都很愿意准时休庭去吃午餐，我估计自己被辩方律师交叉询问的时间顶多还有两三个小时。辩方律师是一位我熟知且非常尊敬的律师，但这并不代表我们在法庭上的相见是一件轻松的事。他是一位非常厉害的律师，虽然他自己并不承认，说这是自己刻意打造的一种形象。他穿着得体，留着连鬓的络腮胡子，叼着夏洛克·福尔摩斯式的烟斗，着实引人注意。如果我做了什么坏事被告上法庭，我一定会找他做我的律师。

在苏格兰，证人需要站在证人席上，我通常都会脱下鞋子直接踩在地上，这让我很有安全感。没有人会看到我的脚。你能感觉到陪审团一直在看着你，所以你必须摆出一副没有表情的面孔。辩方律师被允许进行交叉询问，但他仍旧坐在自己的位置上，法庭上逐渐安静下来。紧接着，像是在电视里才会出现的一幕发生了，他俯身低下头从他的桌子底下拿起一本厚厚的书，为了显示这本书很有重量，他缓缓把它从自己的脚边抬起，一把丢在了前面的长凳上，制造出一种夸张的效果，更激起了一阵灰尘。这是一本最新版的《格氏解剖学》——解剖学界的圣经。他用自己文雅的爱丁堡口音说出自己的开场白，深深地镌刻在我的脑海里，他说道:“教授，我当然不会质疑你的……”

随之而来的就是让人紧张的盘问。他问我这块骨骼在儿童身上的生长规律，如何生长，骨折之后会怎样，这块骨骼周围的软组织，又问我如何得出结论认为这块骨骼是来自颅骨的左侧而不是右侧。而检方律师则问了我一些我无权回答的问题，这样一来便阻止了辩方律师询问我更多关于解剖的问题。比如，这块骨骼可不可能属于其他人？它为什么会出现在洗衣机里？诸如此类的问题辩方律师很有兴趣探索下去。在庭审中遇到这样的辩护战术是专家证人需要特别注意的。

午餐休息之前，法庭对我的询问已经结束，30 分钟后我坐上了回家的火车。我认为自己作为专家证人在交叉询问时的表现得到了陪审团的认可。我用一种他们能够理解的方式解释了我的发现，在他们看来我得出结论的过程和方式比较务实，并不过于武断。出庭之后，我在这起案件中的工作就全部结束了。

在那之后，我跟所有普通民众一样，只能通过电视和报纸了解案件的进程。这种感觉很奇怪，你曾经那么深入地参与到这起案件中，而如今马上就被排除在外。作为科学家，我们不能对任何案件掺杂私人感情，否则就会影响专业判断，甚至损害精神健康。但当从报纸上看到庭审的结果时，我们也会有一种画上句号的感觉。

本案中，玛丽的丈夫被判处 6 年监禁，罪名为过失杀人而不是蓄意谋杀。因为故意隐瞒抛尸地点，妨碍司法进程，他被判额外 6 年的监禁（总计 12 年）。他对判决不服，向上级法院申诉后减刑至 9 年监禁。而实际上，他只服刑了 4 年半，并且大部分时间都在监管并不严格的开放式监狱中度过。最近我甚至听说，他在刑满释放后立即搬到了黑潭区居住，并很快再婚。有时候女人的信任和宽容真的让人难以置信。

就在玛丽的丈夫提起上诉不久后，我在一个培训工作坊遇到了他的辩护律师，我开玩笑地责问他为什么要在法庭上为难我，明明我的证词不会对最终的审判结果有什么关键影响。因为警方已经通过 DNA 比对确定骨骼属于玛丽，她的丈夫也承认了玛丽的死亡和他的抛尸行为。之所以会对簿公堂，是因为他拒不承认是自己谋杀了玛丽。当然，一个好的辩护律师确实应该为了客户的利益拼尽全力，仔细钻研每一份证据，找出证据的漏洞，甚至从专家证人的信誉、专业知识、求证过程入手。

律师用他的苏格兰口音慢吞吞地回答道："对啊，我就是有意的，你可比那些病理学家难对付多了，他们更容易上套。"这就是我不愿意出庭的原因。

颅骨是一个立体图形，看起来像一颗鸡蛋并且由结构不尽相同的各部分组成，所以鉴定颅骨的创伤确实堪称一门艺术。尤其是情况十分复杂，需要将粉碎的颅骨一片片复原时，真的需要非常丰富的经验才能辨别出不同的骨骼，才能知晓究竟发生了什么，又是如何发生的。

当我在邓迪大学作为法医人类学家工作的第 6 年左右时，警方让我协助评估一位 92 岁男子的死亡原因。死者头部骨折的原因、死亡方式等都是没有被破解的谜题。当一队新的悬案小组在案发 4 年后重新审查证据，想找出新的线索时，他们突然想到人类学家也许能为这起悬案指明一个新的方向。

在警局，我和病理学家以及悬案组的成员围坐在一起将所有的证据都仔细检查了一遍，看是否在第一次调查时有所遗漏，同时也希望能找出可以跟进的新线索。大部分的证据都没有什么疑问，直到我们看到死亡方式。病理学家告诉我们，他原打算说死因是头部多处创伤，但却无法解释为什么在死亡地点只发现了一点点血迹，也无法说明为什么死者面部朝下，地毯上还有一块大脑额叶组织直接从死者大脑脱离并从左眼的伤口被挤出。

在我们的讨论中，各种不切实际的猜测都被推翻、剖析、排除。眼看一天的时间即将过去，讨论变得越来越天方夜谭，我们不得不叫停了这场头脑风暴。我们要做的就是带走所有死亡现场和尸检的照片，以及尸体的 X 光片，再找个安静的地方逐一检查，思考、思考、再思考，希望能从犯罪现场的证据中找出新的线索，提出一个理论上的假设来解释死因和伤口情况。因为我们已经没有办法再见到尸体，这名男子死亡不久后就被火化了。这就是为什么在任何一起案件中，全面、清晰且精准的照片尤为重要，因为你不知道在将来的调查中，什么证据还会被用到。

死者柯林在二战中服役于皇家海军。他终身未婚，40 年来一直居住在收拾整洁的小别墅里。这里的人都认识他，喜爱他，但并不了解他。柯林一直都很热爱运动，还是一名优秀的滑冰运动员、游泳健将，他喜欢散步，甚至还在晚年玩起了滑水运动。他的邻居告诉警方，柯林每天很早就出门，自己去报纸经销商那里取报纸，遇害的当天也是这样，经销商也证实了邻居的话。

当天晚些时候，柯林的邻居看到他的牛奶还放在门口没有拿回去，便走上前去查看他是否安好。邻居按了门铃，无人应答，就在别墅的周围转了一圈，从窗户喊他的名字。当他们从房子后面的窗户往里看时，发现柯林脸朝下趴在地板上。邻居立马叫了救护车并报警，但还是为时已晚，柯林已经死亡。

一开始，大家并没有往罪案那方面想，都以为他是心脏病发作，摔倒在地板上。直到救护人员赶到，将柯林翻过身来，大家才清楚地意识到他的死亡没有那么简单，还涉及了第二人。

鉴于别墅并没有被强行闯入的痕迹，所以柯林很有可能认识凶手。柯林在家中藏有不少现金，但凶手并没有拿走。其他物品也没有丢失，所以排除了入室抢劫的作案动机。

在我们检查尸检结果时，发现柯林头部受到的创伤，相当于从一栋四层建筑物跌落下来或者两辆高速行驶的汽车发生碰撞时造成的伤害。然而，我们能确定的是，柯林的死亡地点就是他跌倒的地方——里屋的卧室。这里并没有明显的血迹喷溅、家具被破坏的痕迹，也没有明显的武器使用痕迹。这是一个精心设计的局，凶手使出了他的伎俩，却没有人看出任何破绽，没有人听到任何异响，更没有人能够理解为何还有人要对这样一位垂暮之年的老者施以暴行，他看上去是那样与世无争。死亡方式被认定为头部经受多处创伤，最后尸体被送去火化了。

我仔细地查看了所有的照片和影像。希望可以建立一个有依据的理论，这就需要不被打扰的空间和鼎力相助的同事找出我提出的各种假设的漏洞，在排除各种不可能、不现实的线索后，将剩下的可能的线索串联起来。就这一点来看，我们确实有点像夏洛克·福尔摩斯，我们都相信的箴言是："当你排除了所有的不可能，剩下的无论多么难以置信，也是你要找寻的真相。"

接下来我们开始做骨折分析，首先要找出死者被袭击的顺序，这样或许可以解释死者颅骨骨裂的形态，以此推测出凶器。当骨骼上出现第一条裂痕时，第二次或者后续的外力作用会首先作用到第一次骨裂造成的缝隙中，加大第一次的创伤面。这样一来，通过找出第一次骨裂的位置，我们可以将死者受伤的顺序排列出来。一般来说，很少有（有人认为根本没有）第二次的外力作用会直接跳过第一次的创伤继而作用到另外一侧，造成新的创伤，但我认为，如果作用力够大，这样的情况也会发生。

从柯林尸检前拍下的面部照片来看，他左眼的内角已经有一处明显的开放性伤口，伤口的大小足以让那一小块前额叶组织被挤压出来掉落到他死亡时身下的地毯上。摆在我们面前的难题是，这块组织是怎么被挤压出来的。

我们通过神经病理学家得知，并没有外物穿透柯林的颅骨造成左眼的伤口，也就是说，大脑组织被挤压出来，但没有外物进入，因为在柯林的大脑里并没有发现被物体穿透的痕迹。柯林两个眼眶的周围有一些瘀青，头皮上有些许擦伤，仅此而已。但我们万万没想到，当拿起尸检后的照片时，我们看到的景象着实让人大吃一惊：头皮被剥离后，下面的颅骨大面积骨折，整个颅骨已经裂成好多块，骨折线更是纵横交错，像蜘蛛网一样。

我们要做的第一件事就是找出第一处骨裂的位置，这一处骨裂延缓了后续袭击对死者其他位置造成的骨裂进程。通过观察照片和影像，我们将第一次骨裂的位置确定在后脑。这一处的骨裂是两次袭击造成，凶器还在头皮位置留下了成对的刺伤痕迹，并把内层的颅骨挤压到了颅腔中。两次袭击均留下成对刺伤伤痕，每一对伤痕之间的距离一致，我们可以肯定是同一凶器造成的，凶手用带有两个尖锐突起的凶器两次狠狠地砸向死者头部。尽管死者年事已高，但他的颅骨还很厚，凶手确实使出了不一般的力气，才能使凶器刺伤头皮，挤压内层的颅骨。

再次查看犯罪现场的照片时，我们发现备用卧室里有一根给自行车打气的气筒，它的底座就有两个尖锐的突起，而且两处突起的距离与死者颅骨上两个孔眼的距离看起来是差不多的。但是，因为这个打气筒并没有保存至今，当时警方也没有采集它上面的血样、指纹和DNA，我们也无法肯定这是否就是凶器。

我们确信，最初的两次袭击在柯林的后脑留下一条水平的骨折线，几乎贯穿了双耳，这就是第一处创伤所在的位置。一旦找出了第一处创伤，要找第二处就不再是难事。我们认为第二处创伤应该是面部受到重创造成的，这也符合他左眼上方和鼻梁处出现的瘀青。第一次后脑遇袭，柯林可能已经头昏眼花分不清楚方向，而后凶手又暴力袭击了他的面部（有可能是拳击，因为瘀伤中有戒指的痕迹）。

第二处创伤造成了一条纵向的骨折线，从左眼几乎垂直地延伸至后脑，停在了第一处骨折创面处。在这个阶段，受伤后的出血量并不大。虽然皮肤上有瘀青，但第二次面部遭受拳击并不是造成内眼角开放性创伤的原因。

找寻第三处创伤十分困难，因为在遭受第二次暴力后，死者原本就已经非常脆弱的颅骨多处粉碎。我们只得从身体其他部分寻找答案，试图找出造成如此严重损伤的原因。尸检报告中指出，死者左侧肩膀的菱形肌有擦伤，菱形肌是连接肩胛骨内缘与脊柱之间的短肌。在犯罪现场的照片中，我们看到备用卧室里有一个靠墙支撑的床垫。我们认为袭击者抓住柯林的左臂撕扯，在这个过程中擦伤撕裂了菱形肌，柯林头顶着地时碰到了床垫，起到了一定的缓冲作用。

现场勘查的警员并没有在床垫上搜寻血迹，因为床垫看起来与凶杀案并无关联，毕竟，受害者和他的部分脑组织是在地板上。和自行车打气筒一样，床垫也没有被拿去检测，并且，在清理房屋时，这些东西全部被扔了出去。

柯林被甩出撞向床垫的力量足以撕裂他肩部的肌肉，也足以将颈椎推进颅底，造成严重的颅骨粉碎性骨折，这一点在尸检报告上也有提及。这一次的外力，不仅使颅底骨裂，也造成颅骨两侧骨折，骨折线从颅底一直延伸到头顶。尤其是左侧，冲击力之大，甚至超越了前两次创伤造成的伤害，一直延伸到了头部的右侧。颅底如此严重的损伤必定会造成严重的内出血，而柯林还遇到了更坏的情况，他骨折的位置是静脉窦经过的地方。病理学家也确认，经历这样的创伤，柯林当时或已死亡。我们只能祈祷，柯林在经受第三次创伤时已经或多或少失去意识。

让人意想不到的是，柯林的噩梦还没有结束。我们还需要找出他眼角附近的洞孔是如何造成的。柯林头部的一边有一处挫伤，与屋内放置的家用人字梯的梯面吻合。当然，警方也没有在这架人字梯上采集血样和DNA，它跟屋内其他物品一样被销毁了。我们认为，柯林在被甩向床垫后，他可能躺在了地面上，头部靠在人字梯的某一阶梯上，当他躺在那里时，凶手直接一脚踩在了他的头部，造成颅骨前部两条水平的骨折线，从左侧太阳穴延伸至右侧太阳穴。

最后，柯林可能被凶手架住站立起身，再被重重地推倒在地，因为柯林在当时的情况下不可能自己站立起来。最终柯林面朝下趴在地板上，也就是被发现时的位置。此时，他的整个颅骨满是伤痕，像一个能随意推动的合页，轻易就能将已经受伤的皮肤撕裂。就在他腹部着地的瞬间，隆起的腹部使得他的头部向前摆动，颅骨内骨折后的尖锐骨刺像一把剪刀一样，轻易剪下一小块大脑额叶，组织从眼角的洞孔被挤压出来，掉落在柯林身前的地毯上。

当然，这只是我们的推论。我们从各个方面验证了这个推论，从解剖学的角度来说具有说服力，但作案过程确实让人毛骨悚然，难以置信。我们的理论科学地解释了每一处骨折的原因及顺序。对于这个复杂的推论，我们也感到十分紧张，甚至有点惴惴不安，最终我们在与警方的又一次案情回顾会议上提出了这个推测：死者两次被凶手用打气筒袭击后脑，脸上遭受拳击，并被拽着胳膊甩到了靠墙的床垫上，在最终倒下前还被凶手狠踩头部。当我们讲述凶手的犯案过程，解释我们推理的依据时，每个人都静静地听着，没有发出一丝声响。我们还详细说明了还有哪些可用的证据，警方可以通过检测这些证物来证明我们的推理是否成立。

当我们讲完后，所有的目光都集中在病理学家身上，大家都安静地坐着等他表态，就像是在等待一个评委给你的技术和表现评分。最后他点头说，在没有其他选择的情况下，这个推理确有可能。但时至今日，它也还只是一个推论而已。

一对在西班牙度假的夫妻在酒吧偶遇了一位来自柯林老家的男子，让这起悲惨的案件有了一个令人惊奇的后续故事。夜越来越深，酒越喝越多，这名男子向这对夫妇讲起了以前他在军营时发生的暴力故事。当被问起有没有做过让自己后悔的事情时，他说自己曾在返乡时杀害了一位老人，这让他后悔莫及。这对夫妇当时并没有多想，只当他的话是酒后的胡言乱语。

等他们结束假期回到家中，一天晚上，他们在BBC（英国广播公司）的《刑事观察》栏目中看到了柯林的案件。然后他们意识到案发地就是他们在酒吧里遇到的那名男子的家乡，他们惊叹于这样的巧合，但还是决定报警。他们略显迟疑，甚至有些尴尬地讲述了事情的经过，好在警方喜欢巧合，决定跟进调查。警方最终找到了这名男子，但即便他真的杀害了柯林，警方也无法抓捕他。许多年前，他因为某些严重的历史罪行而转做污点证人被免予调查和起诉。

就在节目播出后，节目组就接到了这名污点证人的电话，他声称自己一直受到阿尔斯特志愿军的死亡威胁。他说自己在西班牙小酒吧遇到的那对夫妇误解了他讲的故事，他并不是在讨论柯林的死。他承认谋杀案发生时他在该地区，但否认与此事有任何牵连。

直到今天，我们也不知道为什么凶手——不管是这位污点证人还是其他人，会对这样一位老人犯下滔天罪行。警察不认识柯林，柯林也不是什么退休警察或者监狱官员，不可能成为某些犯罪集团的目标，他和现在生活在西班牙的污点证人没有任何关联。

遗憾的是，我们的证据并没有帮助警方找出凶手，但至少为这个离奇的案件提供了一些可能的答案。我们在这里所做的工作——检验证据并试图建立一个可能的理论来解释这些发现，是法医人类学家工作的重要组成部分。但这并不一定意味着犯罪者会被绳之以法，甚至有时我们永远也不会知道自己的推论是否正确。有时候，一起案件可能会变成一桩令人失望的悬案，这是我在职业生涯早期就已经接受的现实。这样的情节或许不能拍出好的电视剧，但这就是现实。

一旦完全成形，成年人的颅骨形状几乎不能再改变。为了能给脑组织提供足够的保护，每块骨头都必须与相邻的骨头紧密拼合。然而，成长中的骨头却具有很强的弹性和可塑性，所以儿童头部的形状可以改变。

纵观历史，各种文化都有用模具在婴儿颅骨定形前改变其形状的习俗，这样的做法可能是古人认为某些特定的脑部形状更有利于思考，或者只是单纯为了美观。在一些部落的高级阶层中，这种颅骨变形在孩子长大后被视为他们社会地位的象征。

改变颅骨形状的做法通常是将两块木板绑在婴儿头部两侧，或者直接用布带缠绕头部，以此得到想要的形状，或长或尖或圆。这样的做法通常是在婴儿出生 1 个月后开始，大概会持续 6 个月，甚至一两年，一直到婴儿囟门完全闭合，脑部形状基本不再改变。据说这样的操作不会影响孩子的神经系统，但我对此表示怀疑。

这样的做法在不同的历史时期，不同的地区或国家都出现过，从北美、南美到伊拉克、非洲、俄罗斯，甚至欧洲和斯堪的纳维亚半岛。但有一些情况例外，比如法国南部农村盛行的“图卢兹形变”就是一种治疗手段并一直延续到 21 世纪早期，捆绑头部的目的是保护脆弱的颅骨，脑部的形变只是治疗目的之外的副作用。

无论颅骨的形状如何，颅盖骨都可以告诉我们很多关于个体的信息，特别是他们的性别、年龄以及种族。男性的骨骼上通常附着更大块的肌肉，而女性的肌肉则更加纤细。附着在脑颅上的肌肉很少，但是如果你深入颈部肌肉与颅底骨接合的中线部位，男性在这个部位可能会有一个较大的骨骼隆起，而女性则不会有。这个隆起称为枕外隆凸，男性的更为明显，因为这里有一条连接颈椎的强壮的韧带组织。这条韧带有助于保持颈部椎骨对齐，使头部在第一节颈椎上保持平衡。

澳大利亚一所大学最近上了新闻头条，他们根据一项小型研究的数据结果宣布，现代青少年和年轻人枕外隆凸的生长速度有加快的趋势。这项研究仅有284个样本，但这也不能阻止他们得出结论，他们认为造成这个趋势的原因是青少年长时间低头使用电子产品。我为获得荣誉学位而研究的青铜时代的遗骨也有非常发达的枕外隆凸，但无论我多么努力地寻找，也始终没有证据表明他们也曾使用过手机。

科学也许是美好的，但伪科学却很危险。我们总是急于向世界分享我们新的发现，但也不要仅从有限的观察中就草率地得出结论。我们不能用自己天马行空的想象帮助警方调查案件，或者向法庭提交证据。

人类耳朵后面有一个小骨头块叫作乳突（来自拉丁语，意为“小乳房”），这里也是一处判断性别的标志，虽然不是特别准确。这里是胸锁乳突肌的附着点，胸锁乳突肌位于胸前和耳后之间。如果你伸长脖子，把头扭向一边，这块肌肉就很明显。肌肉越强壮，骨块就越大，所以女性的乳突往往比男性小得多。

有证据表明，如果你的乳突向下，你的耳垂轮廓就不会特别清晰（称为“附着”耳垂）。如果乳突指向上方，你的耳朵可能会有一个更加明显的“自由”的耳垂。

除非研究对象是一个年幼的儿童，否则仅凭脑颅很难确定个体死亡时的年龄。一旦进入成年期，颅盖骨之间的关节或骨缝线开始融合，它们实际上只不过是个体年轻或年老的一般指南。

有时，在颅盖骨的某些骨缝处，我们可能会发现被称为缝间骨（沃姆骨）的副骨，这是某些疾病的标志，如唐氏综合征和佝偻病。这种副骨在有某些祖先的群体中比其他群体更常见。例如，亚印裔的颅骨通常含有大量的此类小骨，而在颅骨后一块叫作印加骨的大骨在秘鲁木乃伊中则很常见。这种颅骨骨缝处副骨的遗传倾向可以为探寻种族起源提供有价值的信息。

颅盖骨内侧可能会有小的凹陷点，从前往后呈线状与矢状缝平行。这些凹点是由蛛网膜粒造成的，蛛网膜粒就是脑膜上的颗粒状突起，向上突入纵向延伸的静脉或静脉窦。蛛网膜粒看起来像花椰菜的菜花，它伸入脑膜之间的空隙中，使滋润大脑的脑脊液渗入中央静脉窦，即上矢状窦中，使其回流进入静脉系统。

随着时间流逝，骨骼的内表面就形成了这些颗粒状的凹点。如果我们看到这些凹点，那这个颅骨的主人有可能是一位老人。曾经有一种流行的说法是通过数凹点来判断一个人的年龄，这有点像是通过数树干上的年轮来计算一棵树的年龄，但凹点计数是无稽之谈，即使它可以自圆其说。

通过观察颅骨倒是可以预测某些形式的耳聋。耳朵有 3 个不同的部分，它们形成的过程不尽相同。

外耳包括耳郭（我们头部侧面的外耳片）和通向位于颞骨内鼓膜的外耳道。如果没有通向颅骨的外耳道，声波就不能到达鼓膜，那么这个人就是聋人。

中耳位于颞骨深处，从鼓膜一直延伸到内耳壁。在这个空间里，3 个听小骨（锤骨、砧骨、镫骨）的运动构成一个完整的工作机制，将振动从鼓膜传递到内耳。如果这 3 块骨头之间的小关节不能正常工作，那么这个人也是聋人。如果镫骨边缘与内耳壁融合，也会造成耳聋。当然，还有其他许多造成耳聋的原因，我所说的只是从颅骨解剖的角度来解释。

内耳畸形（在颞骨岩部）导致的耳聋很难识别，需要人类学家做好准备，真正钻入内耳的前身耳软骨囊周围生长的致密骨中。这是一块非常神奇的骨区，它在婴儿出生时就已经长到成人的大小，而且之后也不会再有变化。耳囊是稳定同位素分析的宝库，用于分析氧、氮和磷等元素同位素的水平，这些同位素可以在我们的身体组织中产生元素特征。耳囊跟母亲怀孕时的饮食结构有非常紧密的关联，所以它可以为科学家提供母体在胎儿耳囊形成时期的饮食结构以及饮用水来源等信息，从而找出母亲的生活地。

如果一个单独的颅骨意外出现，不管它有多么明显的人类颅骨特征，警方也需要从专家那里得到确认，才能决定后续的工作安排。有一次，我们收到一张颅骨的照片，警方在一片荒地上发现了这个颅骨。这是一个非常逼真的复制品，但如果我们从牙齿上看，能发现它其实是用石膏做成。它出现在 11 月，也就是万圣节后不久，这可能是为什么它会被遗弃荒野。

有时候渔船也会打捞到单独的头部或颅骨。当这种情况发生时，船长只能做出一个艰难的决定，因为如果在捕捞物中发现人类遗骸，那么整批捕捞物都必须被处理掉，这样就会影响到他们的生计。因为这个原因，我相信有很多的发现并没有被上报。

曾经有一个颅骨（不包括下颌骨）在苏格兰西海岸的港口墙上被发现，很明显这是一位船长想出的主意。这个颅骨是从海中打捞上来的，因为它表面还附着有藤壶，它之所以被人故意放在那里，是因为那人希望有人能发现并向当局报告。警方拍下了颅骨的照片，发送给我们，并希望我们能帮忙鉴定这是否是一个人类的颅骨。是的，它确实属于人类。

然后，我们被要求确定颅骨主人的年龄（并估计死者死亡的时间），找出颅骨的特征，并提取骨骼样本进行 DNA 分析。这个颅骨属于一名男性，我们根据它眼睛上方的隆起、乳突的大小和脑后部明显的枕外隆凸可以很肯定地得出结论。我们相信他的年龄在十几岁到二十岁出头，因为他的牙齿并没有什么磨损，不需要再进行牙科检查。骨缝线也还没有开始闭合，在颅骨底部，蝶骨和枕骨之间仍有一条明显的缝隙。这条缝隙被称为蝶枕软骨

“遗骨会说话”系列

尸检&法医百科全书 为无言的逝者发声

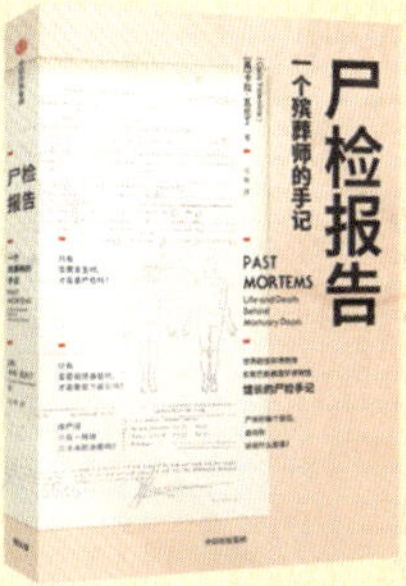

《尸检报告》

[英]卡拉·瓦伦丁

一部来自5000余次
尸检经验的专家手记

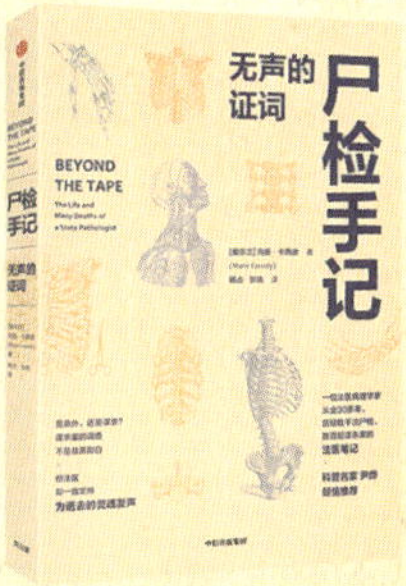

《尸检手记》

[爱尔兰]玛丽·卡西迪

爱尔兰前国家病理学家的
法医科普书

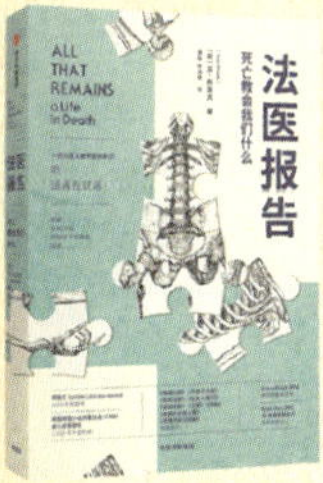

《法医报告》

[英]苏·布莱克

一位法医人类学家的
手记

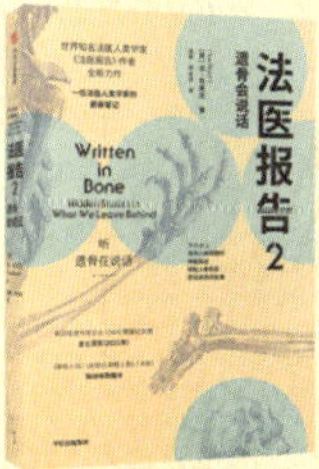

《法医报告2》

[英]苏·布莱克

一位法医人类学家的
骸骨笔记

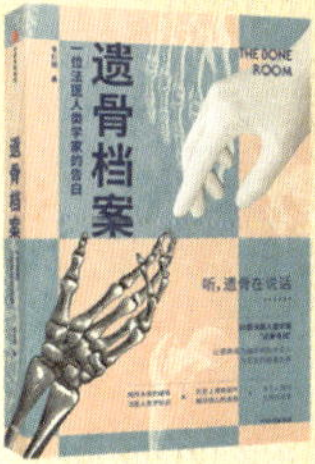

《遗骨档案》

李衍蒨

80后本土法医人类学家
年度科普代表作

联合（我最喜欢的解剖学名称之一），男性在 18 岁左右会闭合。

实验室没能从骨头上获取 DNA 信息。综合考虑，我们怀疑死者的死亡时间比较久远。我们将一段骨骼送去做放射性碳年代测定，结果表明这名死者的死亡时间是在 600~800 年前。不管他是谁，上帝保佑，他已经不属于法医学要鉴定的范畴。很可能是由于海岸被侵蚀，意外打开了一座古墓，尸骨被冲到海里，最后又被渔网打捞上岸。

随潮汐浮出海面或从捕捞物中发现的颅骨通常都只有脑颅部分。比较而言，面颅的骨骼更加脆弱，更容易被挖泥船破坏或在海底翻滚时受损，最后可能仅剩一个颅盖骨。但即便是这样，我们仍能从中获得很多信息。

第 二 章

面颅

重构心灵的图画

脸是心灵的图画，眼睛是心灵的窗户。

——西塞罗

（公元前 106—公元前 43）

政治家

有两处身体部位，我们通常很乐意在任何时候公开展示：手和脸，我们用这两个部分来表达自我并与他人沟通。但最受关注的还是脸部，我们与人交流时注视的是对方的脸部，大多数人也是靠脸识人。

然而，在有些文化中，脸是不能被公开展示的，或者无论出于什么原因，我们习惯将注意力放到身体的另一部分。有趣的是，我们识别人类同胞的手段也逐渐改变了。最近，一位肿瘤科护士告诉我，这些年来，她的大部分时间都在找患者手背上的静脉，以至于她通过患者的手和首饰就能认出对方，跟看脸一样。

不久前，沙特阿拉伯法医学会邀请我参加在利雅得举行的一个会议。这是我第一次来到阿拉伯世界。他们告诉我，我可以不必穿罩袍、戴面纱和手套，但出于对当地风俗习惯的尊重，我穿上了传统的黑色女装长袍，戴上了围巾，礼貌地遮住了我的身体和头发，但露出了我的脸和手。

实际上，我觉得跟其他女性着装一致让我感觉很自在，就像是在穿姐妹装一样，也不会引起与会男士的特别关注。其中一位西方与会者选择不穿着当地服饰，尽管她衣着朴素，但她还是受到了一些相当恶毒的评论，会议酒店走廊里的男代表们对她议论纷纷。他们对着她发出唏嘘声，觉得她很丢脸，认为她应该遮住自己的头发。

这可能是我第一次在文化层面上意识到性别的等级制度。在我的职业生涯中，我非常幸运，基本上没有遇到任何性别歧视。在我父母的思想中，并没有认为女孩就应该做什么，我也正是得益于此。我的父亲既希望我能烤出可口的大黄碎饼，也希望我会给饭桌进行法式抛光，敢射杀野兔，会剥皮破肚。

军人和警察这两种职业，通常都存在性别歧视，对女性不算友好，我可以诚实地说，我从来没有因为自己拥有 X 染色体而被区别对待。或许我有点言过其实，或者根本没有注意到，又或者只是幸运而已。仅有的两次让我对“EID”（equality，平等；diversity，多样性；inclusion，包容性）产生质疑的场合都跟学术相关。我很好地处理了这两次危机，确保两位男性高管不会再给我添麻烦。解剖学家的身份对我挑战性别歧视也很有帮助：我可以合情合理地使用很多跟器官相关的术语，因为这些术语在我们的工作中很常见，却会让听者很尴尬。在这两次会议中，当我清楚地感受到他们有意让我回答某些问题，是因为我是在场唯一的女性，我很礼貌地询问他们，是对我的回答感兴趣，还是只是对我的子宫感兴趣。当然，这让他们非常尴尬，并向我保证他们想听我的意见。有趣的是，他们再也没有问过我类似的问题。

在沙特阿拉伯举行的会议上，女人被要求坐在讲演厅的一边，男人坐在另一边，两者之间有非常明确的界限。就在这里，我观察到女性之间的一种特别的人际关系，即便她们都戴着面纱，全身上下都被遮盖得严严实实，只有一双眼睛露在外面。当她们走进房间时，我惊讶地发现，她们能从相当远的地方认出自己的朋友，尽管她们坐在那里，蒙着面，穿着同样的黑色衣服，戴着差不多的珠宝首饰。我向我的一位沙特男同事讲起这件事情，他也搞不明白为什么女人们可以认出对方。他邀请我到他家，让他的妻子为我解答疑惑。

我同事的妻子告诉我，她也能轻易认出自己戴着面纱裹着黑衣的女性朋友，但是，就像我们在婴儿时期习得的技能一样，她也说不清楚这是为什么。所以，我们做了所有优秀科学家遇到难题时都会做的事情——调查。我和我的男性朋友召集了一群沙特女科学家，开始设计一个在当地展开的实验，分析为什么沙特女性能认出自己只露出眼睛的朋友。

我们遇到的第一个挑战就是找不到足够的参与者，尽管研究团队全是女性，但潜在参与者之间存在着普遍的不信任，所以阻碍了研究的进展。尽管研究小组保证会遵守职业操守，并在研究结束时销毁所有的照片，且不会让第三方接触这些照片，但我们询问过的女性都因为实验的目的和要拍照而紧张，并不愿意参与实验。

利用眼球跟踪软件，我们想分析女性在遇到其他戴着面纱的女性时，她们看到的是什么，一些人是她们认识的朋友，而另一些则是陌生人，以此追踪她们捕捉到的线索。我们从现有的研究中发现，人们通过聚焦眼睛、鼻子、嘴和下巴这个倒三角区域来识别熟悉的裸露在外的面孔。

然而，我们的研究小组则将眼睛、个体的身形大小及步态作为观察依据。当脸部被遮盖时，不仅仅只有眼睛是重要的身份识别因素，我们不完美的坐姿、走姿、手势都带有明显的个体特征。

由于这项研究仍在进行，我们还没有一个明确的答案，但如果深入研究，了解和学习如何使用这项技能，可能会对安全服务等组织非常有用。

颅骨两个部分中较小的一部分是面颅，面颅包括3个区域：上部是额头和眼睛，中部是鼻子和脸颊，下部是嘴、牙齿和下巴。面颅容纳了许多与感觉相关的器官，包括视觉、听觉、味觉和嗅觉器官。因为这些器官在我们出生前就已形成，所以出生后，这些器官再次生长的可能性有限。眼窝在出生时就已经很大，正如我们在第一章中讨论的那样，眼睛是大脑在发育过程中向外长出的部分，所以很早就已经发育成熟。

当我们出生的时候，中耳和内耳的各个部分几乎都已经是成年人的大小，我们的嗅觉也非常发达。但收集气味的鼻子以及我们外耳的各部分会在一生中持续生长，这就是为什么老人的耳朵看起来非常大。最大的改变和生长是在我们的嘴巴周围，因为大多数（虽然不是所有）婴儿出生时是没有牙齿的。

总的来说，我们都很擅长辨认我们认识的人的脸，但研究表明，如果我们只是短暂地见过某个陌生人，会几乎想不起这个人的面容。我一直是我家人的笑柄，因为我经常记不起我见过很多次的人。我还有特别糗的经历，我的家庭律师乔迁新的律所，他邀请我们参加他公司举办的酒会并把我介绍给他的合伙人，结果这位合伙人告诉我他曾到我家中做客，而我完全没有认出他来。

这还不算什么，当我第二次执行完任务从伊拉克回国时，我简直想挖个地洞钻进去。因为阿伯丁机场大雾弥漫，我的飞机改道去爱丁堡，我丈夫决定开车去那里接我。当我一边打量人群一边大步地走过大厅时，两个兴奋的金发小女孩朝我跑过来，喊道："妈妈！妈妈！"谢天谢地，这才让我很快认出她们是我的孩子。可是，她们的父亲却不见踪影。事实上，他就站在我身后，双手叉腰，不可置信地摇着头，因为我刚从他身边走过。我确实尴尬到家了，那时，我和我丈夫已经相识了 25 年。我没有认出他来，因为他留着我上次见他时没有的山羊胡子，但我不得不说这很适合他。

我在会议上会紧盯着别人的胸口（这并不好），是为了看清他们的胸牌，有的人肯定认为我是可怕的势利小人，故意忽视他们。这种失误不仅令人尴尬，而且算是我的一个重大失败，毕竟我的职业是帮助确认个体身份，或者说是帮助遗骸确认身份。我确实不能为自己辩解。那些人的名字印刻在我的脑中，但我却记不住他们的面容。

有这样一群人，他们的记忆力和识别能力远远高于平均水平，即使是只见过一次的人，他们也能清楚地记得，我当然不属于这类人。对于大多数人来说，我们遇到过的人，大概有 20% 的面孔能在脑中留下印象，但那些“超级记忆者”却能记住 80% 的人。这种天赋技能在情报和安全领域都颇受欢迎，不仅如此，赌场、足球俱乐部等的私人客户也很需要这样的人才。也许很快就会有这一天，人类的天赋被自动面部识别技术取代，但在此之前，这些超级识别者在诸如帮派暴力和性侵犯等各种案件中起到了巨大的作用。最近，超级识别系统被用来帮助识别在索尔兹伯里给俄罗斯前军事情报官员谢尔盖·斯克里帕尔和他女儿尤利娅投毒的幕后黑手。

超级识别者这个分类来自一个完全不同的研究领域，一个临床心理学实验，研究的是另一个极端——面孔失认症。这是一种临床症状，有时被描述为脸盲，患者无法识别面孔。这种病症会让患者陷入很脆弱的境地。父母会因为认不出自己的孩子而不能把孩子从学校接回来。有些患者甚至在看到自己的照片时认不出自己的脸。面孔失认症是一种遗传性疾病，中风或创伤性脑损伤也是造成这种病症的诱因。你可以在网上做一个测验，看看自己是面孔失认症患者还是超级识别者。我们大多数人都会处于中间位置，其中绝大多数人都不会像我一样认不出自己的丈夫。

无论是擅长认脸还是不擅长，我们都会因为对方年龄增长、体重增加或减轻等自然因素以及微整形等原因而认错人。当然，我们一生中容貌的变化是由基因决定的，但不可否认的是，大多数人都经常通过各种方式改变自己的容貌。我们可能会把框架眼镜换成隐形眼镜，化妆，留胡子或刮胡子，改变头发的颜色，等等。但这些暂时的调整并不能从根本上改变我们面部的基本结构。一般来说，很少有人会彻底改头换面，让自己的亲朋好友都认不出来。但如果我们改变了面部轮廓，例如削尖下巴、脸颊移植或者矫正牙齿，就会增加识别的难度。这种极端的伪装方式已经成为许多好莱坞电影情节中不可或缺的部分。

面部移植，曾经只出现在科幻小说中，现在已经成为现实，但仍是非常罕见的手术。患有严重疾病、遭受创伤或烧伤的患者可以使用捐赠者的组织（包括肌肉、皮肤、血管、神经，在某些情况下甚至包括骨骼）进行皮肤移植。在这项手术中，两个根本的改变发生了碰撞，利用捐赠者的面部框架结构，支撑的是受赠者的面部，二者合而为一，就像希腊神话中的奇美拉（有狮子的头、山羊的身躯和一条蟒蛇的尾巴）。手术既没有使患者恢复到原来的模样，也不是简单地让受赠者拥有捐赠者的容貌。其结果是两者的结合，手术本身也会给容貌带来明显的变化。

这种尖端手术只有在黔驴技穷的情况下才会被考虑。因为它会导致很大的排异反应，这意味着患者必须终身服用免疫抑制剂，并且还涉及许多伦理、心理和生理上的问题，不仅会影响到受赠者，也会影响捐赠者的家人和朋友。

面部移植还是一个非常新的领域，第一次成功的部分面部移植发生在 2005 年的法国，第一次成功的全脸移植发生在 2010 年的西班牙。据我所知，迄今为止，这些实施过面部手术的患者都还好好活着，无须我们法医人类学家的关注，但这只是时间问题。这只是又一个例子，说明作为法医，为了能够成功鉴定身份，我们应该对各种可能保持开放态度，在处理案件时也不能带有先入为主的偏见。

在一个如此重视外表的社会里，顶着一张毁容的脸必定会被孤立和排挤。整形学是一门专门研究修复术的医学分支，自第一次世界大战结束后，为了帮助受伤军人重新融入社会，整容医学着重解决局部的面部缺陷。鼻子填充物可能是最早的假体，用来修复被战争或梅毒蹂躏的脸。假体最初是用惰性材料雕刻而成，包括象牙、金属和木材等，后来逐渐被更仿真的塑料，以及更后面出现的乳胶取代。

现如今，人工眼睛、鼻子和耳朵的精密度已经非常之高。人工鼻几乎可以完美地还原患者受伤前的鼻子（除非患者想趁机换一个新的形状）。人工眼和人工耳也被精心打造，使之能与患者另外一只眼或耳相差甚微。这样一来，他们的脸就能保持原样，其对称性也不会被破坏。

能识别一张脸是一种技能，能够描述它则是另一种技能。我们都很熟悉警察根据目击者描述制作的面部合成图，用来帮助抓捕嫌犯。面部的各个区域被分成单独的部分，包括额头、眉毛、眼睛、鼻子、脸颊、嘴和下巴，仔细筛选后最终形成一幅面部肖像图。

最初，肖像画是艺术家的作品。Identikit（艾登迪基特容貌拼图）是第一个使用独立功能模板的注册系统，于 1959 年在美国推出。随后出现的 Photofits（利用照片拼凑人像）和 e-fits（电脑合成人像）都会用到照片库和电子软件，这样可以做出更贴近真人的照片，但这所有的方法也都需要从数据库中选出单独的五官或面部区域，最后完成一张合成的照片。

没有人敢说这样的方法可以完美复制真人的面貌。如果你把安吉丽娜·朱莉的眼睛、斯蒂芬·弗莱的鼻子和艾萨·凯特的嘴凑成一张脸，那么你得到的就是一个大杂烩。合成肖像的目的是制作出一幅与目击者看到的嫌疑人有几分相像的照片，从而让警方根据这个线索继续追踪调查。数据表明，合成肖像的准确率低于 50%，这个结果可能不足以鼓舞人心，但我们要知道，在一些案件中，嫌疑人的合成肖像可能是本案唯一的线索。不管是人类的眼睛还是大脑，都更倾向于记忆那些不寻常或独特的事物。这个倾向有利有弊。如果死者存在一些独特的生理特征，也被正确地描述出来，那么这样的独特性确实可以在鉴定身份的过程中起到巨大的作用。但是，如果描述错误，它会使调查严重偏离正轨。

我们脑中对一个人相貌的记忆，一般用于辨认活人。我们对死者容貌的认知会有很大的不同。如果曾陪伴自己所爱之人走过生命最后的旅程，或者在葬礼举行前瞻仰过死者的遗容，大家会发现，当一个人没有了灵魂、活力和表情，剩下的这具空壳与我们印象中的那个人大相径庭。他看起来更瘦小，更空洞。

面对遭受暴力或遭遇灾难的死者，或者死者已经死亡较长时间，认尸的过程对他们的亲人来说非常艰难，也是一个很大的挑战。2002 年巴厘岛爆炸案发生后，大约一半的尸体被家人错误辨认，他们在一排排肿胀、腐烂、支离破碎的尸体边上走来走去，寻找失踪的亲人。

在如此痛苦的情况下，认错尸体也毫不奇怪。他们的痛苦，可怕的太平间环境，以及他们迫切的心理需求，那种要么找到，要么找不到的挣扎，都会影响他们的判断。所以很难向死者家属表明，尽管他们百分之百地确定自己的判断（不管是肯定的判断还是否定的判断），它也有可能是错误的。正是由于这个原因，国际刑警组织的灾难受害者身份识别标准（DVI）规定，尸体不应仅凭面部识别就被归还其家人。用科学的方法鉴定死者身份，需要3个主要的鉴定标准：DNA，指纹或者牙齿信息。

当死者的面部因为腐烂或损伤而无法辨认时，我们为了鉴定身份会复原死者的面部。面部复原是我们法医装备库中常用的一个工具，如果其他方法都行不通，我们就会求助于面部复原，这是一门艺术与科学相结合的特殊技能。面部复原的基本原理与构建我们容貌的骨骼及覆盖其上的肌肉、脂肪和皮肤的形态密切相关。

面部复原可以通过制作黏土模型或计算机构建的三维模型来实现。如今被视为黄金标准的曼彻斯特法，是我认为最严谨的方法，它要求我们在进行面部复原之前必须找到死者的颅骨，如果没有颅骨，至少也要有颅骨的模型或者三维扫描图像。不管是实际的模型还是三维图像，我们都会在颅骨上装上木钉，这些木钉不同的长度代表脸部不同区域软组织的厚度。软组织的厚度会因为个体的性别、年龄和种族而有所不同。

接下来，我们会将43块面部肌肉，一块一块、一层一层地加入，以尽可能精确地建立起底层的软组织支架结构，还包括腮腺、唾液腺，也包括脸颊的脂肪。然后，我们会加上皮肤，构成脸部轮廓，就像你在蛋糕表面抹的那层糖衣一样。

面部复原中装饰元素的多少取决于制作这个模型的目的。有时我们做的模型是供展示用，例如博物馆中展出的考古成果。对于这些模型，艺术家可以合理增添皮肤的颜色、眼睛的颜色、头发的颜色和发型、面部毛发等。

如果制作模型的目的是鉴定死者身份，发给媒体寻求大众的帮助，我们会采用灰色调的皮肤。因为从法医学的角度来说，我们无法仅凭颅骨确定死者肤色，也不想猜测其头发或眼睛的颜色，因为这可能会影响公众的判断，阻碍他们寻找或排除可能的候选人。

目前对 DNA 表型（有机体可被观察到的结构和功能方面的特性）的研究，可能会使这种不确定性成为历史。有研究表明，我们现在可以从 DNA 中识别出样本提供者的自然发色或眼睛的颜色。其他更复杂的特征，如眼形、鼻长或嘴宽，也可能有遗传倾向。这些特征更难解锁，但很可能在未来的某一天，仅凭 DNA 就可以将其主人的面貌完美复原。

有时，即便死者被毁容或是脸部遭受破坏，一些简单的描述也能复原出一个与死者有几分相似的肖像，再向公众发布。这是北约克郡警方当时采取的一个策略，一名年轻女子的尸体在人迹罕至的地方被发现，我被邀请前去协助警方确认女子的身份。

几个年轻小伙开车到郊区，他们在一条僻静的小路上发现，一个银色的手提箱被丢在远处的水沟里，于是他们停下车上前查看。箱子很重，当发现有棕色刺鼻的液体从箱子里渗出来时，他们明智地决定不打开箱子，并立即报警。

手提箱被装袋并贴上标签，未开封就被送到太平间，因为警方怀疑里面可能装有尸体。他们的担心确实成真了。在太平间，警察和病理学家打开了手提箱，发现一具赤裸的年轻女子的尸体，她蜷缩成胎儿的姿势，臀部和膝盖弯曲，才被塞进这个狭小的空间。她的脸和头都被塑料胶带裹住。其他面部特征表明她是亚洲人。

警方将她的 DNA 和指纹在不同的数据库中进行了比对，均不匹配，在英国失踪人口登记库中也没有找到与之相符的人。尸体的腐烂程度并不是很严重，病理学家也确认她的死亡时间是几周，死因是窒息。

法医人类学家一般会在初步尸检后介入案件，这时警方的调查还没有得出任何可靠的新线索，进展缓慢。警方会要求我们进行第二次尸检，看是否能从尸体上获得更多的信息。本案就是如此。

第一次尸检时，通常人员混杂，等到第二次尸检，就会清静许多。我更喜欢这样安静的氛围，也不会有那么大的压力。会有一个警方的摄影师在现场拍照，也可能没有。病理学家可能只会过来打个招呼。那就只剩下法医人类学家和太平间的技术员。因此，我们与解剖病理技术专家（APT）或太平间技术人员建立了非常密切的工作关系。我们经常给学生们的一条建议是，如果你带着礼物出现在太平间，永远都不会错。饼干很好（无论走到哪里，我都会带饼干），巧克力更佳，果酱甜甜圈能打开所有的门，融化最冰冷的心。相信我，你绝对需要病理技术专家，而他们一定不会忘记你的好意。

第一次尸检留下的“战场”，你需要一点时间来适应。第一次尸检时，法医会剥开头皮，露出颅骨，锯掉颅盖骨，取出大脑。然后用棉絮填充大脑的空腔，再将头皮拉回原位并缝合。躯干上将留下一个T形或Y形缝合切口，水平穿过锁骨，垂直向下延伸至耻骨区域。

如果躯干还没有被缝合，体腔内通常会放有一个塑料袋，里面装着先前尸检取出的大脑和内脏，以供进一步的实验测试或检查取样。法医人类学家几乎不会打开装内脏的袋子：我们的兴趣在于外部形态和内部骨骼。如果不是有外伤或病理特征需要特别注意，解剖学家一般都不会切开后背、上肢或下肢。

在第一次尸检之前，已经拍摄过死者全身的X光片和CT（计算机断层扫描）影像，再加上尸体在太平间和现场的照片，为我们提供了尽可能全面的案件背景。

尸体一般存放在冰柜里，这样的话，尸体会在法医人类学家验尸前一天被取出，以便解冻。大多数时候，太平间的环境都不会很舒适，在寒冷、潮湿、半解冻的尸体上操作会让你的手指疼痛难忍。这就是甜甜圈大显神通的时候了。休息的时候，你会得到一杯热茶的回报，这是世界上最温暖的茶。

警察想通过我的二次尸检，确定手提箱里发现的这个女人的年龄和种族。根据 X 光片和我的检查，可以确定她死亡时为 20~25 岁。我之所以给出这个年龄推测，是因为骨骼的其他部分也为我提供了这些信息，如胸骨边缘的小骨骼（我们将在第四章中详细介绍），还有她的骨盆和颅骨的发育变化。

根据我对她的面部和颅骨的评估，我相信她可能来自越南、韩国、日本或中国。我认为从她的面部特征看，她应该不会来自更南边的马来西亚或印度尼西亚。这个推论的根据是她的脸、鼻子、眼睛和牙齿的形状，以及她的头形和发色。据查证，手提箱的产地是韩国和黎巴嫩。

然而，不管是死者的年龄还是种族，都没能帮助警方在失踪人口数据库中找到与之匹配的人员，DNA 和指纹证据也没有推动案件的进展。我们建议警方发出一份国际刑警组织的黑色通告，正式通知国际社会，我们发现了一具尸体，但尚未确认其身份。

警方之前就请来了一位法医画家。法医画家经过专业的训练，为尸体绘制肖像，这个肖像会与真人有几分相似，这样就可以将死者的肖像发布给公众。虽然真正的尸体已经出现了变色、腐烂和肿胀的迹象，警方仍然可以拿出肖像照片交给媒体。不幸的是，在这个案件中，写实肖像与艺术阐释的融合并没有产生和谐的结果。

虽然艺术家的才华是毋庸置疑的，她的肖像画也真实地再现了她看到的死者的容貌，但她并没有考虑到尸体的腐烂对脸部的影响。请记住，死者的面部曾被塑料胶带紧紧地绑住，腐烂产生的气体也使面部肿胀。因此，面部在膨胀的同时受到胶带的压力。尽管最终的肖像确实做到了写实，但看起来却十分奇怪。受害者嘴唇的中线向外鼓出，上嘴唇的皱褶贴着牙齿，看起来像一个扇形，这完全不像是人的嘴巴。

我强烈建议不要发布这幅肖像。一个有经验的法医画家应该要考虑腐烂造成的面部变化。事实上，看到照片的人会认为是尸检让死者变成了这个样子，这样的照片也不大可能帮助警方找出受害者的身份，还可能赔了夫人又折兵。谢天谢地，警方采纳了我的建议。

还好，事实证明，不管有没有这张照片，死者最终也找回了自己的名字。国际刑警组织证实，他们收到了一所法国大学提交的失踪报告，失踪者是一名 21 岁的韩国女性。警方立即与韩国大使馆取得联系，大使馆提供了失踪者身份证上的指纹信息，很快她的身份得到确认。

金孝贞曾以游客身份来英国旅游，并在伦敦一个韩国人的公寓里租了一个房间。在公寓里，警察发现了一卷“吉尔伯特和乔治”的礼物胶带，属于房主的女朋友，这卷胶带与缠绕在死者脸上的胶带吻合。在英国泰特美术馆商店，大概只有850卷这样的胶带出售，而这一卷上有房东的血迹。警方在公寓和房东的车里也发现了金孝贞的血迹，她的银行账户也被清空。

通常只有在审判过程中，犯罪的全部故事才会浮出水面，这个案件也是如此。当房东金敬洙出现在老贝利街（英国中央刑事法院所在地）接受审判时，由于死者的身份已被证实，我不需要再出庭做证。在审判过程中，我们了解到，在金孝贞尸体被发现几个星期后，伦敦警察局发现有第二名韩国学生失踪。北约克郡警方和伦敦警察局当即展开了联合调查。

最终警方找到了第二名学生的尸体，同样被胶带缠住，藏在金敬洙另一处房产的衣柜里。他被判谋杀罪成立（两名妇女），还盗窃她们的银行账户，藏尸，并妨碍司法公正。他被判处两项终身监禁。

我用这个案例作为一个警示故事，告诫法医艺术专业的学生，在为死者绘制肖像时，一定要理解环境对死者面部的影响。当我给他们展示金孝贞活着时的照片和她死后的肖像图时，超过90%的学生都认为图中的人毫无相似之处，并不匹配。他们认为这绝不是同一个人。

我不知道为什么那位法医画家会画出这样一幅肖像。也许，正如我当时所想，她缺乏经验，也许她太专注于写实。不管是什么原因，如果我当时没有及时提醒警方，就可能浪费资源探寻没有价值的线索。这也在提醒我们，即使尸体的腐烂程度不高，也不能寄希望于仅仅依靠肖像画和面部识别技术就得到重要的线索。

如果一张肖像画，再加上一位有经验的专业人士提供的面部复原图，那么结果就会完全不一样。看过我的《法医报告》的读者可能还记得，在 2013 年的一个案件中，根据死者颅骨的 CT 影像图，用电脑绘制出的死者面部照片，成功地帮助警方确定了失踪妇女的身份。

在爱丁堡郊外科尔斯托芬山前一片树林的空地上，一位正在骑行的滑雪教练停在那里休息，就这样，这具遗骸被发现了。当他低头看着自己的脚时，他发现一个沾满泥土的头部，它的眼睛似乎还在盯着他看。他吓得猛然缩回自己的脚，但还是又上前检查了一番，因为他认为自己只是看到了一个形似人头的树根，但很不幸，他看到的确实是人头。他偶然发现了一个浅墓，里面藏着一具被斩首肢解的女性尸体。

对遗体的分析确定了她的年龄、性别、身高、钝器伤以及不明方式造成的喉部勒痕。但一位不懂人类学专业知识的科学家当时在现场的一句话，让警方为找出死者身份展开了徒劳的侦查。这位非人类学专家认为，这名妇女看起来像“东欧人”，可能是立陶宛人，但她的牙齿美容“有点像匈牙利人”，所以她可能是一位移民。这是一个教训，告诉我们，不应该依赖那些在专业领域之外的空谈专家，尤其是他们未经证实的预感。随着时间的推移，我明白了一个道理：在你确定自己的推测不会被推翻之前，最好不要胡言乱语。

随后，警方从邓迪大学我们部门寻求更专业的帮助，我的同事们分析了肢解工具留在遗骸上的痕迹，仔细检查了遗骸，希望可以找到帮助确定身份的相关信息，我的同事卡罗琳·威尔金森教授还绘制了肖像图。

她利用计算机，在颅骨的 CT 影像上，按照顺序一层一层添加肌肉和软组织，将皮肤按照面部解剖轮廓伸展附着在肌肉上。按照我们推测的年龄，以及保留下来的头发推断出的头发长度和造型，卡罗琳绘制了一幅与真人非常相似的肖像图，交给媒体，希望有人能提供有用的线索。

死者身上也发现了一些珠宝，包括一枚克拉达戒指（传统的爱尔兰戒指，双手捧着一个加冕的桃心戒面），说明死者有可能是凯尔特人，因此我们建议警方将肖像也拿到爱尔兰各地分发。而事实上，受害者的家人确实住在都柏林，而不是立陶宛，他们在新闻上看到了死者的肖像图。画像与真人实在太相似了，他们立即联系了苏格兰警方。

警方通过 DNA 确认了她的身份，这名妇女曾在爱丁堡探望她的儿子。她的儿子被认定为杀害她的凶手，因此被捕。基于限制行为能力这一依据，对他的指控由故意杀人减轻至过失杀人。他因杀人、分尸、藏尸而被判处 9 年监禁。法官和三名精神科医生没有支持他以精神疾病为由提出宽大处理的请求，在请求中他说自己怀疑母亲变成了一只爬行动物，所以他切开了她的身体，想看看她到底是不是人类。至于他为什么要砍掉她的头和四肢，还挖了个洞埋藏她，他没有给出解释。即便他给出解释，也一定是一派胡言。在肢解了她的尸体后，他决定用一个手提箱把尸块运到抛尸地点。很多杀人犯都认为，如果他们把尸体分割得更小，抛尸也会更容易。

组成面颅的 14 块独立的骨骼，其发育、生长与我们自身的生活习惯有复杂的联系，我们面部的特征形态是自身生活方式的一个反映。之所以可以信赖面部复原后的肖像图，是因为专家能够掌握作为基石的颅骨骨骼与分布在骨骼之上的面部组织之间的关系。

有时，我们手上仅有的资源就是一个颅骨和一张可能与之匹配的失踪人口照片。在这种情况下，我们可能会尝试叠置（颅相重合技术）。叠置是指将一张失踪者头部的照片叠加在同一解剖位置拍摄的颅骨照片上。如果解剖点（眼眶边缘、下巴形状、颧骨位置等）能够对齐，那么这个颅骨就可能与这名失踪人员匹配。

叠置第一次在法医学上的应用至今仍被视作经典案例，它将巴克·鲁克斯顿绳之以法。巴克·鲁克斯顿是一名医生，传言他杀害了两名妇女，在 1935 年，他被判杀害自己的同居伴侣罪名成立，被处以绞刑。在这起案件的调查中，最引人注目的是使用了各种创新的法医学技术，我将在最后一章更为详细地讨论。当时，病理学家约翰·格莱斯特和解剖学家詹姆斯·布拉什开创性地复原了两位女士的肖像，即便两具女性尸体均遭到破坏，腐烂程度严重。该案最著名的情景就是将其中一个受害人颅骨的照片叠加在伊莎贝拉·鲁克斯顿的面部照片上。一张戴着钻石头饰的笑脸和一张颅骨的照片组合在一起，这种不协调令人难忘。

在过去，叠置的应用比今天广泛，因为 21 世纪的科学进步开辟了许多其他的调查途径。但有时我们也会选择格莱斯特和布拉什在 85 年前开创的这些方法。

20 世纪 90 年代中期，我们协助调查过一起在意大利轰动一时的案件，至今，意大利人仍对凶手嗤之以鼻。当时我是格拉斯哥大学的法医人类学顾问，从伦敦搬回苏格兰后，被派往维罗纳警察局，负责把一些“材料”运回英国进行分析。

在意大利，我与警察碰面不是在设施陈旧、毫无特色的警察局，而是在一家高档的维罗纳咖啡馆，难怪意大利警察被视为欧洲最时髦的警察部队。警官们向我讲述了这起案件。1994 年，一个名叫詹弗兰科·斯泰瓦宁的男子在北部城镇维琴察开车接上一名性工作者，并向她提出要求，如果她愿意和他一起回家，让他给她拍照，他愿意多付一些钱。

他们驱车返回维罗纳东南部乡村的偏远农舍，在那里他要求女子配合他进行了数小时的暴力性游戏。当妓女拒绝继续时，斯泰瓦宁用刀抵住她的喉咙。她提出只要斯泰瓦宁愿意放她走，她可以把自己所有的积蓄都给他，于是斯泰瓦宁同意带她回家取钱。当汽车在一个收费站减速时，她设法逃脱，并跑向停在一旁的警车求助。斯泰瓦宁因性侵犯和敲诈被捕，被判处 2 年零 6 个月的监禁。

事实上，这只是故事的开始，这个故事将围绕这位后来被称为“水磨石怪兽”的人展开。当警方搜查他的住所时，发现了几千张女性色情图片，这些女性都是妓女，斯泰瓦宁为每一位妓女都做了详细的记录，还收藏了至少两名女性的物品，其中包括前一年上报失踪的妓女比利亚娜·巴甫洛维奇。在那几千张照片中，有一张女性私密处的照片，从照片看，这名女性的私密处遭到了非常严重的破坏，而且在拍摄这张照片时，她已经死亡，警方开始意识到这可能是一起恶性案件。

警方将案件定性为谋杀，1995 年夏天，一个农民在斯泰瓦宁家附近的地上发现了一个装有残缺女尸的麻袋，调查逐步升级，还用到了重型挖掘设备，彻底搜查了农场。之后又发现了四具腐烂严重的女性遗骸，其中一些人的头上裹着袋子，脖子上缠着绳子。此时最需要解决的问题是：她们是谁？对于很多性工作者来说，卖淫只是一个暂时的工作，或者说一种随意的生活方式。女孩们可能只是工作一段时间，然后毫无征兆地离开这个行业。很少有人会注意到一个妓女失踪，她们的同事因为害怕惹麻烦也不愿报警。

警方现在面临着一个困难的挑战，那就是将尸体与斯泰瓦宁所拥有的照片、描述和从女性身上得到的战利品联系起来。病理学家通过尸检确定了这些女性的年龄，而现在，首要任务是确定她们的身份，这也是我被派往意大利的原因。他们相信，有很多强有力的证据都证明其中一名受害者是比利亚娜·巴甫洛维奇，另一名很可能是一个叫布拉任卡·斯莫尔乔的失踪女性。两名女性都是东欧人，到目前为止，他们没有找到任何一方的亲属，也无法进一步收集信息或生物样本做比对。

在咖啡馆里，警官们把色情照和犯罪现场的照片放在我面前桌子上那杯卡布奇诺的前面。这里有美丽的朱丽叶站过的阳台和辉煌的露天歌剧院，来往的人群兴高采烈地互相打招呼，边喝咖啡边吃蛋糕聊天，这时我却看着这些可怕的照片，有一种离奇的不真实感。这一次，我宁愿待在一个阴暗的警察局里，在那里我可以自在地看这些照片，而不必担心冒犯眼前的美景。但似乎意大利的警察并没有我这样多愁善感。尸体腐烂得非常严重，警方想确定颅骨与照片叠加的方式是否可行，因为当时他们既没有设备，又没有这方面的经验。

我认为与警方在咖啡馆会面就已经算离奇了，直到我遇到之后发生的事情。意大利警方决定把他们认为是比利亚娜·巴甫洛维奇和布拉任卡·斯莫尔乔这两名受害者的头颅和她们的照片让我带回苏格兰做分析和叠置。头颅与尸体分离，密封在两个白色塑料桶中。为了更好地隐藏塑料桶中的颅骨，每一个塑料桶的外面都套上了一个带有意大利知名设计师名字的手提包。他们将两个手提包很随意地交给了我，还有两封信，一封是英文，一封是意大利语，信中说明了我带的是什么，我有权做什么。

第一个障碍是在机场拿票的柜台前，他们告诉我，我只能携带一件手提行李登机，另一件必须托运。我很配合地出示了那封意大利语的信件。柜台后面的那位女士脸色有些发白，给我发了登机牌，再没有多说什么。现在就剩下安检了。我不能把我的手提包放上传送带过扫描仪，我怕坐在屏幕前的那位工作人员受到惊吓，所以，我把安保人员叫到一旁，向他展示了信件。他的脸色也有一丝发白，但还是带我绕过扫描仪，穿过一扇侧门。

当我登上飞机时，可爱的英国空姐再次告诉我，我必须托运我的行李。我交出了英文信，并解释说我不能这样做，因为我有责任确保证据不受损坏。至少她神色正常，但她确实变得非常爱管闲事。她让我搬进了几乎没有人的商务舱，开始我还以为她是出于好意，但很快我意识到她只是想把我与其他乘客隔离开来。整个飞行过程，我并没有得到什么特殊照顾，倒是被完全隔离在商务舱，连一杯水也没有。毫无疑问，我是不受欢迎的，甚至可能还是一个传染源。我在希思罗机场下飞机时，空乘人员也没有像平时那样热情地告别，我似乎听到了一声如释重负的叹息声。

我下一个面对的难题是英国海关：我应该申报还是不申报？我从小就被教育要做一个诚实的苏格兰长老会女孩，所以我选择了申报。当我走近时，那个无聊的警卫正把脚放在桌子上，他透过眼镜看着我，问我这两个名牌手提包里的东西是“供自己使用”吗？在他看完我的英文信后，发出一声唏嘘，快速把我带走。我从维罗纳一路到达希思罗机场，并没有人扫描或检查过我的“异常”货物。如今的安保人员肯定不会轻易放我离开，当然我也真心希望不会这样。

现在我得去苏格兰。我第二次排队等待安检，手里拿着我的英文信。这位官员告诉我，他不会让我的包通过扫描仪，但他需要检查一下里面的东西。终于！终于！有人要检查一下了。但当他把塑料桶从手提包里拿出来的时候，我意识到他打算在放着其他乘客物品的桌子上打开水桶，周围还站着许多人。我不得不阻止并提醒他不能在公共场合打开，我们得去一个有空调的地方。这两个头颅，还没有完全腐烂成骨，上面还有很多正在腐烂的软组织，湿漉漉且难闻，甚至可能还有一些蛆虫。在我说这些话之前，他的脸色还算正常，但突然间，他的脸都变绿了。他急忙向他的主管报告，看都没看我一眼就把我引向候机室。

当下一个乘务员读到我的英文信时，他发出一声尖叫，惊恐地举起双手，把我送到飞机的尾部。毫无疑问，整个飞行过程中又没有人搭理我。如果他能在飞机上找到铁丝网，他一定会毫不犹疑地把我围起来，再给我个铃铛让我边摇边喊“不干净呀，别靠近”，我这“贱民”的地位再明显不过了。其他乘客都被转移到前排的备用座位上，并被告诫不要靠近我。

在格拉斯哥，我们去除了颅骨上的软组织，并从各个角度拍摄了照片，还进行了三维扫描。颅骨拍照的方向与意大利警方提供的真人照片中的姿势一致。

这两个颅骨都是女性，年龄也相仿，所以我们不能以此为基础区分这两名死者。比利亚娜和布拉任卡失踪时都在 24 岁左右。我们分析的第一个颅骨在解剖学上与比利亚娜的头部照片不符，但它与布拉任卡的照片匹配。经过分析，第二个颅骨属于比利亚娜。我们很确信找到了这两个颅骨的主人，所以我们把结果告知了维罗纳警方。警方要求我们在庭审前先保存好这两个颅骨。几周后，警方告诉我们，他们已经获得两位死者家属的 DNA，结果也证实了我们的推测，最终认定了死者的身份。

理论上，随着死者身份的确定，我没有必要在斯泰瓦宁的审判中做证，但公诉人不想错过这个机会，他们认为一名外国法医学家带着一种能吸引媒体的噱头，会让这场审判充满戏剧性。不管怎么说，我还要将颅骨送回意大利。如果我提供证据，那么法院就会支付我的旅费，所以警方也很希望我参加。

返回意大利的旅程会更容易些，因为我携带的行李现在只是干净的颅骨，如果愿意，任何人想要检查都可以。然而，跟第一次一样，机场和航空公司的人都选择相信我说的话。我受邀到加尔达湖畔的检察官家里吃晚饭，我很满意这个安排，虽然我还在为上庭做证感到忐忑不安，尤其还是在一个陌生的国家。我的证据首先要被翻译成意大利语，我也完全不知道他们会问什么问题。我把自己收拾得很得体，虽然鞋子一点儿也不合脚。我在法庭上坐下，看到了那个可怕的男人。

在我的生活中，很少有人让我感到毛骨悚然，但詹弗兰科·斯泰瓦宁就是其中之一。站在证人席上时，我竭力不去看他，但他那摄人心魄的目光，似乎能将人催眠。我把翻译好的证据递交给法庭，然后在后排的座位坐下，在那里我可以旁听剩下的诉讼过程，虽然我没有听懂大部分的内容。结束时，囚犯被押解出法庭。当他走近我的座位时，他故意放慢脚步，转过头来，意味深长地盯着我。他扬起嘴角，露出一丝笑容，但眼神却异常冰冷，我感到浑身发冷。

我知道他对那些批判他的记者发出过死亡威胁，现在，我确实也感到了不安。庭审后的几个月里，每当遇到意外事件，我都会有点儿紧张。这是我职业生涯中第一次，也是唯一一次，真正担心自己和家人的安危。

斯泰瓦宁的辩护是，因为之前的一次摩托车事故，他的脑部受到损伤，他不记得与受害者发生过性关系。为了让自己的说法显得更加真实，他剃了光头，露出头皮上巨大的弧形疤痕。检方出具了一份心理医师的证明，证实斯泰瓦宁可以出席庭审，辩方律师想要推翻这份证明，但没有成功。1998 年 1 月，他因谋杀包括比利亚娜和布拉任卡在内的 6 名女性而被判处终身监禁。该案在意大利引起了一场全国性的辩论，讨论了受精神疾病影响的罪犯的刑事责任以及这些人理解其行为后果的能力。

斯泰瓦宁的律师团队利用舆论向法院提起上诉，但法院仍然维持原判。“水磨石怪兽”仍然被关在阿布鲁佐的监狱里，他最近还表达了想要成为方济会修士的愿望。不管结果如何，他被关在监狱里，世界会更安全。

我们如何利用面部骨骼找出它的主人？从面部的顶端开始，在这个区域，我们有成对的眼眶，它们基本上是对称的，但不是完全对称，被鼻根或鼻梁分开。眼眶的作用是保护眼球以及让眼球运动的6块肌肉、泪囊（或泪腺）、神经、血管和韧带等，这些都被眼眶周围的脂肪包裹，如果眼睛受到直接撞击，这些脂肪将起到类似减震器的作用。

眶底、眶缘和眶壁有7块独立的骨头：蝶骨、额骨、颧骨、筛骨、泪骨、上颌骨和腭骨。这些骨头骨质很薄，十分脆弱。眼眶的结构类似于一个发射装置，所以眶底的骨骼会慢慢穿透颅骨的那一层薄骨，深入大脑额叶的下方。

成年女性的眼眶边缘比较尖锐，而男性的眼眶边缘则更圆滑，所以可以根据这个区别初步判断个体性别。男性眼眶上方（眉毛下方）的骨骼区域会变得突出，形成眶上隆起，也叫眶上嵴或眉脊。眉脊在一些早期人类颅骨中非常明显，其原因被认为是为了抵消下颌骨变大，肌肉质量增加而产生的拉力。有证据表明，当我们开始使用工具让食物变得更软时，我们的下颌变小了。男性在进入青春期后，眼睛上方和鼻根处的隆起会变得更加明显，由于激素的影响，肌肉质量显著增加。女性往往很少有或没有眉脊，所以容貌上更接近儿童。

2~6岁时，眉毛上方的额骨处两层骨板之间开始气化形成气囊。这些气囊结合在一起形成鼻窦，呼吸上皮细胞在这些窦腔中排列，产生黏液，最终流进鼻子。气窦的形成原因还不完全清楚，但我们知道每个人额骨内窦腔的形状截然不同。如果我们能够得到一个人头部这一区域的X光片，并与尸体的X光片进行比较，那么这些窦腔的形状对于确认身份是有价值的。有趣的是，患有某些先天性疾病的人，比如唐氏综合征，不会发育出鼻窦。

人们很喜欢对面部的这个区域进行改造和植入。我们经常看到有人会在眉毛周围打孔，打孔师会将空心针穿过眉梢，这样就可以戴上哑铃状或钉状的饰品。打孔可以是竖刺、横刺或两者兼有，刺出一个T形。在法医学分析中，对文身穿刺保持警觉很有必要，因为它们可能对尸体的身份鉴定至关重要。尸体上的每一个穿孔我们都会认真检查，因为即便软组织已经腐烂，但可能穿洞的饰品还在。

眼睛里也可以有植入物，比如在巩膜的下方，眼球的白色部分。眼睛的一些部分甚至可以刺青，例如，将墨水刺入结膜下（覆盖眼睛和眼睑的黏膜）巩膜上的位置。这种方法可以将自己的眼白改变成你喜欢的任何颜色，但这是一个危险的行为，可能会带来严重的并发症。

人类眼眶独特的位置让人类的面颅几乎不会与其他动物混淆，同时也显示了人类掠食者的自然属性。掠食动物的眼眶通常都面向前方，因为这能让眼睛环顾四周，拥有立体的视觉，从而让掠食动物有更强的洞察力。作为一个掠食者，你需要计算猎物离你有多远，需要以多快的速度才能追赶上猎物，这一点至关重要。如果眼眶的位置在头部两侧，那么这种动物更容易成为其他动物的腹中之物。这些动物的优势视觉是周边视觉，可以让它们警惕掠食动物。正如一句俗语所说："眼睛在前，喝血吃肉；眼睛在侧，慌不择路。"

鼻子在脸的中部，被夹在两个眼眶和嘴巴之间。面颊也在两边的水平面上。鼻子属于上呼吸道，能使通过鼻孔吸入的空气变得温暖湿润，吸入寒冷干燥的空气让人很痛苦。我们的鼻子还有一个重要的任务，作为肺部的看门人，它可以防止异物进入呼吸系统，将这些异物困在长着鼻毛和流着黏液的鼻孔内。成功过滤空气后的绿色鼻屎对我们来说都不陌生，尤其是小孩子，这个东西总是那么吸引人。

当鼻子吸入空气时，空气会在鼻甲内循环。鼻甲内有很多血管，就像壁挂式暖气的暖气片一样。位于脸部中央的鼻子，拥有如此大量的血液供应，似乎有点设计上的缺陷，因为鼻子最可能承受任何直接对脸部的冲击，还可能造成严重的鼻出血。我们发现的颅骨常伴有鼻骨骨折和明显的鼻中隔偏曲，这通常是在橄榄球或拳击等接触性运动中受到撞击的后遗症痕迹。

鼻子也能捕捉气味并将其传递给大脑，以便我们能够识别这些气味。鼻梁顶部有一块小正方形的特殊黏膜，大小约 3 平方厘米，称为嗅上皮。进入鼻腔的气味被溶解在黏液中，嗅觉神经细胞通过筛骨筛板（具有筛状小孔的骨相）将信息传递到颅腔。从这里，信号通过嗅神经传递到大脑颞叶皮质，也就是信息的接受处。

正是嗅觉皮质与大脑古老区域（如杏仁核和海马体）的连接，使得一些气味特别令人记忆犹新。我只要闻到一点木材上光剂或松节油的味道，就能回忆起儿时在父亲的木工房帮忙的情景。嗅觉受损现在被认为是神经退行性疾病的早期预警，也是判断个体患痴呆风险的一个指标，还是新冠肺炎的一种症状。

法医这门学科，总是对细节特别关注。例如，长期吸食可卡因可以在鼻子和上腭硬组织和软组织中留下痕迹。毒品的毒性会在这些组织上留下伤疤，造成局部缺血或者血管收缩，最终会导致鼻部坏死甚至塌陷。通常是鼻中隔的软骨受影响最明显，但这种损伤会延伸到上腭，使受影响的人在喝水时有液体从鼻子漏出来。

因此，鼻腔冲洗对法医调查来说是极其重要的。冲洗鼻腔并收集液体，能从液体中提取出花粉、孢子或其他碎片，或许能从中找出死者临死前所处的环境。如果我们能够确认死者鼻腔中含有某一种植物的花粉，这很可能表明死者被杀害的地点和抛尸的地点不是同一个。

这个取证的过程可能相当复杂，但我可以告诉大家，帕特里夏·威尔特夏和我设计了一种方法，实践证明这种方法简单有效。帕特是一位法医孢粉学家（花粉、孢子和其他孢粉方面的专家），有一天，她和我讨论说在尸检时进行鼻腔冲洗非常困难，因为当她往死者鼻腔灌入生理盐水后，经常来不及让盐水从鼻腔中流出来，水就已经顺着咽喉流了下去。她试过从咽喉往上冲洗，效果也不佳，所以她仍在寻找解决办法。

我突然想起我们最近讨论过，埃及人在防腐处理过程中是如何用一根铁钩通过鼻孔移除大脑组织的，这时我眼前一亮。我给她提出了我的建议，病理学家在尸检时移除大脑组织后，也就切断了嗅神经，她也许可以利用筛骨筛板的过滤特性，从脑腔向下冲洗鼻腔。这个办法很管用，一种新的方法就此诞生。当两种不同的学术思想碰撞在一起，神奇的事情就发生了，其中一方还为另一方解决了长久以来令人困扰的问题。

鼻子和面颊可以为人种的起源提供线索。通过面颊颧骨的形状可以判别东方人种，而高鼻梁是区分一些族群的标志，宽大的鼻腔则是另一些族群的特征。我很喜欢在火车上或伦敦地铁上，观察构成人类面容各种组成部分形状的巨大差异，幻想这些不同面孔下的骨骼特征。不过，你确实会看到一些有趣的表情，因为人们习惯在地铁里互相不理睬。

鼻部打孔也很常见，比如鼻梁周围、两侧的软骨或鼻中隔。面颊打孔虽然不是很常见，但也逐渐开始流行，比如在酒窝处打孔，或者在颧骨处打上成对的钉状饰品，是现在的流行趋势。

面颅的下部，也就是嘴巴和下巴，是最能看出我们成长的部位，因为这里需要为牙齿的生长腾出空间。人类的牙齿是双生齿，这就意味着我们有两套牙齿：乳牙（婴儿的牙齿）和恒牙（成人的牙齿）。但事实上，得益于我们牙科技术的发展，我们还可以有三生齿。我们的恒牙不一定会永恒存在，或者说不会一辈子都是最初长出的样子，甚至可能被塑料牙或烤瓷牙代替。

所以，有一条金科玉律，永远不要以为出现在一个人身上的东西就一定属于他。我记得，20 世纪 90 年代，我在格拉斯哥做顾问，在尸检时遇到过这样的事情，死者是一个流浪汉，在当地公园的灌木丛中被人发现。他的死亡环境并没有什么可疑的地方，鉴于那是一个冬天的清晨，尤其前一夜的温度还在零摄氏度以下，死者年老体弱，很有可能是死于体温过低。但警察没能查明他的身份，所以希望我们能找到一些线索，确定他的身份，通知他的家人。

他戴着一个完整的上假牙（没有下假牙），在马蹄形假牙托的地方，我们发现了一串已经刮花的编号，通过这串编号我们可以找出制作假牙的实验室，或许在那里我们可以找出假牙的主人。

然而，随着调查的进行，我们发现死者佩戴的假牙并不是为他量身打造的。我们确实追踪到了实验室，他们记录在案的那个假牙的主人仍然健在。他的那副假牙在很多年前就已经丢失。我们还了解到，在死者捡到这副假牙之前，它至少曾经服务过三位能追踪到的主人。我们认为这简直就是格拉斯哥定律再现，假牙最初的主人，丝毫不介意这个假牙曾经落入死者的嘴巴，他泰然自若地问我们，自己是否可以要回假牙，因为那是他用过的最舒服的假牙。

这种神奇的事情或许比你想象的要常见。我父亲所在疗养院的一位护士给我讲了一个故事，一位顽皮的老太太一到晚上就会跑到别人的房间，把那些已经熟睡的老头老太太的假牙全都收集到一起，然后把它们都放进水槽（说是要好好冲洗一下）。结果到了第二天早上，工作人员不得不花很多时间，拿着假牙找主人，有时候还可能找不到。

牙齿是人类骨骼结构中唯一用肉眼就能看到的骨头，所以牙齿在认定身份方面有很大的价值。它们还能帮助确定被检查对象的年龄。

观察一个人从孩童到成年的脸部变化非常有趣。面部的变化主要是为了给新生的恒牙留出空间，恒牙的生长几乎没有痛感，但要经历很长的一段时间，如果能给孩子每年都拍一张放射照片，你可以很清楚地看到这种变化。我给自己的女儿拍了很多这样的照片。

孩子到 2 岁时，五官特征不明显的“婴儿脸”就会消失，儿童在这一时期的容貌基本就是成年以后的迷你版。完整的 20 颗乳牙已经形成并萌出，因此，他们的小脸必须不断生长才能有足够的空间容纳所有的乳牙。到了 6 岁，儿童的脸部又会有些变化,这是因为在口腔后侧 1/4 处会长出第一磨牙（这是一颗恒牙）。

他们现在已经有 24 颗完全长出的牙齿，而且，在看不见的牙龈里，还有更多的牙齿在生长。

6~8 岁是一个很可怕的阶段，在这个阶段，牙仙子正忙着处理乳牙，门牙陆续长出，这时候孩子的嘴巴就像是被扫荡过的墓地，不知道从哪个方向、哪个角度就能看到一块竖立着的墓碑。在 12 岁左右，青春期之前，第二磨牙开始长出，面部会再经历一次变化，但到 15 岁左右，牙齿就基本是成人的状态了。

最后长出的牙齿可能是最容易引起问题的牙齿，特别是如果你的上颌已经十分拥挤。智齿之所以被称为智齿，是因为它们通常在成年以后才会出现，在这个年龄阶段，我们多少拥有了一些所谓的智慧，智齿会在已经长出 28 颗恒牙的牙龈里挤出一条血路。有时智齿根本不形成；有时它们形成但不萌出；有时它们选择长在一个奇特的角度上，成为一个十足的恶霸，推挤周围的牙齿。因此，它们的存在多种多样，但只要它们存在，就可以为法医人类学家提供线索，帮助确定检查对象的年龄。

乳牙从牙龈中长出到脱落这个过程发生在 6 个月到 10 岁之间。从六七岁开始，恒牙取代乳牙陆续长出，到 15 岁左右，恒牙基本长齐。这些明确的发育阶段使得牙齿对于判定儿童遗骸的年龄非常重要。

1833 年，当政府试图为工人，特别是纺织厂的工人创造更公平的条件时，牙齿脱落轨迹与年龄之间的密切关系被应用到实践当中。《工厂法》规定不得雇用 9 岁以下的儿童，然而那时判断儿童的年龄基本靠猜，即便是自己的孩子，因为在英国，1837 年以前没有实行出生登记，而且在接下来的 40 年里几乎也没有强制规定必须进行出生登记。因此，年龄、孩子的健康状况或能否参加工作，都是通过观察他们的牙齿发育情况来确定的。

而且在当时，7 岁以下的儿童不应被定罪，因为他们被认为还不能对自己的行为负责，确定年龄的标准就是看第一磨牙是否萌出。如果一个人还没有长出第一磨牙，则被视作 7 岁以下，不负刑事责任。

直到今天，专门研究牙齿结构和疾病的法医牙科医师或牙病学家，仍然会帮助法院确定儿童的年龄。有时，作为受害者或罪犯出庭的未成年人可能没有证实其年龄的文件。世界上有许多国家都不签发出生证明，那些逃难的移民和难民也并不总是随身携带出生证明。在儿童被奴役的案例中，孩子的任何身份证件都会被拿走，使他们完全依赖于自己的“主人”。为了确定这些儿童的年龄，比起使用 X 射线，观察他们口腔内的牙齿发育情况被认为是更安全的方式，尽管现在也有其他的选择，比如使用非电离辐射成像来检查他们的骨骼，或者使用 MRI（磁共振成像）扫描。

牙列可以帮助法医学家确定死亡的新生儿在出生后是否存活以及存活了多久。出生是一个相当痛苦的过程，不仅对母亲，对婴儿也是如此。出生扰乱了牙齿的发育，在出生时，颌骨中组成牙齿的釉质和牙本质在显微镜下呈带状，也就是所谓的“新生线”，这条线的出现是由出生时发生的生理变化引起的。由于只有牙齿这一部分会在出生时发生显著的变化，所以我们可以就此区别胎儿出生前后釉质的形成程度。通过测量出生后“新生线”的牙釉质含量，可以计算出婴儿存活的大致时间。就法医学而言，新生线的存在被认为是活产的标志。如果没有新生线，孩子可能是死胎，或是出生后不久就死亡了。

我们的牙齿会随着时间的推移而发生颜色改变，当暴露在某些物质下时，它们会呈现出不同的颜色，这个特征可以为我们的身份鉴定提供线索。如果儿童经常使用四环素类抗生素，牙齿上更容易出现褐色斑点。也有研究表明，如果母亲怀孕时服用了抗生素，也可能会发生这种情况。另外，摄入过量的氟化物会导致牙釉质矿化不足而出现白色的斑块。

成人牙齿的颜色较深，可能与个人卫生习惯有关，也可能是因为长期饮用咖啡、红酒或吸烟等。牙齿呈红黑色很可能是因为咀嚼槟榔。嚼槟榔在亚洲文化中根深蒂固，深受6亿多人的喜爱。事实上，槟榔是仅次于烟草、酒精和含咖啡因饮料的第四大提神物质。

今天的牙科学试图通过向每个人推广完美的微笑来对抗这些习惯：想想你看到的那些图片——美丽整齐的牙齿（或贴面）和

明亮的白色。漂亮整洁的牙齿对法医牙科学来说并没有什么帮助，因为法医牙科关注的是我们牙齿自然发生的变异，以及那些由于牙科干预或修复而产生的变化。

在2004年的亚洲海啸之后，法医牙科医师通过匹配漂白过的牙托、填充物、根管和搭桥来确认一些死者的身份。我们对牙齿的改变越多，在鉴定身份时作用就越大，但前提是要有可供查询的牙科记录。但另一方面，过多的牙齿美容，比如戴牙套矫正牙齿，使我们的笑容变得越来越统一，有个性的牙齿也就越来越少。

具有讽刺意味的是，在我们的一生中，饮食一直都在腐蚀牙齿，而在我们死后，牙齿却不容易腐烂。因为牙齿被包裹在口腔内，所以它们可以在爆炸和火灾中幸存下来，而且在很多时候，它们比骨骼存留在世的时间还要长。

因为牙齿易于辨认，很多人发现牙齿后都知道联系警方，所以摆在法医人类学家面前的，经常只有一颗单独的牙齿。能认识一颗牙齿是一回事，但要想确定它是否属于人类，就需要对一系列常见动物牙齿的差别有一定的了解。所以，出现在我办公桌上的经常只是猪、牛、羊和马的臼齿。如果这是一颗人类的牙齿，我们还要分清，这是20颗乳牙中的一颗，还是32颗恒牙中的一颗，是上牙还是下牙，是左边牙还是右边牙。

牙齿可以从种族起源（或进化）和个体发生（个体发育）的角度告诉我们很多关于它主人的信息。我们进化出的牙齿类型，是为了适应我们的饮食。犬牙是食肉动物的重要装备，但对食草动物来说，它就略显多余。不管是食肉动物还是食草动物，都需要门牙和磨牙，但它们的磨牙类型不同。

食肉动物的磨牙像剪刀一样，用来撕碎猎物，而食草动物的磨牙则起到碾磨食物的作用。人类是杂食动物，什么都吃，所以我们用门牙咬断食物，用犬牙撕咬，用磨牙碾磨。

有时候，出现在科学家面前的确实是人类的牙齿，但却已经属于历史的范畴。找不到现代牙科治疗的痕迹是判断牙齿历史的一个重要指标，但也可以从牙齿磨损的程度来判断，可见与现代饮食留下的痕迹不一致。严重的龋损和坏牙表明饮食中含有大量的糖分，这是现代人的牙齿问题，而考古遗迹中发现的磨牙通常都有牙质的损伤，因为那时的粮食以粗加工为主。

通常，第三种人造牙齿是最吸引人的，尤其是那些在历史遗迹中发现的形状各异的人造牙，体现了过去牙科的多样性和独创性。1991 年，当我在伦敦西肯辛顿的圣巴纳巴斯教堂地下室挖掘时，三位女性富豪的棺木让我们深入了解了牙齿问题对她们日常生活的影响，以及 19 世纪的牙医为解决这些问题所做的努力。

莎拉·弗朗西斯·麦克斯菲尔德是威廉·麦克斯菲尔德上尉的妻子，上尉曾为东印度公司效力，1832 年成为林肯郡亨伯河口南岸大格里姆斯比的国会议员，1842 年莎拉被埋葬在圣巴纳巴斯教堂。莎拉的丈夫在这之前 5 年已经去世，她选择埋葬在他的身边。除此之外，我们对莎拉的了解来自铅棺中她的骨骼遗骸和牙齿。很明显，她是一位家境殷实的女士，不仅买得起三层棺材（一种典型的富人用的多层棺材，由木头和铅做成），还能在生前负担起昂贵的牙科治疗费用。

当我们挖出莎拉的时候，我们的眼睛立刻被金闪闪的光芒吸引了。在进一步的检查中，我们发现她的右上门牙被锯短，很可能是用酸烧灼的，然后一颗金牙桥被固定在这个牙冠上。由于黄金不会失去光泽，在她被安葬近150年后，它仍然能在棺材中褐色的腐朽沉淀物中绽放光芒。牙桥仍然在她嘴里，连接着她的右上第一磨牙，用一个黄金环固定。

不幸的是，这颗牙齿显示出明显的龋损和由于长期化脓引起的牙质流失。唯一能固定住她的磨牙的是牙桥。我们能想象她吃东西时感受到的疼痛以及牙齿腐烂带来的恶臭。

哈丽特·古德里克在1832年去世时享年64岁，她也被装在一个昂贵的三层棺材里，但她在牙齿修复上的花费比莎拉要少。哈丽特有一个完整的上假牙，当我们检查她的身体时，它已经从嘴里掉了出来。这并不令人惊讶，因为已经没有什么东西能把它固定住。这副假牙是专门为哈丽特设计的，当时她的上颌一定还有一颗牙齿，因为假牙的右边有一个大洞，与她第一磨牙的位置相对应，假牙的这种构造就是为了装下这颗真牙。

后来，哈丽特的那颗真牙也掉了，所以她的假牙就没有了固定物。因此，假牙就没有了实际的用处。然而，在她死后，爱护她的人还是为她戴上了这副假牙，这不禁让人感动，这是为了维护她的尊严，知道她即便是在死后，也很在意自己的外表。

不过，必须指出的是，这副假牙确实不够精致。它不是由单颗的假牙组成，而是由一块象牙雕刻而成（我们不确定一定是象牙，因为河马和海象的牙齿在19世纪也被普遍使用），每颗牙齿的位置用垂直线勾勒得相当粗糙，仅仅是在外观上让人觉得像那么回事。像这样的假牙，在当时是相当典型的，通常是由钟表匠来雕刻，而不是任何有牙科或医学背景的人，所以这种假牙的精准度还有待提高。

在棺材中放置了150多年之后，这副假牙也变成了和它周围液体一样的棕色（这种液体是尸液和木制内棺混合而成的一种弱腐殖酸）。当我们从哈丽特的棺材里找到她心爱的“饰物”时，它已经被染成了深棕色，我相信她一定会不高兴。

在我们挖掘的这三位拥有假牙的女士中，汉娜·伦滕的假牙堪称假牙中的“劳斯莱斯”。汉娜在1838年去世，年仅49岁，她显然是个富有的女人。她躺在一具华丽的铅棺里，佩戴着昂贵而富有创造性的假牙。哈丽特使用的那种象牙制的假牙套不够逼真，有钱人对真牙制成的假牙套有很大的需求。

牙医会在报纸上登广告，求购人牙。这些人牙多数是从当时非常活跃的掘尸人那里购得。另一些则是从战场上死去的士兵

（最好是年轻人）嘴里取下来的。拿破仑战争后，这些牙齿被称为“滑铁卢牙齿”（从滑铁卢战场上士兵的口中取出）。这些人牙被固定在一个象牙做成的牙板上，但汉娜的滑铁卢牙齿却被固定在一个纯金打造的U形牙板上，这是维多利亚时代的极品。在19世纪早期，即使是一个象牙牙板再装上真牙的牙套也要花费100英镑（相当于今天的12000英镑），想象一下这副黄金假牙会让她付出什么样的价钱。

这些奢侈假牙的创造者是克劳迪斯·阿什，他是一位金银匠，后来转行专门为富人制作顶级假牙。他成为英国最重要的牙科器械制造商，到19世纪中叶，他的产品占领了欧洲高端市场。

因为口腔后部的多根磨牙比前面的单根牙齿更难拔除，所以患者一般不会拔掉磨牙。为了美观，前面牙齿有问题时一般都会替换，但人们并没有那么在意后排牙齿的缝隙，即便替换或填充后排牙齿，用的材料也一般是象牙或动物骨骼。

不过，汉娜·伦滕却摘除了自己的6颗磨牙，并很豪气地有上下假牙。为了确保不会因为假牙脱落而造成尴尬，上牙套通过一对金弹簧与下牙套相连，并用旋转销固定，如此一来，当她张开嘴时，上面的假牙就会向上靠近上腭。

汉娜的假牙总共有6颗单根的前牙（均为人牙），用金钩固定在黄金制成的U形牙板上。6颗替换磨牙（每侧三颗）由象牙制成，同样由金钩固定。她的下假牙只有部分是象牙制成的，还有6颗则是人牙。

在一个无法治疗或预防龋齿的时代，掉牙是再普通不过的事情，但那时的人们仍然对掉牙带给外貌的影响非常在意。所以这些富有的女士为了保持她们的微笑，不惜付出巨大的代价，忍受强烈的不适。

在莎拉、哈丽特和汉娜死后的一个半世纪，她们的假牙还保留了下来。但现在为了修复这座岌岌可危的教堂地下室，我们要让这三位女士，连同埋在圣巴纳巴斯教堂下的其他遗骸离开这里。他们的遗体将被火化，骨灰将被撒在神圣的土地上，但她们的假牙将作为过去的牙科记录一直流传下去。

当然，在检查人类遗骸时，查看是否戴有假牙是我们的标准程序，但我们很少会遇到这样极尽奢华的例子。不过，令人惊讶的是，我们在死者的嘴里还能发现很多其他的异物。嘴唇、舌头、牙齿之间的空隙甚至腭垂（软腭后面悬挂的一小块组织）上的穿孔并不罕见。我们还可能发现嵌在牙齿里的宝石。我们甚至看到过植入口腔的RFID（射频识别）跟踪器。人类的聪明才智似乎是无止境的，而我们选择修饰已经十分独特的面孔的方式，我们与世界交流的身体部分，只有想不到，没有做不到。

我们的下巴是另一个人类特有的身体部分，因此人类对下巴的作用、变化和生长都饶有兴趣。下巴的作用是什么？它的作用是咀嚼、提供动力、帮助交流，或者仅仅只是进化过程中的一个小插曲。新生儿的两半下颌骨是分开的，它会在1岁左右融合。为了能够容纳门牙牙根，4岁之前儿童的下巴生长迅速，但4岁之后生长会放缓。男性在进入青春期后，下巴的变化会很明显。

下巴的形状千差万别，有半裂的下巴、双下巴、尖下巴（女性和儿童），男性通常具有方形下巴。因此，下巴能帮助确定骸骨的性别，甚至在确定个体身份方面也很有用。虽然拳头很容易击中下巴，但下巴的骨骼很坚硬，需要很大的力气才会让下巴骨折。我们也确实见过很多下巴骨折的案例。

人类面部各个部分的骨骼在身份认定时都有非常重要的作用，然而只有当这些骨骼作为一个整体共同发挥其独特的作用时，个体身份鉴定的工作才能顺利进行。

第二部分

躯干：颅下中轴骨

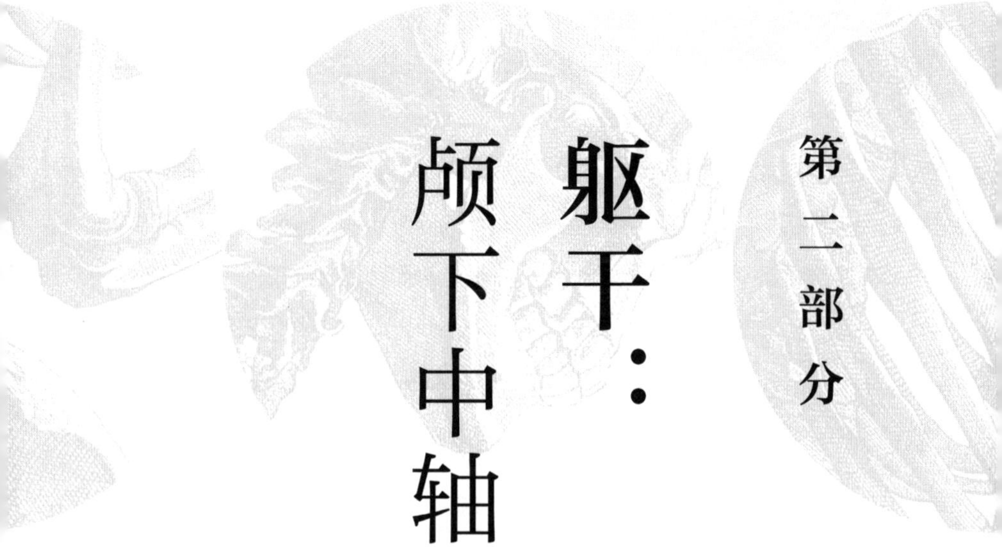

第 三 章

脊柱

生命中枢之谜

脊柱的年龄就是你的年龄。

——约瑟夫 · 普拉提

（1883—1967）

体能教练

我曾经写过一篇非常浮夸的关于脊柱的学术文章："骨骼中轴的分节现象是一种原始系统发育现象，脊椎动物亚门因此得名。"

我的同事和朋友路易丝·谢尔告诉我，我真是一个让人难以理解的话痨——我爱她，她确实说对了。

我的意思是，人体是围绕着一个中心轴（颅骨和脊柱）发育而成，由许多不同的节段（而不是单个骨骼）拼凑起来，这有点像小孩玩的形状不一的积木。事实上，脊柱是定义我们的特征之一，而"脊椎动物"是动物分类的基础。如果你没有脊柱，那么你就是一个无脊椎动物，那你可能就不会有机会读这本书，因为你可能是一只昆虫、蜘蛛、蜗牛、螃蟹、水母、蠕虫或另外一些没有脊柱的生物。

就像 spine（脊柱、脊）这个词一样，解剖学中的 vertebral column（脊柱）这个词也起源于拉丁语（源自 verto，意为转动）。

一个可转动的脊柱，可以让我们的身体扭曲成许多惊人的形状。不过，随着年龄的增长，脊柱的柔韧性会下降，我们年轻时能做到的那些动作就只能留在记忆里。当我们试图将每一节脊椎调整到正确的生理位置时，我们发现时光让每一节脊椎都发生了变化。

随着年龄的增长，我们每一节脊椎的边缘都开始长出一种名为骨赘（俗称骨刺）的骨质，它会限制我们的活动并引起疼痛。有时候这种骨赘可以长得很大，能填满两节脊椎之间的空隙，使之融合在一起，永久性地影响到脊柱的灵活度。骨赘的存在有助于确定个体的年龄，因为它们在年轻人中很少见。它们是骨关节炎的一种表现，人类 24 个骶前椎骨都有可能发生这样的病变。

通常，我们共有 33 块椎骨：7 个在颈部（颈椎）；12 个在胸部（胸椎）；5 个在背部（腰椎）；5 个在臀部，儿童时期就已经融合在一起（骶骨）；4 个位于我们已经退化了的尾巴处，成年后逐渐融合（尾骨）。

当我们看到一块单独的椎骨时，在确定它是人类椎骨之后，法医人类学家必须确定它来自 5 个区域中的哪一个，以及它最有可能是 33 块中的哪一块（在脊柱开始融合之前，新生婴儿脊柱的骨骼数量几乎是成人的 3 倍）。所以脊柱椎骨的数量可能与身份有关，也可能还蕴藏着其他信息，可以帮助调查机关查明死者死亡方式或死亡原因。有时真的可以一箭三雕。

被刺死很可能会在脊椎上留下痕迹，如果因为动物啃食或水流冲散致使33节脊椎完全分离的话，我们就必须能够辨认出每一节脊椎，并罗列出所有仍然失踪和需要寻找的脊椎。所以，在学生们的学习生涯中，辨认每一节脊椎是一个常见的考题。他们通常被要求判断一块单独椎骨在脊柱中的位置，如果他们出现两个以上的判断错误，那么这门考试就会被算作不合格，我们对此很严格。

有时一根骨头可以是一个信息库，帮助我们确认某个人的身份或者排除某个人的可能。我们邓迪大学的法医团队就遇到过很多骨骼大显神通的案例，其中一例就是我们参与查证埋葬在因弗内斯郊外沃德洛陵墓中的遗骸是否属于西蒙·弗雷泽（1667—1747）——洛瓦特家族最臭名昭著的首领。这座陵墓位于安静的柯克希尔小村庄，洛瓦特家族于1634年开始建造，直到19世纪初才被他们用作墓穴。尽管当时的政府拒绝第十一世洛瓦特勋爵弗雷泽安葬在这里，但传闻说他的尸体还是从伦敦被秘密地转移到这里的墓穴中。

西蒙·弗雷泽，一个被称为老狐狸的流氓，终其一生在变幻莫测的历史潮流中，抓住机会易主求荣。起初，他在表面上支持英国王室，但后来却投奔了忠于邦尼王子查理的雅各布派叛军。这样阳奉阴违的做法最终还是被发现了，他被监禁在伦敦塔等待英国议会对他提起叛国罪的审判。

审判对王室来说是巨大的胜利，经过 6 天的严刑逼供，他被正式判处绞刑、分尸，但随后又被国王改判斩首。因此，他获得了一个“殊荣”，成为英国最后一个因叛国罪被斩首的人。数千人来到伦敦塔观看这场行刑。如果没有意外的话，他很快就会死去。然而，拥挤不堪的临时看台倒塌，造成 9 人死亡。老狐狸觉得这种讽刺很有趣，据说他当时的反应是“笑掉头”这一说法的来源。

在他前往伦敦受刑的途中，威廉·霍加斯在圣奥尔本的白鹿旅馆为他画了一幅画。画上的弗雷泽，看起来虎背熊腰、位高权重，又很不讨人喜欢，他似乎正准备把他的想法写在纸上。他打开的日记本和一支羽毛笔静静地躺在他旁边的桌子上。

政府最初同意，在弗雷泽被处决后，他的尸体可以被送回柯克希尔的家族墓室安葬（他的头会被钉在一支长矛上公开展示一段时间，作为对其他人的威慑，然后再交还给他的家人）。随后政府又改变了主意，决定把这只老狐狸和另外两个雅各布派叛徒——基尔马诺克伯爵和巴尔梅里诺勋爵一起葬在塔楼内侧的圣彼得万古拉教堂里。但在另一个版本的故事里，弗雷泽的尸体实际上从伦敦被偷运出来，坐船一路北上到达因弗内斯，最终回到了柯克希尔。弗雷泽被称为最后一个伟大的高地人，一个真正的苏格兰爱国者，他的部族不会希望他长眠在英格兰的土地上。

今天，柯克希尔的陵墓成了旅游胜地，因为在电视剧《古战场传奇》播出后，粉丝们纷纷跑到这里来一探究竟，这部虚构的穿越剧以雅各布派叛乱时期当地壮丽的高地风光为背景，在美国和加拿大也有这部剧的忠实粉丝。我想老狐狸也会出现在这部剧中一两集的剧情里。

现实中有一些证据可以证明弗雷泽的尸骨可能在柯克希尔陵墓中。地下室里双层铅棺盖上的一处痕迹恰好与一块青铜名牌的大小相吻合，这块名牌已经脱落。名牌上刻着弗雷泽的名字和家族的徽章，此外还有一句拉丁语的警句：谴责邻近部族的暴政。

这两个不同版本的故事让我的部门卷入这个古老的谜团。首先，需要筹集资金加固沃德洛的地下墓室，以防止建筑因年久失修而坍塌；其次，棺材盖上被发现有破损，所以最好的方法是从里面挖掘遗骨，并将其转移到另一个器皿中妥善保管。众所周知，这位第十一世洛瓦特勋爵被判斩首，我们自然非常有兴趣检查他的脊柱顶端，如果它还存在的话。但事实并非如我们预计的一样，最终是因脊柱底部引起了轩然大波。

因为预估棺材内将有重大发现，挖掘的消息引起了民众极大的热情。历史学家和电视节目主持人丹·斯诺将带着《热门历史事件》节目组的工作人员来到柯克希尔拍摄整个发掘过程，爱丁堡皇家学会计划在因弗内斯举行一次公开活动，届时老狐狸是否葬在沃德洛墓室的问题将有最终的答案。这样一来，我们倍感压力。

陪同我去柯克希尔的是我的老搭档鲁西娜·哈克曼博士，她也是我最亲密的朋友和同事。那一天天气寒冷，我们首先察看了这个地下墓室并开始计划如何展开挖掘工作。墓室位于一个美丽的老墓地，我们用一把古老的钥匙打开了墓室的门，这把钥匙在《古战场传奇》中也多次出现。每个游客都想在入口处拿着钥匙拍照，所以我们也入乡随俗。毕竟不这样做就好像不礼貌一样。

前面是一个长方形空间，有一扇活板门，下面是一段陡峭的石阶通往地下室。在这个没有窗户的拱形小房间里（只有中间的天花板足够高，能让人直起腰来），摆放着六口铅棺，其中一口是儿童的尺寸，都属于弗雷泽的家族，每口棺材上都有主人的姓名、年龄和死亡日期。除了最大的那口棺材有破损，其余五口都完好无损，那口有破损的棺材位于墓室的左边角落里，等待着我们去挖掘。

我们都戴上了口罩，因为从棺材上的白色粉末可以清楚地知道铅正在氧化，当移动铅棺的棺盖时，这些一氧化铅物质会飘散在空气中，对人体健康造成极大的危害。我们跪在地上，透过棺材盖狭窄的开口往里看，可以看到里面有一些木头，应该是内层木棺的残留。我们也能看到骨头，所以只好放弃原来的补救方案。

因为我们想从任何能找到的骨头上提取 DNA，所以决定全副武装，戴上双层手套，以确保不污染任何东西。至于谁做什么工作，我俩并没有抽签，因为鲁西娜总是抽到短的那个（我是老大）。所以鲁西娜会去地下墓室拍照，并小心地寻找小块的骨骼和棺材里的物质。我会在陵墓的上层工作，找到的遗骨会通过一个滑轮送到我的手中，再进一步进行拍摄、录音、取样和分析。

当我们掀开棺材盖的时候，很明显里面的木棺已经支离破碎，所以从表面就能看到一些遗骨。找出的第一块遗骨是骶骨，这是一块位于脊柱底部的三角形大骨头。它看起来还很坚固，状况也还比较好。

仅从这一块骨头，我们也能获得不少信息。首先，这是一块男性的骶骨。我们可以从形状和相对比例来判定。从大小来看，这位男性体格壮硕。从各个关节的关节炎程度来看，他死的时候已经上了年纪。从霍加斯的素描和同时代的描述中，我们知道弗雷泽很高（将近 1.8 米），虎背熊腰。他被处决时大约 80 岁，患有痛风和关节炎。到目前为止，很多证据都指向这是弗雷泽本人。从棺材里取出的第一块骨头似乎证实了许多关于弗雷泽的描述。

丹已经兴奋地想要宣布我们找到了洛瓦特勋爵的尸体。尽管我们不想给他泼冷水，但还是提醒他，我们真的需要等等看，看看还有什么其他的证据出现，然后再下结论。丹决定不再打扰我们的工作，主动消失在我们眼前，跑去库洛登战场附近拍摄。

出现的第二块骨头来自左膝区域，是一根成年人的股骨（大腿骨）。这根股骨并没有关节炎的迹象，这使我们怀疑它与骶骨的主人并不是同一人。直到发现第三块骨骼，才终于证实了我们的猜想，这是一个混合墓葬。在棺材的顶端，鲁西娜取出了属于一个 4 岁小孩的 17 颗牙冠。我们既不知道为什么棺材里会有小孩的牙冠，也不知道牙冠所属的颅骨的下落。它们可能只是一位母亲保存的一堆乳牙，必须放在某个地方。牙齿可能会出现在一些奇怪的地方。牙仙子让我保留了我所有孩子的第一颗乳牙，但最终它们变成了我的实验对象，用来评估牙齿主人的年龄。

我们还发现了另一个青年人的数根肋骨和胸骨。它们被按照正确的解剖位置放置，在棺材木制部分的底板下，靠近棺材的尾端。那么，这具遗骸的其他部分在哪里？这个问题我们没有答案。我们只知道找出了 4 个不同个体的遗骨：儿童、青年、中年和老年男性。

还有更多的遗骨有待发掘。棺材底部的木制底板上，一具保存不完好的遗骨被摆成铰链式的形状。鲁西娜亲自上来小声地告诉我这个发现，怕点燃大家的期望。我们想先保守这个秘密，直到掌握更多的证据，再正式向大众宣布。看起来弗雷泽的族人似乎还是成功地骗过英格兰人，设法把他们的首领带回了柯克希尔。

在丹回来的时候，他希望看到的是，我们已经找到骶骨主人的遗骸并确认了他的身份。骶骨的英文名字 sacrum 是其 18 世纪拉丁名 os sacrum 的缩写，即神圣的骨头。在英语和德语中，它也被称为圣骨。至于为什么会有圣骨的意思，原因众说纷纭。其中一种与宗教相关的说法是，骶骨强壮、耐腐，在最后的审判日，肉体复活时骶骨也还能保持完整。另一种说法是，骶骨能保护神圣的生殖器官。不管词源是什么，丹都把希望寄托在这个特殊的骶骨上，期望它能证实老狐狸的狡猾计划——将自己的尸体从王室的眼皮子底下偷运出来，荣归故里。

当我们告诉丹棺材里至少有 5 个人时，他吓坏了。他问我们怎么会这样。由于棺材被破坏而有了缺口，我们认为之所以有 5 个人的遗骨出现在这口棺材里，是因为它成了某种形式的“回收桶”。每当动物或人类在墓地挖洞的时候，很有可能会发现遗骨。一旦你发现遗骨，总要做点什么。在这里，最简单的方法就是把这些遗骨偷偷地放进墓穴中有缺口的棺材里，这样一来，它们就能再次入土为安。就好像清理地毯下的灰尘，在墓地也有类似的操作。肋骨和胸骨可能是在无头尸体之前被放进棺材的，而其他人的遗骨是在棺盖破损后被扔进去的。

我们清理了墓室中所有不相关的人员，这样我们就可以讨论在棺材中发现的无头尸骨，讨论过程也将全程录影。在场的每一个人都宣誓保守秘密，直到爱丁堡皇家学会举办讲座的盛大夜晚。讲座的门票提前售空，丹的团队届时也将为全世界的《古战场传奇》的粉丝们全程直播讲座。大约有 400 人出席讲座，超过 50 万人收看了当晚的电视节目或观看重播。这是爱丁堡皇家学会有史以来公众参与人数最多的一次活动。直到现在，老狐狸仍然能吸引人们的注意。

有几位记者推断，如果老狐狸不在墓室里，我们不可能这样大费周章，所以他们一直缠着我们想得到一点独家新闻，但我们仍旧闭口不提。就在举办讲座的当晚，你真的可以明显感觉到空气中弥漫的紧张气氛，毕竟我们卖了个很大的关子。陵墓保管人埃里克·隆德–伯格提供了一些发掘工作的背景资料；嫁给弗雷泽家族的著名历史学家和作家莎拉·弗雷泽讲述了这位祖先在他生活的那个时代重要的社会地位，吸引了听众。为了让这场讲座更加星光熠熠，现场通过 Skype（一种即时通信软件）连线了丹，他为观众讲述了这次调查对他个人的意义，并播放了一些挖掘时的片段。

在我宣布棺材里无头尸骨的身份之前，鲁西娜起身又回到了墓室。会场安静得能听到一根针掉在地上的声音，最终我宣布遗骸主人并不是弗雷泽，而是一位 20~30 岁的女子。你能听到会场观众倒吸了一口凉气。我知道，没有人会期待这样的结果。但科学的本质就是实事求是，它不会为了迎合人类的欲望而改变自己，它传达的是真理。

现在轮到我们向公众解释这些发现。事实是，我们并不知道这名女子的身份，直到现在也不知道。一种说法是，当时族人确实为弗雷泽准备了一具刻有他名牌的棺材，但最终却没能将他的遗体从伦敦偷运回来。族人们是否将棺材的名牌抠下来后，安放了别的死者？如果他们真的这样做了，并没有留下关于这名女子的任何信息，那他们确实很不礼貌。我们怎么知道她是女性？她骶骨和骨盆的形状让我们毫不怀疑她女性的身份。

正如鲁西娜和我推测的那样，一旦有好奇之人打开棺材的一个小口，窥视里面的东西，它就成了一个方便的容器，任何在墓地上发现的遗骨都被扔了进去。因为民间一直有关于弗雷泽的尸体被偷运回乡的传言，也有可能在过去的250年里，有人忍不住偷看棺材——如果铅变得易碎，焊接的边缘开始松动，那就更是一种诱惑——而这正是造成棺木损坏的原因。

那女人的头呢？没有证据表明她曾被斩首，只是她的颅骨与身体不在一处。会不会被某个偷窥棺材的人带走了？或许他们认为这是老狐狸的颅骨，他们应该把这个颅骨带走，让他的传说延续下去。或者他们真的相信这是西蒙·弗雷泽的颅骨，把它当成了某种纪念品带走。不论如何，我们永远不会知道真相是什么。

不管棺材里的人是谁，她都值得一个体面的葬礼。我的家人很早就与弗雷泽家族的另一个分支熟识，他们掌管着因弗内斯的殡葬业。我打电话给比尔和马丁，问他们是否愿意为一位可能属于弗雷泽家族的女子捐赠一口棺材，这样我们就可以把她的遗骨放在地下墓室里。当然，他们同意了。我们将遗骨装入新的棺材内，并举行了一个简短庄严的仪式。因此，地下室现在容纳了全部原有的铅棺，再加上一个闪闪发光的新的木制棺材，其中装有这位无名女子所有能找到的遗骨，以及其他四个人的部分遗骨，毕竟在过去的几个世纪里，他们一直相互陪伴。如果老狐狸在天有灵，知道我们为了找出他的遗骨费尽心思，一定会觉得很有趣，即便过去了 250 多年，他仍是幕后主使，让人捉摸不透。他可能真的会“笑掉头”。

当我们发现一位身材高大并患有严重关节炎的老年男性的骶骨时，我们开始了这段寻骨之旅，然而这段旅程也止于这一块骶骨。要揭开这个神秘传说的一角，弄清共葬在这口棺材中的逝者是谁，我们不能只判断出骨骼的各个部分，更重要的是解读它们携带的信息——性别、年龄和其他特征，这才是关键所在。

我们的脊柱，像所有习惯用四肢行走的哺乳动物一样，起初是一个水平结构。根据化石记录，400 多万年前，现代人类的祖先开始更多地使用双腿直立行走，而非四肢爬行，脊柱开始从水平向垂直转变。从生物力学的角度来说，这并不是个好主意，因为它给脊柱带来了巨大的压力和张力，我们老年时承受的大多数来自脊柱的病痛就是这种运动方式带来的后果，因为我们的身体轴线并不是为了直立行走而进化的。

当幼童开始活动时，他们四肢并用，脊柱呈水平状态，这并不奇怪，因为这种姿势能让他们保持稳定。等到他们开始两足行走，最开始也是小心翼翼、左摇右晃，直到肌肉、骨骼和神经习惯这种看起来有点荒谬的运动方式：整个身体的重心都集中在两只小脚上。当成年人因为饮酒过量造成神经功能受损时，回归到最初的四足爬行被证明是一种更好的方式，虽然这样的姿势看起来很不优雅，尤其是上楼时。当然，有些婴儿会经历一个中间阶段，坐骨结节（我们大多数人都称之为坐骨）为他们提供了一种更稳定的运动方式，所以他们在能够自主站立行走之前，是靠屁股移动的。

所有脊椎动物的脊柱，其主要功能就是保护脆弱的脊髓和脊髓表层的膜状物，从头部一直贯穿整个上半身。在脊柱的顶端，此处的神经组织仍由脑干构成，从第二颈椎开始，内容物被正式称为脊髓。骨腔中这一层薄薄的白色带状物，携带着我们所有的运动信息，这些信息指导我们的肌肉工作，同时触觉、温度觉和痛觉等感觉信息则通过它反向传递至大脑。脊柱比脊髓长，第一或第二腰椎的骨腔内已经没有脊髓。

这就是为什么要在两个下腰椎（通常是第三和第四腰椎）之间进行腰椎穿刺。这样一来，可以让这根长得吓人的针直接插入两节腰椎之间，获取神经组织周围的脑脊髓液，而不至于碰到脊髓本身。为了确定我是否患有脑膜炎，我也经历过一次腰椎穿刺，我可以证明这种检查令人非常不愉快，尤其是当医生知道你是一个解剖学家，他会为你提供一场动态的组织讲解，针头所到之处皆有医生的评论："哦，到后纵韧带了。你有听到噗的一声吗？不过你也不是非要听到。"

我们决定用两条腿站立，其实是在强求我们的脊柱，因为它并不是为了直立行走而进化出来的。脊柱除了要让整个上半身与下半身保持平衡，颈椎还要起到支撑头部的作用，同时我们还需要一些附着点控制肌肉的运动，敏感的神经系统不断地调整肌肉，这样可以平衡肌肉的伸展和收缩，让我们能保持直立。

我们几乎没有意识到，我们一直处在这种微妙的平衡运动中。这是一种潜意识的运动，坦率地说，如果是有意识的运动，有谁能记得不停地重复这些动作？当站着睡觉时，我们就能深刻地体会到肌肉这种潜意识的活动。人类可以站着入睡，但如果没有支撑，我们很快就会跌倒，因为在睡眠状态下，肌肉潜意识的平衡运动会减弱。如果你有疑问，可以看看坐在沙发上打瞌睡的人。你总能看到那些在沙发上耷拉着脑袋打瞌睡的人，突然惊醒，这就是潜意识在提醒他们颈部的肌肉已经放松，无法再保持平衡。

与脑组织周围的骨骼一样，胚胎在第7周左右就已经开始发育脊柱，首先从脊柱顶端开始，这里最接近大脑。到胎儿出生时，脊柱由大约90块不同的小骨头组成，这些骨头看起来像是抛接子游戏中用到的抛接物（这真不是巧合，因为这个游戏最初就是使用羊的脊椎作为抛接物）。脊柱的生长非常迅速，到4岁时，脊柱已经融合成最终的33块骨骼，5块骶骨也会在进入青春期之前融合在一起。

胎儿脊柱呈C形弯曲，前方有凹面。但在出生后的2~3个月，非常神奇的事情发生了。婴儿颈部的肌肉开始加强，能够支撑和平衡脊柱顶部头部的重量。颈椎的脊柱曲线开始反向，并向颈部前方凸出。在6~8个月大的时候，婴儿下背部的肌肉加强，能够独立地坐起来，坐着的时候能保持整个身体的平衡。这导致腰椎区域脊柱的形状进一步改变，腰椎也开始向前方凸出。

在婴儿1岁生日之前，整个脊柱已经从胎儿时期的C形变成了S形，这样的变化只存在于两足动物。这种形状不是通过骨骼的变化形成的，而是通过每一节椎骨之间的椎间盘。随着年龄的增长，椎间盘失去弹性并开始塌陷，我们的脊柱又开始逐渐变成出生时的C形。我们失去了笔直的腰杆，变得弯腰驼背。身体的重心也随之改变，我们需要借助拐杖才能保持平衡。

帮助我们保持头部平衡的颈椎非常灵活。脊椎的结构使其能大范围地旋转，所以我们的头部可以左转右转，上看下看。

胸椎是肋骨的附着点。胸椎最有可能因为骨质疏松造成骨折，胸椎变形造成的驼背被命名为“伯爵夫人背”，这是一种常见的病症。胸椎区域在老年时最有可能发生骨融合，因骨关节炎产生的骨桥会连接相邻的椎骨并降低椎骨的灵活度。50 岁左右的人最容易出现这样的变化，但也有更年轻的病例。

上胸椎并不对称。每一节椎骨都有一块扁平的区域，人体最大的动脉主动脉就在这里通过。那些死于主动脉瘤破裂的人，即便软组织已经腐烂消失，上胸椎上仍然留有痕迹。动脉瘤越长越大，使得血管壁越来越薄，最终破裂。我的外养祖父威利死于主动脉瘤破裂，就在我们周日聚餐的餐桌旁，一切都发生得那么突然。

后腰部的椎骨是整个脊柱中最粗壮的部分，因为它们需要将身体的所有重量转移到骶骨，然后再转移到下肢和地面。如果最后一节腰椎没有发育完整，在应该融合的时间段没有完成融合，就可能造成腰椎移位。上下两节椎骨被强行分开，就是我们所说的腰椎滑脱，套被套这样简单的动作也有可能造成腰椎滑脱（我丈大就是这样的情况）。有时候，我们对脊柱要求太多，当它们最终不堪重负时，就可能造成严重的残疾。

在青春期前后，组成骶骨的 5 个分开的椎骨会融合到一起。我们的尾骨会发生什么变化呢？骨骼的融合情况和尾骨最终的大小都会因人而异。当然，人类并没有一条可以自由缠绕的尾巴；相反，尾骨末端的骨头被藏在出生时就有的一条裂缝下面——就是我们两半臀部之间的深槽。此处是肌肉和韧带的附着点。当人类决定用两条腿站立时，我们就必须拥有一个牢固的盆底：从解剖学上来说，盆底就好比一个吊床，防止内脏器官脱落。

大多数时候，脊柱周围的这些骨骼都能履行其解剖学上的职能，然而，考虑到脊柱从上到下要协调 90 多块骨骼的生长，所以它偶尔也会出现一些差错。有一些椎骨没能发育完善（例如，蝴蝶椎），有的椎骨可能在不应该融合的时候融合在一起（弥漫性特发性骨质增生，DISH），另一些则没有发生融合，就是我们所说的脊柱裂。这种解剖学上的变异，其中一些患者自己并不会发现，但这些病变可以帮助法医人类学家鉴定死者身份，特别是有的死者生前留有医学影像，这更能验证我们的推测。

位于脊柱顶部的前两节颈椎最能引起我们的注意，因为它们与其他椎骨在解剖结构上有所不同。第一颈椎是一个环形结构，又叫寰椎，其英文名 atlas 来源于希腊神话中被宙斯责罚用双肩支撑天空的提坦神阿特拉斯。人类身上的这位阿特拉斯只需要支撑头部，但这也绝非易事。第一颈椎与颅骨之间的关节非常特别：正是这个关节让我们能够点头。

第二颈椎，又叫枢椎，在外表上就与众不同，其上表面有一个齿突。这个齿状突起与第一颈椎的环状锥体刚好吻合。齿突的周围有韧带环绕，使我们的头部可以左右任意转动。这简直是巧夺天工的设计！

因为这两块椎骨离颅骨非常近，确切地说是离脑组织非常近，它们会对很大一部分脑组织起保护作用，所以这两节椎骨拥有非常大的椎管。这意味着脊柱顶端受到任何伤害都会造成致命的后果。

最能让大家明白这其中利害关系的骨折就发生在第二颈椎。毕竟就算不是天才也应该能明白“绞刑骨折”（枢椎椎弓骨折）的来历。因为第二颈椎基本上也是一个环形，它骨折，就一定会裂成两部分。如果你怀疑我的说法，那就去找一个环形的薄荷糖，试着掰断一处看看，这块糖一定一分为二。

当有人被绞死时，枢椎骨折往往发生在齿突的两侧。这是由于绳子的急剧下降和突然停止造成的。齿突向后插入脊髓（确切地说，是脑干的下半部分），神经组织被破坏导致死亡——如果够幸运，或者刽子手做得够专业，死亡真的就是一瞬间的事情。

许多刽子手都以让囚犯死得快为荣。19 世纪英国刽子手威廉·马伍德在 1872 年设计了更精确的悬挂高度，其中考虑到了各种因素（例如，死刑犯的身高和体重，以计算绳子的最佳长度和身体下降的高度），以最快速、最人道地结束死刑犯的生命。拙劣的绞刑不仅是一种残忍的致死方式，对刽子手和围观人群来说也都是一件痛苦的事。

绞刑的目的是折断颈部造成瞬间死亡，并不是要把脖子拧下来。然而，不管计算多么精密，也不能保证每一个死刑犯都能如此“幸运”。研究表明，只有不足 20% 的绞刑真正导致了颈椎骨折，而在这 20% 的案例中，只有一半是干净利落的“绞刑骨折”。

所以，让人觉得讽刺的是，即便叫作“绞刑骨折”，它却在经受绞刑的死者身上不常见。

这就是为什么在宣判囚犯处以绞刑时用到的表述是：吊着脖子直至死亡，这是因为放下绳子的瞬间不足以导致死亡、窒息，血管收缩的后果更多是组织缺氧。所以“绞刑吉格舞”可能会持续好几分钟，死囚犯会一直蹬动双腿直至死亡。为了能“死个痛快”，死刑犯的家属或者朋友通常会买通刽子手或其他人，让他们在执行绞刑时从下面死死地拽住囚犯的双脚。绞索上打结的位置也能帮助囚犯在受刑时快速死亡。将绳结放在下颌处，可以使颈部过度伸展，从而破坏脑干组织。

从技术上讲，绞刑和勒死并不一定是同义词。如果不能对神经组织造成伤害从而导致立即死亡，那么绞刑也算是窒息致死的一种。勒死是指由于主要血管收缩、迷走神经被抑制或颈部气管阻塞而导致的窒息，是一种软组织损伤，通常属于病理学家而不是人类学家工作的范畴，因为窒息一般不会在脊椎上留下痕迹。

两种造成窒息的主要方式：一是用绳子或绷带，这种方法既可以是他人作案，也可以是自己上吊；二是用人力、双手（也有可能是身体的其他部分）用力勒住脖子。当然，自杀的人肯定不能用双手勒死自己。以上致死类型的区别在于颈部受到的压力。绞刑的结果是，因为死者身体的重量，颈部会有一圈加深的勒痕。被绳子或其他线状物勒死的人，其勒痕是外力造成，并不是死者自身的重量。被双手双臂掐死或勒死的人，其勒痕是凶手的身体部分造成。

上吊的方式通常有三种：身体悬空、身体半悬空、身体从高处坠下（这种方式多用于被判处绞刑的死刑犯）。只有最后一类，死亡原因才会是上颈椎骨折。任何其他形式的上吊都不会在骨头上留下痕迹。

这些形式的上吊或勒死，除了被双手或身体其他部分掐死或勒死的情况，既有他杀的可能，又有自杀的可能。一个典型的绞刑骨折发生在威廉·伯里的身上，1889 年他被判处绞刑，是邓迪最后一个被绞死的人。他被判杀妻罪成立，但也有传闻声称其实他妻子是上吊自杀的，被发现时身体半悬空。

伯里被判谋杀罪并不是因为他臭名远扬。根据他从伦敦东区抵达邓迪的时间，加上他妻子埃伦的死，在他被捕后，一些人猜测他可能就是开膛手杰克——英国最臭名昭著的连环杀手。然而，能证明这一观点的证据却很少，所以在我的心中，他还不是杰克候选人中最有可能的那几位之一。

1889 年 1 月 20 日，伯里和埃伦离开了鲍街，这里距开膛手杰克的落脚点白教堂并不远，随后的几个月，这里发生了 5 起命案，最有可能的嫌疑人就是杰克。伯里和埃伦乘坐“坎布里亚号”向北航行到达邓迪，在这里，伯里让埃伦相信自己已经在附近的麻纺厂找到一份工作，但他是在撒谎。他们在联合街 43 号租了一套顶层公寓并在这里住了8天，直到身无分文。伯里随后找到一个住处——王子街113号一间阴暗、没有家具的地下室，在之后的供词中，他说自己是在查看了这处出租屋后忘记将钥匙还给房东。12天后，他走进当地警察局，告诉他们，如果他们去公寓搜查，会在一个木箱里发现埃伦的尸体。据证实，埃伦被发现时，她已经死亡5天左右。

伯里是个酒鬼。他对埃伦一直都有虐待和暴力行为。有人怀疑，他之所以会娶埃伦，是因为当时埃伦获得了一笔财产，当然这笔钱已经被他挥霍一空。他为什么选择来邓迪，1889年2月5日在王子街113号地下室又发生了什么，我们已经无从得知。

伯里告诉警方，他和埃伦在她死前的那个晚上一直在喝酒，不过据证实，埃伦并不爱喝酒。伯里说他之后就上床睡觉了，第二天早上醒来时，埃伦已经死亡，她躺在地板上，脖子上缠着一根绳子。随后又被证实，是伯里在埃伦死亡前一天买了这根绳子。另外还有人看到，就在同一天，他在治安法庭待了几个小时，旁听庭上的诉讼，像是在研究法律章程。

皇家病理学家坦普曼博士和斯托克博士对埃伦的尸体进行了尸检，发现了几处瘀伤和割伤的痕迹，其中一处伤痕很深，以至于她的肠子都从腹部流了出来。他们认为伤口边缘向上，这表明她的腹部被切开时她还活着。她的脖子上有绳子勒进皮肤留下的痕迹。为了能把她塞进木箱，凶手还折断了她的右腿。警察在木箱里发现了她残缺的尸体，还有衣服和书籍。

他们还在窗台上发现了一把刀，刀刃上布满了与埃伦匹配的血迹和毛发。案情似乎已经很明了：伯里用绳子勒死了他的妻子，在她还活着的时候，拿刀刺向她，像开膛手杰克一样切开她的身体，然后把她塞进木箱，为了能把她装进去，折断了她的右腿。为什么他一直待在邓迪，和她的尸体共处了5天后，最终又选择自首？是悔恨把他带到了警察局吗？还是突如其来的负罪感？鉴于对威廉·伯里的了解，两者似乎都不太可能。

审判定于1889年3月28日进行，届时春季巡回法庭将在邓迪开庭，由杨勋爵主持。由于法官认为邓迪的公众会干涉陪审团成员，所以，所有的证据都要在一天之内展示完毕。邓迪市强烈反对死刑。

警方当时一定认为这是一个板上钉钉的案件，但他们没有想到的是，被告让两位颇有辩护技巧的人介入案件，他们是伦诺克斯博士和金尼尔博士。他们并不是要为伯里做无罪辩护，而是要求检方对他们的质疑提出合理的解释。伯里没有主动认罪，那么检方就有举证的义务。

辩方的两位博士认为伯里确实在前一天晚上和埃伦一起喝酒，尽管他们也注意到，解剖后埃伦的胃里并没有任何酒味。不管出于什么原因，虽然他们无须向法庭提供任何假设性的猜测，但他们还是提出了自己的想法。他们认为埃伦可能先把绳子套在了自己的脖子上，然后又不知出于什么原因将绳子挂在了门把手上，在这样半悬空的状态下，埃伦自己上吊死亡。这时的伯里想要拿刀把绳子割断，结果因为心急如焚，神志不清，他把刀刺进了埃伦的腹部。但他们认为这一刀是在埃伦死后刺入的，因为她伤口周围的软组织并没有因为失血而呈现惨白的颜色。

伯里一下子慌了神，将埃伦塞进了木箱里。随后，他花了几天时间为自己所做的事情懊悔，直到再也无法忍受，向警方自首。没有人能解释为什么伯里要烧毁埃伦的衣服，为什么在去警察局自首时他的口袋里还装着埃伦的珠宝，为什么他们两人居住的公寓已经被清理干净而绳子和带血的刀却放在显眼的地方。在这起案件中，有太多不合常理的地方。（如果你对整个故事感兴趣，一定要读尤安·麦克弗森的书《对开膛手杰克的审判：威廉·伯里的案子》。）

在庭审的最后辩论中，法官告诉陪审团他们只需考虑一件事情：这是谋杀还是自杀？15名陪审团成员一致认为伯里有罪，但提出了轻判的建议，反映了当地人对死刑强烈反对的态度。当杨勋爵询问他们原因时，他们说这是基于医学上有互相矛盾的证据。

勋爵很恼火，让他们重新回到陪审团的房间，直到做出清楚的判决。他们只用了5分钟就做出了最终的决定——伯里有罪。杨勋爵以谋杀罪判处伯里死刑。4周后，1889年4月24日上午

8 点到 9 点之间，威廉·伯里走上了绞刑架，最终被绞死。至少他死得很“痛快”，他的第二颈椎骨折，几乎立刻死亡。行刑时，伯里 29 岁。

1889 年 1 月 7 日，在威廉·伯里和埃伦·伯里踏上邓迪之前，邓迪大学解剖系的第一任掌舵人安德鲁·梅尔维尔·帕特森教授发表了他的就职演讲。在英国很少执行绞刑的地区，可供医学解剖用的尸体十分短缺。

早在 20 世纪初，伯克和黑尔就通过滥杀无辜向当时欧洲领先的爱丁堡解剖中心的解剖学家提供尸体。随着此类非法活动愈演愈烈，政府终于在 1832 年颁布了《解剖学法案》，法案规定，有执照的解剖学家，在科学研究的前提下，可以将无人认领的尸体用作解剖，并首次允许近亲捐献亲人的遗体。但大多数解剖用的尸体仍然是那些死于监狱、医院、收容所或孤儿院的人，或者自杀的人。

在帕特森就任 3 个月后，威廉·伯里的尸体将合法地提供给邓迪大学的持证解剖学家，帕特森肯定不会错过这样的机会。不幸的是，尽管邓迪大学在伯里死前和死后都有获得尸体的记录，但没有证据能证明他的尸体确实出现在邓迪大学的解剖系。但是，我们确定帕特森肯定得到了一些伯里的遗骨，因为就在邓迪大学，我的办公桌上就有 7 节属于伯里的颈椎，包括最负盛名的第二颈椎——上面有明显的“绞刑骨折”征象。也许帕特森自己取下了伯里的颈椎，也许是坦普曼或斯托克替他做的，我们已无从得知。

为了纪念邓迪大学解剖系成立130周年，我们决定重新审查威廉·伯里案件中呈交给法院的证据，并且在法庭上情景再现——事实上就在伯里受审的治安法庭上。杨勋爵的笔记和医疗报告就存放在爱丁堡的苏格兰档案办公室，我们都可以查阅。我们决定最终只提供医学方面的证据，因为这是杨勋爵最初的指示，但会用到当代法医的专业知识。现代科学是支持陪审团的观点还是推翻陪审团的裁决，将是一件非常有趣的事情。

现任最高法院法官休·马修斯勋爵坐在法官席上。他没有穿着长袍，因为那样做不合时宜，这不是重审，而是一次公众参与的科学活动。检方的法律团队是来自邓迪大学模拟法庭的成员，这些非常幸运的法律专业学生将在苏格兰首席皇家律师亚历克斯·普伦蒂斯的指导下参与庭审。检方只会提供一位证人的证词，那就是备受尊敬的法医病理学家约翰·克拉克博士，他的证词也仅限于当时皇家病理学家坦普曼博士和斯托克博士病理报告中的内容。

辩方的法律团队是来自阿伯丁大学模拟法庭的成员，由皇家律师多萝西·贝恩指导，她是苏格兰律师中的佼佼者，一直担任助理检察长一职。他们也只会传唤一名证人——理查德·谢泼德博士——与约翰·克拉克博士齐名的法医病理学家，他将重新查看由这起案件辩方保留的伦诺克斯博士和金尼尔博士提供的证据。邓迪当地的报纸通过一些选拔活动最终找出15名陪审员（在苏格兰，陪审团通常是15人）。与当时唯一的区别是，为了体现社会和科技的进步，我们没有按照当时的惯例根据性别和经济状况选择陪审员，所以我们的陪审员有男有女。这一事件由丹·斯诺的公司全程拍摄，直到今天，邓迪大学和阿伯丁大学仍将此次庭审用于法学生的教学中。

当一名装扮成威廉·伯里的年轻人在被告席就座时，治安法庭挤满了人，旁边是一名身着当时服装的警官。是克拉克博士为辩方找到了他们苦苦寻觅的突破口。他提出的观点是，不能排除自己上吊的可能性，这种情况可能发生在绳子被套在较低处的物体上时，他认为有可能是在套在了门把手上。这让辩方更有理由死死咬住这个观点。但陪审团会相信吗？

在听取了所有主要证据并完成了所有交叉询问和再次询问之后，法官对案件进行了总结。他对陪审团说的话让人难忘："通常我会说你们不用着急，但在今天这种情况下，我给你们15分钟。"大家忍不住笑出声来，在法庭上听到笑声确实很奇怪，尤其是涉及谋杀和肢解的案件，大家都会严肃对待，认真完成自己的本职工作。

陪审团必须做出的决定是，他们是同意检方的意见，还是认为辩方提出了合理的怀疑：由于这不是重审，所以他们不会宣布有罪或无罪。当他们回来的时候，他们的决定是13 : 2，多数人同意辩方的观点。他们认为没有足够的证据来判定谋杀罪名成立，同样也是基于有互相矛盾的医学证据。21世纪的陪审团成员在很大程度上支持了130年前的陪审员的第一直觉。

但是威廉 · 伯里并没有被无罪释放。因为法官不能改变原有的判决结果，他说道:“伯里先生，请站起来。有好消息，也有坏消息。陪审团裁定你无罪，但我认为是你杀死了埃伦，所以你还是要被绞死，把他带走。”

于是，伯里又一次被带出法庭，走下台阶，回到牢房，只是这一次，他并不会被绞死，也没有人会切开他的脖子取出他的颈椎。

在这次庭审上，还有一个不为人知的小故事。那天与假扮的威廉·伯里一起出现在被告席上的，还有威廉·伯里真正的遗骨。我把他的颈椎带到了1889年3月28日他受审的同一法庭。因此，在2018年2月3日，当陪审团做出了完全不同的决定时，他身体的一部分就在现场。

如果伯里是在现代受审，结果会怎样呢？我估计他会因为“未经证实”的证据，在苏格兰也称为“无效判决”，而被无罪释放。这一判决表明陪审团认为被告可能有罪，但证据不足。虽然历史记载了伯里的遭遇，他的颈椎也确实证明了他被处以绞刑，但我们仍不能确定埃伦究竟是被勒死还是自己上吊死的。即使我们能检查她的遗体，我们也无法分辨两种情况的区别。

我很满意自己为此次庭审参与者准备的纪念品。他们每个人都收到了一个装在盒子里的威廉·伯里第二颈椎的三维打印复制品，甚至能在上面清楚地看到绞刑造成的颈椎骨折痕迹。我最近才发现丹·斯诺把他得到的庭审纪念品作为情人节礼物送给了他的妻子。他们说，浪漫已死。

如果死者是软组织受损，例如被勒死，脊柱上不会留下痕迹，然而，如果是被吊死，那么上颈椎则能说明死因。那如果死者是头部被砍下来呢？在这种情况下，如果死者被蓄意斩首，脊柱可能会留有证据。头部脱离身体后，通常是颈椎前三节与头部在一起，颈椎最后两节留在身体里，所以犯案人员会将分尸所用工具的痕迹留在第三颈椎到第六颈椎之间，也就是第四颈椎或者第五颈椎上。

蓄意切割死者头部，无论死者是面朝上还是面朝下，尸体被切割留下的痕迹通常也是在这一区域。面朝上时，刀砍或切割的位置会在颌骨之下，否则会影响操作。面朝下时，一般会从脖子的中段开始切割。如果位置较高或者较低，都是比较特殊的案例（当然，本身被斩首的案件就不常见）。例如，在我的《法医报告》

一书中讲述的臭名昭著的“拼图谋杀案”，受害者的尸体被肢解并丢弃在两个县，死者头部的切口就非常干净利落，位置也靠近颈部的最下端。最后在庭审中我们才发现，原来这位心狠手辣的凶手实际上是一位技术娴熟的“切割工”，专门为黑社会肢解尸体。

在一起涉嫌谋杀和肢解的案件中，辩方雇用我的团队重新检查检方法医专家提供的报告。大多数时候，是检方聘请法医人类学家，但我们也同样会为辩方服务。无论是为哪一方提供服务，对我们来说非常重要的一点就是保证证据的科学性，因为最终法医人类学家都是作为法庭证人出场，并不是辩方或者检方的证人。

一家人带着他们的狗在树林里散步，发现了一节拖车，车里有一只袜子，就这样，这起案件得以浮出水面。他们靠近查看，惊愕地发现袜子里还有足骨。警方接到报案后，确定这些骨头属于人类，并最终在一棵树根下发现了更多的遗骸。在一段时间里，遗骨被狐狸和它们的幼崽啃食，所以骸骨散落在周围。动物通常会先瞄准手和脚，因为这两个部分比较容易啃食。然后，食肉动物会对大点的骨骼下手。而笨重的颅骨一般都不会被啃食，所以和剩下的骨骼一同被保留下来。

其他能找到的身体部位被收集在一起，DNA 鉴定证实这些遗骨属于贾马尔，他是一名中年男子，据报在 3 年前失踪。现在已经没有足够的证据推测死因，但检方还是聘请了一位法医人类学家来检查遗骨，这位法医人类学家最终得出结论，从椎骨上留下的痕迹来看，死者是被人为地割下头部的。

贾马尔从已故母亲的遗产中继承了一些钱，由于他患有学习困难症，他将自己的银行账户交给自己女儿的合伙人打理。虽然他经常缺钱，但他仍旧对自己的账户状况毫不知情，更不知道他的钱已经被挥霍在古董交易会和昂贵的游轮上。2 个月内，他的账户上只剩下 78 英镑。最终他发现了其中的猫腻，并找到他女儿的合伙人对质。警方认为这可能是导致贾马尔死亡的原因。

他女儿的合伙人被指控严重的谋杀罪。之所以被指控“严重”的谋杀罪，是因为抛尸和破坏尸体，在司法系统中，这些行为将被额外定罪。尸体是否被凶手肢解是非常重要的量刑标准，因为如果严重谋杀罪成立，被告可能被判处终身监禁，且不得假释。

鲁西娜·哈克曼博士和我仔细查看了现场和尸检的照片，以及检方的同行在检查过程中拍摄的照片。职业的特殊性要求我们在整个过程中做详细的记录，并且这些记录会对其他科学家完全开放，接受他们的检验调查，以便他们得出自己的结论。

鲁西娜和我被传唤作为辩方的专家证人出庭。一开始都还好，然而，当检方法医专家开始拿出证据后，我们对专家提出的关于死者头首分离的说法存有异议。并且，在这一点上，我们对检方同行提出的很多意见都持保留态度。

当然，有时我们完全同意另一方专家的意见。在有些情况下，我们可能会认为这位科学家偏离了他们的专业领域，或者过于仰仗某些可能有完全不同解释的证据。当你出现在被告席上，你每一步都在问自己，针对检方得出的结论是否还有另外的合理解释。关键是提出合理的质疑，而且这个质疑与检方和辩方都有关系。

有趣的是，有些在英格兰法庭上被允许的事情，在苏格兰的法庭上却是被禁止的。比如，在苏格兰的法庭上，当对方专家证人出庭做证时，另一方的专家不能出现在法庭现场聆听对方专家证人的证词，也不能把对方专家证人现场提交的证据和提出的质疑转述给自己一方的律师团队。因为这样一来，其中一方就能预测出对方专家证人在哪些方面提出了质疑。提出的质疑的细节可能不会出现在书面报告中，但在庭审过程中，通过审问使疑点变得更加清晰时，质疑的核心也就显现出来了。

在这起案件中，我们认为证据并不充分。首先，头部和身体一起被发现，这就很奇怪。如果凶手的目的是将头部和身体一起隐藏起来，为什么还要费劲把头部砍下来呢？也没有证据表明凶手蓄意分割了身体的其他部分，在刑事肢解案件中，最常见的分尸动机是方便抛尸、藏尸或者阻挠警方辨认尸体，但有这种动机时，凶手更倾向于分割死者的上肢和下肢，而不是头部。

其次，检方专家指出，分割的痕迹出现在第二颈椎上，如果凶手企图割下死者头部，或者说为了能成功割下死者头部，选择这个位置就太靠上了。如果当时死者是面部朝上，从这个位置下刀是非常困难的。不管使用何种分尸工具，下颌骨都会妨碍操作过程，而且这里还有不少软组织，场面一定会非常血腥凌乱。警方并没有发现证据能证明这样的场面。

再次，头部切口上的痕迹并不像是锯子、匕首或任何一种砍刀留下的痕迹，警方也没有找到任何武器或者分尸的工具。

检方专家证人马上提出了一个报告中不曾出现的观点。在法庭上，这是不被允许的，因此辩方立即表示反对。但法官还是给了她一个机会，法官询问我们是否愿意在庭外与辩方专家见面，以确定我们是否认同她提出的新证据。

我们见了面，但并不认同她的观点。第二天早上在法庭上，检方专家又改变了主意，这让法官很恼火。当法官训斥检方专家时，我和鲁西娜眼睛都不知道该朝哪里看好，最后法官宣布休庭。我们试图摆出一张扑克脸，但失败了。辩护律师随后告诉我们，不再需要我们的证据，我们可以走了。与分尸相关的那部分指控将被撤销，原因是检方专家和她的证词存在问题，而证据本身却没什么问题。

我们在法庭上待了 2 天，却没有机会坐在证人席说上一句话。检方提出的肢解尸体的控诉完全是因为专家证人经验不足而被撤销的。后来，我们一直用这个案例提醒学生或者实习生解读证据和了解庭审程序的重要性。如果你违反了这些规则，可能永远也没有机会给出专家意见。

最后，我们从新闻报道中得知，被告被判犯有谋杀罪，且至少要服刑 19 年才有机会申请假释。据我们所知，他并没有被判处严重谋杀罪。

但是，为什么死者颈椎上会有“割痕”呢？如果不是工具造成的，那会是什么？为了解决这样的问题，在分析人类遗骸的过程中，法医人类学家首先要从解剖学的角度入手，而非法医的视角，并且还需要具备除骨骼解剖以外的专业知识和实践经验。

当尸体腐烂时，第一颈椎通常与颅骨连接在一起，因为它们之间有牢固的韧带。如果头部脱离躯干或者被动物叼走，那么第二颈椎就是暴露在躯干最上面的椎骨。我们认为这起案件就是这样的情况，死者颈椎上出现的痕迹实际上是动物在拖拽时留在骨骼表面上的齿痕。

如果头部是被刀具割下，那应该会留下一个干净的切口，通过垂直的切口面能估算刀面的宽度。从照片上可以清楚地看到，本案中这些痕迹更多是划痕而不是割痕，切口没有深度。当然，这也不能完全排除使用工具切割头颅的可能性，这些不连续的切口，或许是因为凶手不清楚该如何切下头部，拿起的刀也没有落在准确的位置上，产生了跳刀痕迹。但是，我们也在骨骼上发现了一些成对的三角形刺痕，这与任何一种刀刃的形状都不符。与“跳刀痕迹”和这些刺痕最匹配的是成年狐狸上犬牙之间的平均距离。

所以，死者并没有被斩首或者分尸，只是一位想象力太丰富的检方人类学家不明智地将调查推进了死胡同。当然，正义必须得到伸张，因为一个生命被残忍地杀害，凶手必须付出代价，但即便是这样，他的量刑也应该与他犯下的罪行一致。无论如何，他也不能为欲加之罪买单。

在这起案件中，受害者的遗骨被发现，最终可以入土为安。让法医人类学家难以释怀的是那些悬而未决的失踪案和无名尸体，既有找不到的尸体，也有找到尸体却无法确认身份的无名氏，相较而言，后者或许让人更有挫败感。虽然我们清楚自己已经竭尽全力，然而当这样的事情发生时，我们还是会觉得无能为力。

出现这样的情况，不难猜测肯定是有犯罪活动发生，然而却很难查清是什么样的罪行，罪犯是谁，甚至受害者是什么身份。可以说，这算是完美的犯罪，因为我们既不知道受害者，也不了解犯罪者。或者说这是近乎完美的犯罪：我认为要称完美，那应该是从一开始就没有人察觉。

有意思的是，对于已经确定身份的尸体，出于对受害者及其家人的尊重，一般都会做匿名处理。但无法确定尸体身份时，我们的做法却截然相反，我们会将死者的所有信息公之于众，期望能得到有用的线索。

如果受害者来自一个混乱的社区，或者曾短暂地居住在某个社区，调查会更困难。“草地天使”就是这样一位受害者。受害者的脊椎骨能够告诉我们一些关于她的事情，以及在她身上发生了些什么，但并不足以让我们确定她的身份或将凶手绳之以法。

在一处重建工程中，一台挖掘机在翻土时发现了遗骸。首先被发现的是颅骨，随后又在破损的地毯下发现了遗骸的其他部分。从死者的衣物推测，她已经被埋在这里30~40年，也就是20世纪70年代或80年代死亡。受过人类学培训的现场侦查员确认这是一名女性，死亡时年龄为10~30岁，中等身高，很可能是白种人（但也不排除死者来自南亚次大陆、中东或撒哈拉以北的非洲）。死者被埋葬在这里时很有可能腰部以下赤身裸体，因为在尸体旁边发现了一条紧身裤、一个空的手提包和一只鞋。

在邓迪，警方要求我们检查遗骨，寻找可能帮助确定她身份的线索，以及造成她脊柱骨折的原因。在暴力死亡事件中，遭受钝器袭击通常会出现面部骨折，尤其是鼻梁、脸颊、下巴和牙齿，有时脑颅也有可能骨折，但是这名女子颈部出现的骨折程度极其罕见。

第一颈椎下部关节面右侧（也就是寰椎和枢椎之间）出现了非常明显的放射状骨折。这是一个局部挤压伤，并未对第二颈椎造成实质性影响。然而，我们在第三颈椎左侧却发现了更严重的挤压伤。概括来说，我们在第一颈椎一侧发现了挤压性骨折，但第二颈椎没有受伤的迹象，却又在第三颈椎的另一侧发现了更多的挤压性骨折。我们面对的问题是，如何探明这些不同寻常的挤压性骨折之间的因果关系。

那些在谍战片中出现的惊悚的杀人情节或许出现在了本案中。在电影中，杀手双手固定死者的头部和下巴，然后用力一拧，受害者就一命呜呼了。在这种情况下，受害人头部会被用力转向右侧，颈部过度弯曲导致第一颈椎和第二颈椎错位，这样就可能会切断或压碎脊髓。第三颈椎的损伤可能是由于剧烈旋转造成的。可以肯定的是，她的死法很残忍，唯一能庆幸的是，她应该是立即死亡的，没有受到更多的折磨。

但，她是谁？她的牙齿曾被修补过几次，所以在某个地方的牙科手术记录中肯定有她的信息。当时该地区有 3 名妇女失踪，但她们的牙科记录与我们发现的这副女性骸骨的牙齿和牙齿修补情况并不相符。DNA 分析也无济于事。我们画出了她的面部复原图，得到了一些线索，然后在全世界范围内进行调查，从坦桑尼亚到美国，从爱尔兰到荷兰。然而直到今天，“草地天使”的身份也没有得到确认，她的墓碑上没有名字。

有没有人还想着她，想知道她发生了什么事，她现在在哪里？对她犯下滔天大罪的人是否还活着？他们是否带着罪恶感苟活于世，是否遭受良心的谴责？我们也只能寄希望于此。

这样的损伤并不是法医人类学家经常遇到的，但如果发现的仅是一堆白骨，法医人类学家可能是最有可能找出答案的人。

在汉普郡南海的一个海滩上，半个人身被冲上岸，当地警方打电话向我寻求帮助，希望查出死者的遭遇。尸体在水里的时间不长，腐烂程度不高。可以想象，发现尸体的学生一定受到了惊吓。后来又发现了骨盆，紧接着双腿也被冲到另一处沙滩上。2天后，一名男子在邻近的一个县报警，声称自己可能做错了什么，但又记不起来了。在警局，接待他的警察注意到他又脏又乱，看上去很困惑。当地人都知道他是个酒鬼，可能还滥用其他药品。

警察和他一起去了他的公寓，但没有发现什么可疑之处。很快，尸体身份得到确认，是他的一个朋友，警方立即以谋杀和分尸罪将他逮捕，但他否认了所有的指控。死者智力低下，住在露营车里，嫌犯允许他偶尔在自己的公寓里洗澡，作为回报，死者会帮助照料嫌犯的猫——廷克。没人知道发生了什么，是两人发生了争吵？还是醉酒后发生了混战？有人举报嫌犯偶尔会殴打死者，可能还动过刀。不管是哪种情况，嫌犯当时面临着要处理尸体的问题。

通常的分尸都是将尸体分成5~6块，躯干保持完整。因为如果不先去除所有内脏的话，试图切开身体会让场面异常血腥。在这起案件中，死者被移除了内脏，上半身从腰椎处与下半身分离，凶手将尸块用垃圾袋包裹，最外层套有粉色的浴巾。死者的外生殖器官被切割下来，头部、手臂和内脏一直没有被找到。嫌犯有一辆自行车，车头上装有一个屠夫用的箱子，警方认为他就是用这个箱子将尸体运到海边，抛尸到海里。

警方要求我们检查肢解的伤口，寻找留在骨骼上的痕迹，希望可以推测出分尸的过程。警方将部分尸体带到邓迪，因为我们这里有特殊的设施，可以更好地保留尸体上的切割痕迹。我们会把尸块放入温水中，倒入生物制剂后加热。虽然尸体在第一次验尸时还比较新鲜，但当这些尸块被运送到我们这里时，因为腐烂散发出的气味已经让人难以忍受。

在邓迪，我们有一群食肉甲虫。如果尸体被埋葬在土壤中，昆虫啃食尸体是再自然不过的事，甲虫正是其中的一员，也正是它们的活动加速了尸体的腐烂，直至尸体变成一堆白骨。大多数时候，我们用它们最喜欢的食物——老鼠和兔子喂养它们（它们不喜欢海洋动物，所以没有喂过它们鱼类和海豹）。曾有一些大学的同事向我们抱怨这些甲虫特别的味道，但它们确实非常有用，可以安全温柔地啃食腐肉，留下干净的白骨。我们将尸块与甲虫放在一起，接下来的几天我们会不时地取走已经被啃食干净的骨骼。

当所有骨骼都被清理干净后，我们能清楚地看到，死者两边的肩膀是被利器切割下来的，头部被同样的利器肢解，上半身和下半身从骨盆处被切开。但是，对胸骨和腰椎的处理方式很不相同，这些地方留下了电锯的规则条纹痕迹。凶手用电锯切开了胸骨，取出了所有的内脏器官，包括心脏和肺。在去除内脏后，同样用这把电锯，凶手从第四腰椎骨盆处将尸体分成两半。我们还在腰椎内里两侧发现了刀割的痕迹，这说明凶手用刀取出了内脏。

出于某种原因，病理学家告诉警方，切断腰椎的工具是一把日本木锯，这让警方展开了一场徒劳的搜查。警方首先需要搞清楚日本木锯究竟是什么样子，然后还要揣测为什么被告会有这样一件专业的工具，分尸后又将工具又藏到了哪里。因为被告的职业是回收废弃金属，我们认为他的作案工具更有可能是普通电锯。鲁西娜把自己的这一猜测告诉了警方，但病理学家说是日本木锯，那一定就是吧。但他们却一直没有找到任何木锯。

那么，警方是如何将被告跟他朋友的死联系起来的呢？警方在他的公寓里发现了一些血迹，不仅如此，另外一项证据的发现还打开了法医科学的新篇章。在包裹尸块的浴巾中找到的猫毛被送到美国，用于分析猫的线粒体 DNA，这种 DNA 通过母方遗传。结果出来后，英国莱斯特大学遗传学系还展开了进一步的测试，确定这些毛发有 99% 的可能是属于廷克——被告的猫。

这是英国首次将猫的 DNA 用于刑事审判。由于家养，猫的基因变异比人类少，所以幸运的是，廷克的基因构成并不常见。随着这类工作的不断深入，测试会更细致，对动物毛发的分析可以成为未来非常有用的证据来源。

陪审团本来判定被告谋杀罪不成立，但由于对浴巾进一步的纤维分析，再加上猫毛的 DNA 分析，被告最终被判谋杀罪。他被判处终身监禁，并至少要在狱中服刑 12 年。

至于我们在这起案件中扮演的角色，我们关于肢解方式的证据被法庭接受，因此我们没有被要求出庭做证，这总算是一件好事。但是鲁西娜和我已经记不清有多少警察对我们说：“哦，那是日本木锯案吗?”每次提到名声大噪的日本木锯案，我们都会翻白眼。

每一块椎骨都能告诉我们一些关于个体年龄、性别或身高的信息，也能为病理、疾病和创伤提供线索。但是，它们对法医人类学最大的价值或许在于，它们所传达的关于暴力受害者在死亡之前、期间或之后所遭受的创伤的信息。

第 四 章

胸骨和肋骨

内脏的坚固铠甲真的可靠吗？

切开我的胸腔，拔出我的肋骨，筑成你的围墙。

——守贞戒指

流行乐队

胸腔有多种功能，但其主要目的是保护脆弱的肺和心脏，并为肌肉附着提供结构支撑，帮助呼吸和上肢运动。这项工作需要39块独立的骨头：12对肋骨，前方与胸骨（由3块骨头组成）相连，后部紧靠12节胸椎。

因为胸骨保护的器官对生命至关重要，所以我们也不难预料，与颅骨一样，胸骨也是暴力事件中施暴者容易袭击的部位。如果你想快速置人于死地，瞄准头部攻击大脑并不是最快的方式，因为它的外部面积相对较小，而且颅骨各个部分都比较坚硬厚实，比相对脆弱的胸骨更能抵抗损伤。胸部的面积比头部大得多，也就成了更大的目标，而且这里还是心脏以及其他一些重要血管所在的位置。所以胸骨处的创伤是各类案件中最常见的，例如锐器伤（刺伤）、钝器伤（脚踢）、枪伤（中弹）。

除更容易骨折外，胸骨还有很多间隙，锐器可以很容易刺进胸腔。英国最臭名昭著的恋童者理查德·哈克尔就是因为胸部被刺而死。

一个卑劣的猎食者，却假扮成一位虔诚的基督教徒，28岁的哈克尔被指控在2006年至2014年被捕时共性侵了23名儿童，他们的年龄在6个月到12岁之间。大部分受害者是住在吉隆坡的马来西亚儿童，但他有可能在英国和其他地方也犯下了同样的罪行。

他罪大恶极、伤天害理。他一直在为恋童者们编写一本类似于“如何得手”的手册，他当时还准备在黑网上发表，黑网就是普通引擎无法搜索到的地下暗网。他的专著名为《恋童癖与贫穷：儿童情人指南》，详细阐述了如何培养贫困儿童并获得他们的信任。这些孩子往往没人照顾，他们的忠诚和依赖可以用关怀、少量的钱和便宜的礼物换取。在这样的环境下，说服一个孩子默许恋童者的愿望并不需要太多的付出。澳大利亚儿童虐待专家小组告知英国警方，哈克尔将返回英国与家人庆祝圣诞节，希望他一踏上希思罗机场就被逮捕。

2015年，哈克尔被控91项针对儿童的不雅行为，这起令人憎恶的案件资料落到了我的办公桌上。我们的任务是查看19幅静止图像和将近8分钟的视频，以确定所有视频中的罪犯是否都是同一个人，哈克尔是否就是这个罪犯。

检查静止图像相对简单，因为它们定格了某个瞬间。检查视频更难，因为受害者和犯罪者的姿势、动作与面部表情都处在不断变化之中。8 分钟的视频看起来并不是很长，但为了检查细节，我们必须把视频分成单帧画面，每一秒钟就可能有好几帧，所以很快我们就得到大约 50000 个画面。加之这些视频与儿童性侵有关，8 分钟的时间显得特别冗长。

我们认为所有图像中的犯罪者有极大可能就是同一个人，又根据他的手、生殖器和下肢的各种生物学特征判定这个人就是理查德·哈克尔。我们的判断来源于他手背和阴茎上的浅静脉纹，手、前臂、大腿和膝盖上的痣，以及手指关节和手掌上的皮肤皱褶。哈克尔包茎严重，在没有进行包茎环切术的男性中，有 1% 的男性患有包茎，即包皮太紧，阴茎头被包裹在包皮里。大多数患有这种疾病的成年人都会选择手术切除。哈克尔没有做过这类手术，这进一步证明了视频中的性侵者就是他本人。

警方告诉他，因为我们发现对他不利的证据，将会改变对他的罪名认定。他最终同意检方的起诉，并承认了其中 71 项指控。他被判处 22 项终身监禁，至少要服刑 25 年才能申请假释。在福尔萨顿监狱服刑的第 3 年，哈克尔被狱友用绷带一样的东西勒住，并被捅死，凶器是被媒体称为“临时武器”的一只被磨尖的牙刷。

在那些“能工巧匠”的手里，几乎所有看似安全的家庭物品都可以变成致命的武器。即使是一把简单的牙刷，只要稍微打磨一下，再用力刺入左边第五根肋骨和第六根肋骨之间的缝隙，也就是乳头下方，就能直捣心脏，因为心脏就位于胸骨和肋骨头后面。被刺穿的心脏会将血液泵入体腔，生命逝去。所以一刀就可以致命，而且，如果凶器是塑料制品，骨头上可能不会留下明显的痕迹。

哈克尔被杀，我的心情很复杂。我认为，他接受指控表明他愿意承担自己犯下的罪行（当然他也可能只是在证据面前无法再狡辩），他也受到了应有的制裁。服刑期间他不能再祸害儿童，等到他能够申请假释的时候，他已经 52 岁了，这几十年的时间足以发展出新的方式方法监管像他这样的恋童者。

我是个乐观主义者。我想为一个 33 岁的年轻人遭遇暴力事件而感到遗憾，但我发现，面对这样一个对儿童造成巨大伤害的恋童者，我无法生出怜悯之心。虽然我对自己不能表现得更加宽容感到失望，但我相信，如果受害者是我的孩子或孙子，我根本不可能有原谅他这个想法。我赞成死刑吗？不，我并不赞成，但是像哈克尔这样的人的所作所为却很有可能让我改变自己的看法。

杀害哈克尔的凶手知道该朝哪里下手。如果你瞄准的是中间垂直的胸骨，即便使用更锋利的武器，也很难刺入胸腔。胸骨——胸前的骨质护甲，由三部分组成。古代解剖学家们将其想象成一把利剑，上端是宽大的柄，中间是又长又细的剑身，下端是剑锋。所以胸骨的顶部，也就是“手柄状”的部分，被称为胸骨柄（来自拉丁语 manus，意为手）。中段区域叫体，也叫胸骨体，这个词有也剑兰的意思，就是一种花名，它的名字来源于拉丁语的剑，就像“角斗士”这个词一样。下端叫剑突（来自希腊语，意思是剑状的）。

我们对鸡的结构应该很清楚，如果要在鸡的身上找出类似人类胸骨的部分，那就是两块鸡胸肉之间的骨突。

我们的胸骨直接位于胸部皮肤之下，没有脂肪或肌肉覆盖。无论我们变得多么肥胖，胸骨也很容易被摸到，这就意味着，被击中胸骨将会是非常痛苦的事情。胸骨也很容易骨折。自 1989 年起，汽车驾驶员被强制要求使用安全带，这样一来，驾驶员撞击方向盘而导致的胸骨骨折的数量明显减少，但仍有许多与运动相关的胸骨骨折。

胸骨贴近体表，这也使得它成为急救人员和医生在施救时最常操作的部位。胸骨的位置方便实施心肺复苏（CPR），当施救人员试图让患者心脏重新跳动时，就会不间断地按压胸骨，因为胸骨坚硬的骨质特性，才能让这一操作得以实现。但是，要避免对剑突施压，因为这可能导致骨折，如果剑突骨折，骨刺很容易刺入肝脏，造成致命的大出血。

当医生想要抽取骨髓时，胸骨是方便提供活检物质的地方。例如，在开胸手术中，切开胸骨打开胸腔，能最直观地看到个体的病史。我们的解剖学家经常在解剖室里看到心胸外科医生的杰作，这些杰作多出现在年长的遗体捐献者身上，他们生前决定将自己的遗体捐献出来，以加深我们对人体形态的了解，并训练我们的学生。通常在急救手术中会出现很多开胸的病例，因为在时间紧迫的情况下，无法制订详细的医疗方案，也没有有效的非侵入性治疗方法。

尸体一旦下葬，剑突和胸骨体就会很快腐烂，因为它们只有一层很薄的致密骨。但胸骨柄却能保留很长时间，尤其是上部两端与锁骨连接的关节，骨骼尤其坚硬。

通过胸骨柄，可以比较准确地判定青年人的年龄，因为在骨柄两端有一小块骨骼，在青少年骨骼融合时期，这两块骨骼会与两端关节融合在一起。很多与法医相关的从业者都会忽视这个地方，但真正有经验的法医人类学家通常都会认真查看。

很多胸骨异常发育的症状也能在鉴定身份时起作用。在胸骨的发育过程中，胸骨体的中间可能会有一个小洞，看起来很像枪伤，很容易迷惑新手。它不会引起任何临床症状，这只是骨骼生长时融合不良的结果。解剖学家喜欢在学生考试中使用这种标本。学生们会想象力丰富地认为这是暴力事件或者枪击造成的创伤，但事实上，如果他们稍微冷静地观察，就会发现这不过是简单的骨骼变异。

有时剑突会发育得很长，甚至分叉，随着年龄的增长，上腹部中线处奇怪的肿块和隆起会变得很明显，有这样症状的人或许会虚惊一场，以为自己得了肿瘤。单独的剑突并不好辨认，除非已经排除了其他所有的可能。如果所有其他的骨头都被找到，只剩下一块奇怪的尖状骨，我们可以很肯定这是一个中年或老年人的剑突，通常是男性的。

鸡胸，是指与肋骨相关的软骨过度生长，在胸壁形成“龙骨状”突起。这可能是由多种疾病引起的，包括佝偻病（维生素 D 缺乏的结果）。漏斗胸或凹陷的胸部（被一向诙谐的医学家称为“海盗的宝藏”），其解剖结构刚好与鸡胸相反。这会影响心脏和肺的正常功能，其原因尚不确定，可能只是胸骨形成时的先天性缺陷。有时，胸骨发育不正常，心脏可以生长在胎儿胸部之外。这就需要进行宫内手术，在子宫内切开胎儿的胸骨，把心脏放回它应该待的地方，这样它才能继续生长，这样的手术非常棘手。

总而言之，胸骨的三部分对医学界非常有用，但它们并没有让太多的法医专家感到兴奋，人类学家除外，他们总是对不寻常的胸骨保持警惕，因为这些胸骨可能表明一种特殊的发育状况，可能为鉴定个人身份提供重要线索。

正是胸骨使我们能够大大缩小金孝贞的年龄范围，金孝贞就是第二章提及的韩国女性。关键点就是这块骨头上发生的非常特殊的年龄变化。孩童的胸骨通常是 6 块，随着年龄的增长，这 6 块胸骨从中段开始融合在一起，并在青少年晚期最终形成典型的成人三部分结构。进一步的变化将持续整个青春期一直到 20 岁出头，在胸骨与肋软骨相连的地方，胸骨两侧的杯状胸肋关节处会有小块的骨骼长出，胸骨上端关节首先开始融合，随后下端关节也完成融合。

我们可以在 X 光片上看到，尚未确认身份的亚洲年轻女子的胸肋关节里长有小骨片，我们据此推算，她死的时候应该是 20 岁以上，25 岁以下。她确实在这个年龄范围，她的真实年龄是 22 岁。

胸骨也是一个很好的判断性别的指标。男性的胸骨一般比女性的胸骨长，也更粗壮。如果你胸前的肌肉发达（特别是胸大肌或腹肌），那么它们就需要附着在更粗大、更强壮的骨骼上。当然，胸骨更粗大、更强壮并不一定意味着你就是男性——想想女性举重运动员、铅球运动员或标枪运动员。

连接肋骨和胸骨的软骨叫作肋软骨（也叫 costa，当然这与咖啡品牌无关）。软骨是肋骨前端没有骨化的部分，但随着年龄的增长，它们仍有可能骨化。最早在青少年时期或者 20 岁左右，肋软骨就可能有骨化的迹象，随着时光流逝，骨化的速度会加快，最后整条肋骨都不再有软骨的部分。

有时胸骨的边缘有深入上下两端肋软骨的骨舌，形成一个蜘蛛样的结构，胸骨犹如蜘蛛的身体，向外伸展的肋软骨则像是蜘蛛的腿。这个胸骨-软骨-肋骨的结构组合也被一些年长的解剖学家称为蛛形结构。它更官方的名称是胸甲，但这个词还有其他不同的含义，比如击剑运动员的护胸、19 世纪女性的紧身马甲、海龟的腹甲等。

如果可以，我们很建议大家去做一次胸部的 X 光检查，因为你不知道会有什么惊喜。当然如果你不仔细查看，也什么都发现不了。

在苏格兰一个小城的郊区树林里，一些散落的人类遗骸被发现，这些遗骸均已腐烂成骨。在这起案件中，肋软骨为我们提供了大量信息。死者只穿着一只 8 码的高跟鞋，可能从腰部以下赤身裸体，因为没有发现任何下装，只找到了一件内衣和上衣。在搜查该地区的过程中，还找到了其他一些女性用品，包括一个装有化妆品的塑料手袋和一块手帕，但没有钱或信用卡。

当发现一具尸体时，尤其是它已经变成白骨，我们的判断很容易被一开始发现的间接证据左右。对调查人员来说，发现女性衣物和手提包，很容易让人以为这是一具女性骸骨。然而，如果我们不小心，这种线性思维会使调查转向完全错误的方向，假想是所有错误之母。

当我带着这种先入为主的假想开始检查骨骼时，我很快就感到非常困惑。颅骨更像是属于男性的，骨盆也是如此。

在调查遗骸时，法医人类学家通常会首先鉴定性别，因为这往往是确定死者身份中最容易且不易出错的一项，而且得出性别结论后，可以在失踪人口中自动排除另一性别的人群。大多数的骨骼都不会太显现性别特征，尤其是如果颅骨和骨盆也出现这样的情况，对我们来说就会很麻烦，因为这两处骨骼是最能帮助我们判断性别的标杆。我暂时把判定性别放在一边，然后转向年龄。我自己对年龄估计的准确性更有信心。这名妇女年龄为 35~45 岁，而且 30 多岁的可能性更大。

当我对胸部进行常规 X 光检查时，迷雾终于被拨开。肋软骨是否开始骨化，可以通过检测血液中的雄激素或雌激素来判断。男性随着年龄的增长，胸廓上端和下端的肋骨开始沉积钙盐，最终肋骨前端的软肋开始骨化，形成一种像蟹爪一样的结构。在 X 光片上，骨化后的软肋与肋骨的结构相似，有较厚的骨密质以及蜂窝状的骨松质。这种现象是因为在睾酮的作用下，组成软肋的透明软骨发生骨化过程。

如果是雌激素起作用，那么软骨的骨化会截然不同。我们会在软骨内核中发现致密坚硬的骨化结节。因此，单看软骨，我们就可以比较准确地鉴定性别：我们是看到了蟹爪结构，还是一串珍珠样的结节？随着年龄的增长，骨化的速度加快，但我们也还能够通过查看胸廓的 X 光片给出一个广泛的年龄范围（年轻人、中年人或老年人）。

正常情况下是这样，但激素水平会因为药物或疾病改变。因此，如果你在生理上是男性，但定期服用一定剂量的雌激素，或者在生理上是女性，定期服用一定剂量的睾酮，那么软骨很可能会出现两种类型的骨化形态——蟹爪和珍珠。但我们也不要太过肯定，因为男性体内可以自然生成一定量的雌激素，女性体内也可以产生雄激素。这意味着无论是男性还是女性，骨化的形态都可能是两者兼具，重要的是两者的比例。

在本案中死者的软骨内，我们发现了比较大面积的蟹爪形态，但上面却覆盖了致密坚硬的骨质结节，两者形态都非常明显。当遇到这样的情况时，法医人类学家首先要与自己的同事在没有其他人的情况下，讨论自己的猜想，这就是为什么上厕所的时间非常有用。我们会首先想好要怎么向警方叙述我们的猜测，用什么样的措辞。有时候，我们所表达的，并不一定是对方所理解的，看起来只是一个猜测，却也有可能打开一扇窗。你还记得那把“日本木锯”吧。

在与鲁西娜进行低声交谈后，我终于鼓起勇气向警方说出我们共同的猜想——死者可能是一个变性人。他穿着女性的衣服，但颅骨和骨盆却非常男性化，我认为受害者可能是从男性变性为女性的。

这在现在并不会引来太多的目光，但放在 20 年前，这是一个相当激进的推论，我怀疑警方认为我疯了。我认为死者可能生下来是男性，服用了雌激素补充剂，一直以女性的身份生活。病理学家耸耸肩说这是可能的，但他们似乎都不太相信。

然而，DNA 结果出来后，Y 染色体的存在证实了我之前的猜测，一下子，我这样一个法医人类学家突然从疯子上升为伟大的预言家。最后，警方终于找到死者生前居住的小区，很明显，因为某些原因，这里的居民并不愿意与警方接触，因此也没有人向当局报告她的失踪，或者说也根本没有人注意到她是否失踪。通过死者亲属的DNA，我们最终确定了她的身份。伊冯，出生时名字叫马丁，是一名妓女，在红灯区服务男同性恋者，当时被她的客户粗鲁无礼地叫作“长着鸡巴的妓女”。她吸食海洛因上瘾，不仅如此，她肋骨末端的种种迹象表明，她还滥用其他药物。

海洛因成瘾者最常见的临床并发症之一是感染，比如胸壁上肋骨和软骨之间的连接处发炎，最常见的罪魁祸首是绿脓杆菌。我们在伊冯的肋骨前端发现了先前感染的证据，但没有明确的迹象表明是什么导致了她的死亡。在发现她遗骸的地方到处都是与毒品有关的用具，这里就是吸毒者聚集的地方，他们还会共用针具。她是吸毒过量，还是注射了一批劣质海洛因？也许就是发生了这样的事情，她的尸体被人扔到野外，被人遗忘。她胸部的骨骼为我们讲述了一些她的故事，引导警察沿着正确的方向确定了她的身份，使她能够带着自己的双重身份入土为安。

与胸骨一样，肋骨也容易骨折，因为它们的骨密质相对薄弱。由于弯曲，且前后相连，肋骨与后部胸椎连接的关节处（肋骨后角）或与胸骨连接的软肋处（肋骨前角），都是容易发生骨折的部位。

出生时，我们的肋骨几乎是水平的，这就是为什么你会看到婴儿呼吸时，不是胸部在动，而是腹部在动。他们在使用膈，膈是将胸腔和腹腔分开的一块肌肉，就像一个风箱，膈收缩时嘴或鼻子吸气，放松时吐气。肋骨在幼儿两三岁时才开始呈现我们在成人身上看到的斜角。这时，宝宝的骨盆变大，腹部器官下降到骨盆中，几乎是一夜之间，原本那个肚子圆滚滚的宝宝变成了干柴棍。

无论肋骨是水平的还是倾斜的，法医人类学家都可以通过其他骨骼部分确定孩童的年龄范围，因为骨龄是一个整体的概念，并不是单个骨骼的年龄。我们骨骼的每一部分都与其他部分相互合作、和谐共处，演奏出一首曲调。不可能发生的是，一块骨头或一个器官表明一个人50多岁，而另一块骨头或一个器官暗示他可能是20多岁。我们不会看到一个人有老化的胸廓，同时拥有年轻的腿骨。如果出现这样的情况，这些骨骼多半来源于两具尸体。

当一块单独的骨骼告诉我们一个故事时，我们还要向其他骨骼求证。不断求证可以让我们估计出一个年龄范围，然后再判定是在这个范围的低龄段还是高龄段。我们在判定年龄时，无法精确到一个具体的数字。如果一位法医人类学家判定死者是23岁，那么警方应该考虑另找一位法医人类学家，因为这样的精准度根本不可能实现。

提供一个有一定误差的年龄范围，会让更多的家庭意识到这具尸体可能是他们失踪的亲人。如果人类学家判定的年龄是23岁，而死者却是25岁，那么死者家属会很在意这2岁的误差。但如果我们给出一个年龄范围，比如20~30岁，再加上一点我们的建议——可能是在这个范围的中间段，那么这个范围就可以包含各种可能。

虽然肋骨在确定性别和年龄方面有一定的价值，但在确定种族或身高时，对我们的帮助并不大。但如果肋骨受到创伤，它们就能极大地帮助我们建立死亡模式或者确定死者遭受暴力的顺序，不管创伤发生于死亡前还是死亡后。

儿童肋骨骨折分析一直以来都备受争议，尤其是在处理摇晃婴儿综合征[①]的案件时。儿童死亡的案例很容易让人情绪化，对婴儿猝死综合征（SIDS）和故意伤害的区分需要非常谨慎。我们从萨利·克莱克、萨皮特·佩特尔、安吉拉·坎宁的案件中就可以看出，她们一开始都被认定谋杀自己的孩子，但最后又都被取消了定罪。这样的误判，再加上备受关注的婴儿摇晃死亡案例，使儿科医生、病理学家和法医人类学家在解释肋骨骨折时非常谨慎。

---

① 摇晃婴儿综合征：由于婴儿受到剧烈摇晃，导致其脑部产生损害，血管撕裂，脑神经受损，从而出现头痛、头晕、失忆、智力受损甚至瘫痪、死亡。此多为儿童虐待的一种形式。——编者注

发起虐待儿童调查的首要原因就是肋骨骨折。然而，孩子的肋骨很容易骨折，所以儿童身上出现这样的情况，并不一定都是遭受了虐待。有好几种临床病症可能增加骨骼的易碎性，从而造成多处骨折。

有一些儿童猝死的原因为接受心肺复苏时肋骨骨折。在得出错误的结论之前，专家们应该从骨骼其他部分的总体健康状况，以及孩子生活和死亡时的环境等多方面综合考虑。

之所以肋骨骨折会被视作遭受虐待的后果，是因为如果抱住儿童剧烈摇晃，紧握胸壁两侧的手掌会挤压胸壁造成肋骨骨折。对于幼童来说，骨折通常会在几个月内愈合，也不会留下什么瘢痕。但如果儿童遭到反复虐待，X 光片可以显示骨折愈合的不同阶段：时间比较久的骨折完全愈合，另一些发生在几个月前的骨折还处在愈合期，而最近发生的骨折还没有出现骨痂或者只有一点骨痂。

骨痂是在骨折处长出的新骨，它的作用有点像一块非常大的膏药，把骨折的两端固定在一起，给它们一个愈合的机会。骨折发生几个小时内，骨折部位周围会形成血肿，成为一个暂时的软组织包裹物。当新的细胞进入该区域开始修复损伤时，这种炎症反应有助于骨骼的修复。在骨折后的 7~9 天，血肿会逐渐转化成一种软骨组织，这种变化肉眼可见，在这个基础上会长出真正的骨骼。3 周之内，骨痂开始形成。随着时间的推移，在某些情况下，几个月或几年后，受伤的骨骼会完全愈合，几乎可以恢复到骨折前的样子。

当一个孩子身体受到虐待时，除了骨折，他身上很可能还有其他伤痕。在一些情况很严重的案件中，我们可以完全肯定这名儿童遭受了虐待，但比较困难的是，如果施暴者不止一人，仅凭伤痕并不能很清楚地判定谁应该对此负责。在一个令人痛心的案件中，警方既不缺乏虐待的证据，嫌疑人也只有一个，但还是需要法医人类学家搞清楚死者究竟遭受了什么样的伤害，以及虐待发生的时间线。

哈利在医院去世时只有 5 岁。他的父亲拨打了急救电话，他告诉急救人员自己的儿子躺在床上，浑身冰凉，没有反应。当急救人员看到孩子的黑眼圈和面颊上看起来很深的咬痕时，立即产生了怀疑。在脱下孩子的衣服进行心肺复苏时，他们的怀疑得到了证实。他的身上布满了瘀伤和看起来像是香烟烫伤的痕迹。当他们把哈利从床上抬起来时，他们注意到孩子的头部也有一处伤痕。急救人员当即报警。在尸检和对哈利的伤势进行放射学评估后，哈利所经历的长期虐待完全展现在大家面前。光是阅读这份报告就让人心疼不已，更不要说去想象他都经历了什么。这些赤裸裸的事实向我们讲述了这个 5 岁男孩在这人世间短暂而又痛苦的一生。

警方将哈利的尸检结果和 CT 扫描图像交给我的团队，希望我们能根据伤势建立一个时间表。最近的一处骨折是在头部，我们得知，这可能是他死亡的原因。浴室墙上灰泥中发现的头发和血迹表明他的头曾在这里被反复撞击过。他的脸上有四个咬痕，下巴上有一道伤口，他死前不久鼻子被打断，耳垂也没有了，两个眼圈也发黑。

他的腿和胳膊上有割伤和瘀伤，还有许多烧伤，有些可能是点燃的香烟造成的，有些可能是熨斗造成的。他的右上臂骨折，右前臂的两块骨头也骨折了。他的左上臂曾经骨折过，现在已经愈合。他的左前臂有两处骨折，左手拇指和其他手指骨折，左脚骨折，这些都是新伤。

他的躯干上有瘀伤和烧伤，他的腹部和生殖器被反复拳打。右侧第七肋骨和第八肋骨有骨折，一处比另一处受伤的时间晚，这表明哈利遭受到经常性虐待。左侧第七、八、十、十一肋骨骨折，在第十一肋骨上可以很清楚地看到两种不同的愈合情况。

确定软组织损伤的时间不在法医人类学家的专业范围之内。我们处理硬组织，更具体地说，是骨头。将注意力转移到骨骼上，我们能够从影像中确定左臂骨折的愈合时间可能长达一年。医院记录也证实哈利的手臂确实打过石膏。据说是因为他在操场上摔了一跤。在他死亡之前，肋骨的多处骨折中，至少有两处是在最近 2~4 个月的时间发生的。所有其他骨骼损伤似乎都是最近造成的，与他的死亡时间大致吻合。我们可以得出结论，他身上至少有三个时期的反复性骨骼创伤。肋骨反复骨折最能清楚地说明哈利遭受虐待的事实。

也许是为了躲避丈夫的暴力，哈利的母亲离开了这个国家，自此之后，哈利就和父亲单独生活在一起。她选择自行离开，却让年幼的儿子承受非人的虐待。哈利父亲以精神失常为由提出抗辩，但法院不予受理，他被判处终身监禁，至少要服刑 19 年才能提出假释申请。

儿童死亡案件对医疗或法医团队的每一个成员来说都是最难处理的，但与此同时，我们也更有动力和使命感找出事情的真相，让正义得到伸张。

肋骨从后面的脊柱延伸到前面的胸骨，靠近胸骨处是肋软骨。胸腔越灵活，越能帮助呼吸。肋骨之间的肋间肌使肋骨像搭积木一样一条紧挨另一条。因为成人的肋骨并不是水平分布在胸部周围，而是有一定弯度的，所以当肋骨一根根排列起来时，它们的形态有点像是水桶的提手。这就是为什么，当你深呼吸的时候，你的胸部前方和两侧都同样充满气体。当我们吸气时，肋间肌收缩并使肋骨上提，这样一来，胸腔内的压力改变，空气便可以通过口鼻进入肺部。

通常，人类有12对肋骨，但也有例外的情况。有些人有26对肋骨，甚至更多。颈部肋骨如果长得太大，会引起上肢循环不畅、疼痛和感觉异常（失去知觉）等问题。如果这样的情况影响到患者的生活，可以进行手术切除，不会留下后遗症。

如果这些异常在遗骸中出现并能与之前的X光片匹配，自然可以帮助鉴定身份，毕竟这些异常情况并不是那么常见。因为多余的肋骨而身体不适的人，通常都会到医院进行治疗。

腰椎区域的肋骨更不寻常，但它们对于鉴定身份的价值是有限的，因为它们往往非常小，是没有退化的部分，也几乎不会产生任何症状。很多拥有腰椎肋骨的人并不知道它们的存在。

当发现遗骸时，额外的肋骨一开始可能会让人疑惑不解，尤其是面对已经是一堆白骨的死者时。在苏格兰下起暴雨能冻掉耳朵的季节，你或许在泥泞的小道上俯身弯腰就能发现一块小骨头。这时，你要自己查看一下周围的环境，因为有时暴雨可能会冲走骨块，所以发现地未必就是它原本所在之处。当然，动物有时候也会对我们的鉴定工作造成干扰。由于富含热量的内脏对许多腐食动物来说都极具吸引力，尸体的躯干可能会被野兽撕咬拖拽到另外的地方食用，所以我们在肋骨上经常能见到非常严重的咀嚼啃咬痕迹。

如果我们只发现了肋骨，那就很难确定它们是否属于人类，尤其是在肋骨还不完整的情况下。因为在解剖学上，形态为功能而生，如果一种骨骼形态在两种不同类型的动物身上起相同的作用，且两种动物的体积大小相似，就会很难区分。人和猪的肋骨尤其如此。如果你知道警察搜查垃圾场或垃圾填埋场的频率，以及餐厅和外卖出售的排骨数量，你就能理解为什么我们经常需要区分猪和人的肋骨。

读者们可能还记得我在《法医报告》一书中提到的一个人，他声称自己用烧碱和醋溶解了自己岳母的尸体。受害人伊娜是一位 56 岁的 6 个孩子的母亲，一天早上她送小女儿去上学，从那以后再也没有人见过她。警方在她的家中发现了血迹，楼梯平台和浴室里都有，又在楼梯最上端发现了一个关键证据——血掌印，血液属于伊娜，但手掌却属于她的女婿。在接受询问时，他对伊娜的失踪和血迹给出了许多离奇的解释，还编造了一个伊娜被蒙面男子绑架并勒索赎金的故事。

最后，他承认伊娜已经死了，并声称他与伊娜之间一直相处融洽，但就在那一天，伊娜性侵了他。他说自己当时十分厌恶地推开了伊娜，却没想到自己会用力过大。她向后一倒，头撞在床头板上，鼻孔流血，一动不动地躺在那里，很明显她已经死亡。他惊慌失措地把她的尸体从楼梯平台拖到浴室，然后思考自己下一步该怎么办。因为担心别人会不相信他，他决定把她的尸体处理掉。当警方仔细询问他时，他交代自己把伊娜留在浴缸后外出买了烧碱和醋，并倒在了她的身上。他告诉警察，他把伊娜的尸体溶解后直接冲进了下水道。

就在这时，警察来找我，询问被告这种做法是否能溶解一具尸体。是时候戳穿他的幻想了。首先，家用烧碱的碱性强度不足以使尸体液化，当然更不可能在他说的几小时内。其次，把醋和烧碱放在一起更会中和烧碱的碱性。醋是酸性物质，烧碱是碱性物质，当你把它们放在一起时，你会得到水和一种叫作醋酸钠的物质。烧碱也是一种具有伤害性的化学物质，皮肤接触时会有灼烧感，但也就仅此而已，不会再造成更大的伤害。

被揭穿后，他不得不编造另一个故事。虽然死者的女婿不是化学家，但他在另一个领域有相关的经验。他在一家馅饼厂兼职做屠夫，也在一家烤肉店做兼职。现在你知道警方大胆的猜想了吧？他利用自己不怎么精湛的屠宰技能和一把砍刀，在家里的浴缸里肢解了伊娜的尸体，再将尸块用塑料袋包裹起来，藏在烤肉店吧台的后面。我们知道他藏尸的地点，是因为在那里发现了伊娜的血。

那天晚上，他和弟弟在烤肉店将尸块切得更小。然后他们开着车寻找不同的快餐店，将尸块扔进店外的垃圾桶里，因为他们知道垃圾车会收走这些垃圾直接拉到填埋场。你可以想象，这拉响了全面的食品警报。尽管警方检查了所有运往垃圾填埋场的垃圾、整个垃圾填埋场、外卖店以及馅饼厂出售的肉类，也并没有发现任何蛛丝马迹表明伊娜遭受了这样的命运。这家烤肉店不久就关门了，这个结局也并不奇怪，尽管它之后换了店主重新开张，也只做外卖生意。

伊娜的女婿被判终身监禁，他的弟弟因协助处理尸体被判7年监禁。伊娜的亲属认为凶手杀人是为了钱。伊娜有一所漂亮的房子，银行里也有存款，这些都是她女婿想要的东西。在这种情况下，这个家庭所遭受的一定是撕心裂肺的痛苦，因为他们不仅失去了自己挚爱的亲人，还要面对凶手是另一个亲人的惨况，最残忍的是，伊娜的遗体可能永远都无法找回入土为安。

尽管进行了广泛的搜索，确认了每一根从垃圾填埋场找到的肋骨，仍然没有发现尸体。是人的肋骨，还是动物的肋骨？像这样的案件说明了为什么法医人类学家在识别猪、羊、山羊等其他动物的肋骨碎片时，要像识别人类骨骼一样有把握，并且要有辨别它们的能力，这一点特别重要。学生们通常觉得学习肋骨很无聊，讨厌我们花时间教他们如何区分肋骨，但我们知道，这样的技能可能对调查至关重要，尤其是涉及肢解的案件。

我们也反复告诫我们的学生，他们必须能够为肋骨排序，这就意味着要知道如何区分左右两侧的肋骨，甚至在面对单根肋骨时，也要清楚这根肋骨是位于胸部的上部、中部还是下部。例如，当你手边只有肋骨的一部分时，你是否能区分这是左边第四肋骨还是右边第四肋骨？要做到这一点绝非易事，但却非常重要。

我曾经在法庭上为一起案件提供证据，在这个案件中，一个小男孩的尸体被肢解后藏在水泥板下面。辩方一直询问我到底有多肯定刀刺进去的位置是第五肋骨和第六肋骨之间。这对案子至关重要吗？可能不会，但故意动摇专家证人，以便让陪审团对他们证词的有效性产生怀疑（“你说的是什么意思？你不能肯定？你是什么方面的专家？”）是辩护律师经常使用的庭审策略。

区分左右肋骨相对简单，只要你手里的肋骨是连接胸椎的那部分。在这里，肋骨体开始弯曲，沿着肋骨的底部边缘开始出现肋沟。肋沟有血管和神经通过，这些血管和神经沿着肋骨下缘从后向前延伸。

如果你是一个肉食者，你可以在下次吃排骨的时候亲眼看看（不是要让你在吃饭的时候分心），看看紧贴骨骼的这些肌肉。如果你拿到的是肋骨的下缘部分，你可以清楚地看到血管通过的小孔，以及白色坚硬的小突起——肋间神经。因为肋沟总是在肋骨下缘，而且肋骨的形态总是外凸内凹，所以我们可以判断肋骨的前后端、上下缘。这是我们能够分辨左肋和右肋的原因。虽然听起来很有逻辑，好像很简单，但也需要通过学习才能获得这种判断能力。

当我们做肋骨排序时，第一个任务就是快速分辨出左右肋骨。如果所有的肋骨都排序正确，那就应该是左边 12 根，右边 12 根，但事情并不总是那么简单。有时会出现多余的肋骨，有时因为被破坏或者被野兽啃食，肋体会不完整。现在我们要决定的是每根肋骨的位置，它们是来自胸部的顶部、中上部、中下部还是底部。

第一、第二肋骨和其他肋骨都不一样。它们围绕肺尖的角度非常小，形成了独特的“逗号”形状，易于识别。接下来的4根肋骨（第三至第六肋骨）被称为真肋或椎体肋骨，因为它们都有各自独立的肋软骨与前端的胸骨相连，它们的形态反映了中上部肋骨的功能。

下中部肋骨（第七至第十肋骨）被称为假肋或椎软骨肋骨，因为它们的前端并没有延伸到胸骨，而是与上位肋软骨相连，共同形成一个软骨性边缘，在脂肪少的人身上能看清楚边缘的轮廓。最后两根肋骨（第十一、第十二肋骨）被称为浮肋，因为它们既不与胸骨相连，也不与上位肋软骨相连，而是在腹壁肌肉处戛然而止。因此，它们像是发育不全，较之其他肋骨而言也更加短小。

在一些极端的整容手术中，有的人选择削短甚至完全切除下肋骨。在维多利亚时代通过窄小的紧身衣才能实现的那种夸张的沙漏型身材，现如今已经可以通过手术获得。但更有意义的是，下端浮肋可以取出作为自体移植物，修复患者身体其他部位的骨折，如面部或下颌骨。我的一位好朋友，他是海军陆战队的护理人员，在北爱尔兰执行任务时，为了掩护伤员被子弹击中，医生用他的一根肋骨重新修复了他的下巴。了解自己身体哪些部分不是至关重要的，如果需要可以作为替补，这些信息非常实用。

有时，需要鉴定的不仅仅是肋骨，还有来自身体其他部位与肋骨有关的物质。有一次，我在一位老太太的右后肋里侧发现了许多小石头，这些石头本应该在她的腹腔里。这些都是胆结石，产生结石的原因是她的饮食含有太多的胆固醇，而她的肝脏没有产生足够的胆汁盐来溶解这些胆固醇。胆结石可以积聚在胆囊中，胆囊本质上是一个重要的小储物袋，结石也可能移动到别的地方阻塞胆管或连接胆囊和小肠括约肌的开口处。这位女士有一些非常大的胆结石，差不多核桃大小，还有许多像甜玉米粒一样的小石头，它们表面平整、棱角分明，像拼图一样互相吻合。结石也会出现在与泌尿系统相关的其他身体部位，包括肾脏、输尿管和膀胱。所以我们需要注意“骨头里的石头”。

如果肋骨没有遭到破坏且属于成人，那么肋骨的排序和鉴定就会相对容易。婴儿肋骨的排序是另一回事，需要专业的知识和经验。

1999 年，英国外交部要求我飞往西印度群岛的格林纳达，帮助处理一些政治敏感的情况。

格林纳达于 1974 年脱离英国获得独立，埃里克·盖里爵士成为该国第一任总理。5 年后，当他在参加联合国峰会时，一个名为“新宝石运动”（简称 NJM）的革命组织发动了一场不流血的政变，夺取了格林纳达的控制权。他们的领导人莫里斯·毕晓普被许多格林纳达人视为“人民的英雄”，他解散了议会，并任命自己为人民革命政府（PRG）的首脑。

这场革命受到大多数民众的欢迎，毕晓普开始着手实施一系列改善岛民生活的措施，包括免费医疗和教育、改善公共交通、增加新的基础设施项目。但不久之后，人民革命政府内部开始出现裂痕，1983 年，毕晓普被忠于本党二把手的成员废黜并软禁在家。这个国家就此陷入混乱之中。

毕晓普被他的数千名追随者从家中解救，他们一起游行到陆军总部。从另一个营地派出的一支军队开始镇压抗议活动，包括毕晓普在内的 8 人被捕，有 3 名内阁部长，其中就有毕晓普的女友杰奎琳·克里夫特（曾任教育部长），还有 2 名工会领导人。据说他们靠墙排成一排被就地处死。虽然不清楚他们的尸体被如何处置了，但有很多传言，其中一个传言声称他们被丢进一个坑里，尸体上被泼满汽油，然后被点燃，还被扔了许多手榴弹，炸成了无法辨认的碎片。

时任美国总统罗纳德·里根下令美军进入格林纳达，理由是担心居住在格林纳达的几百名美国医学生的安全。尽管美军在进入格林纳达之前并没有征求前殖民国——英国的意见，但英国首相玛格丽特·撒切尔似乎并没有对此耿耿于怀，英国仍旧公开支持美国的决定。

美国出动“快速部署部队”对格林纳达发动了为期 4 天的海陆空联合作战，8000 多名美国士兵参与了这场军事行动。格林纳达很快恢复了平静，然而作为一位民族英雄，毕晓普却连一块墓碑都没有。为了找到他的遗体，各方做出了很多努力，美国军方的调查也没有成功。

在格林纳达首都圣乔治公墓的一块空地上，一名掘墓人发现了一个印有美国海军陆战队标志的尸体袋，并在里面发现了人骨，所以英国外交部办公室给我打了电话。谣言像野火一样在当地蔓延，民众猜测这些遗骨可能是人民革命政府烈士的遗骸，甚至可能就是莫里斯·毕晓普的遗骸，这使得刚取得的和平岌岌可危。美国军方和联邦调查局组成的联合特遣部队正准备飞到当地检查遗体，格林纳达政府联系英国政府，希望英方可以派遣一队观察小组加入调查，以保证调查的公正。

我们的队伍确实是一个很小的组，就包括：我——法医人类学家，伊恩·希尔博士——法医病理学家。英国派出的队伍和美国派出的队伍真的有天壤之别。这支庞大的美国分遣队抵达时，所有人都穿戴着统一的长筒靴、polo 衫、棒球帽和夹克，并且衣物上还有统一的标志。他们炫耀着装在配套的闪亮金属行李箱中的最新设备，言语间透露着明显的距离感和优越感。

而伊恩博士看起来像来自德尔蒙的人，他戴着非常英国式的太阳帽，穿着短袖格子衬衫、奶油色夹克和米色宽松裤。而我，穿得和平时一样，一看就是当妈的样子（不过我确实是一位母亲）。很明显，我们没有让对方感觉到被威胁，仿佛我们就是多余的人，他们完全可以忽视我们的存在。电视剧《神探科伦布》的每一个粉丝都知道，这样的假想是很危险的。

伊恩曾是英国皇家空军的成员，在前往格林纳达的整个飞行过程中，飞机一有动静他就忍不住发表评论，还回忆起他遇到过的飞行事故，并告诉我在紧急着陆时该怎么做。即便我在飞机起飞时非常冷静，等到飞机降落时，我也已经成了神经质。我很高兴来到我们预定的酒店，这里非常舒适。在一个有游泳池、鸡尾酒会和露天餐厅的热带岛屿上执行法医任务，我总觉得不太协调，当然我们很快就适应了。

我们与美国法医团队的第一次会面促使他们重新评估对我们的第一印象，虽然只是在先前的印象中又加上了“烦人”这个形容词。我们要求美方提供先前调查报告的副本，却被告知他们目前无法找到副本，但“女士”应该放心，一旦他们找到了，我们就能得到一份。他们完全没有想要掩饰这样的说法有多么不合逻辑。

伊恩和我决定采取软磨硬泡的方法。我们每天都向他们询问是否已经拿到报告。每天我们都收到同样的回答，耐心又不失礼貌。有时候，为了打破单调，我们会问两次，或者轮流问，伊恩问一天，我问一天。或者我们都会问，假装我们不知道对方已经问过。我们就这样自娱自乐。

我们找到了掘墓人，向他询问他的发现、发现人骨的地点，以及为什么大家都对这件事如此小心谨慎。他是个可爱的人，很乐意带我们去墓地。他告诉我们当他意识到自己无意中发现了大秘密时，他又重新填上了这个洞。他跟我们说起了当地人的猜测，告诉了我们很多有用的情报，虽然很多都只是传言，但也有一些相关的细节并没有在最初的新闻发布会上公布。他告诉我们，大家都知道杰奎琳·克里夫特在被处决时怀着毕晓普的孩子。因为美国同僚并没有告知我们这个重要的信息，我们完全不曾想过还需要找出胎儿的遗骸。这就说明了与一切相关人员交谈是一件特别重要的事情，不管他们的参与看起来多么微不足道。

我们一大早就开始了正式的挖掘工作，免得忍受中午炎热的天气。就在离地面不深的地方，我们挖到了预期中的美国海军陆战队的帆布尸袋。帆布尸袋看起来已经不是特别牢固，但我们利用护士为卧床病人换床单时用到的滚动技术，将它完整地抬了起来。当我们需要将遗体转移到尸袋中时，我们都会采用这种方法，尽量减少损坏。

尸袋刚被挖掘出来，美国人就准备收拾东西走人。这不是我们通常的做法。我们会全面检查埋尸地点，包括尸体的下方和四周。在尸袋已经破裂的情况下，由于动物活动和土壤中水道的影响，骨头可能在土壤中移动到各个方向。所以我们决不会认为袋子和袋子里面的东西就是全部的发现。

当我铲去一些泥土时，我发现了另外一些骨头。在一个使用多年的墓地里，发现其他骨头是很常见的事情。这些都是属于未成年的肋骨。当然，我们肯定会调查这些肋骨的主人，但我很清楚，它们不是胎儿的骨骼，因此它们不可能与杰奎琳·克里夫特的怀孕传言有关。

不过，我当时很想调皮一下。我从尘土飞扬、肮脏的洞里抬头看向我的美国同行闪闪发光的长筒靴，温柔地问他："告诉我，你是不是也想找到胎儿的遗骨？"他的脸一下子就红了，一句话也没说，转身跑向墓地一个偏僻角落，疯狂地打着手势，对着手机喋喋不休。虽然我不否认我方的还击形式很幼稚，但我还是忍不住露出一个自鸣得意的微笑。

当他回来的时候，我问他是否愿意为这些孩童的肋骨排序。如果他愿意，我就会直接把这些肋骨交给他。我以为他要晕倒了。很明显，他在处理儿童遗骸方面没有什么经验，以为这些肋骨真的是胎儿的肋骨。当我把骨头递给他时，我没有说明，因为本来我们就没有被告知还需要寻找胎儿的骸骨。他问我这孩子大概的年龄。

"很小。"我说。也许我有点太喜欢这个恶作剧了，但美国人对我们实在太不友好，我觉得我应该小小地报复他们一下。

在太平间里，我又以牙还牙地给他出了个难题，我只给了他一部分孩童的骨骼，让他去复原。接下来的4个小时里，他一直捣鼓自己的手机，希望可以找到有用的信息帮助自己完成手头的工作。显然，他没有成功，因为他遇到的是“技术性”难题。复原儿童的骨骼，需要的不是什么技术，而是经验。我就这样让他工作到一天快要结束时，才将他从痛苦中解救出来，我自己动手复原了这具儿童的遗骨，从头到脚，花了大约 15 分钟。当我宣布这是一个 2 岁左右的孩子时，他倒是给了我一个淡淡的微笑。我已经表达了我对美方的不满，他也接收到了这个信息。想到自己已经清除了两方之间的障碍，我再次要求美方提供之前的调查报告，但仍旧没能如愿以偿。

我和伊恩两人与掘墓人相处得很好，那天晚上他邀请我们去参加他们的聚会，我们欣然答应。他也邀请了我们的美方同事，但他们礼貌而坚定地拒绝了。这是他们的损失。

当我们到达掘墓人的家时，慷慨的主人把我们带到花园里，一口大锅在篝火上咕咕作响。锅的四周摆满了面包，堆得很高，中间放着鸡肉和蔬菜，这样面包就能吸收所有的汤汁，味道特别好闻。然后他给我们倒了一杯自制的德梅拉斯皮克朗姆酒，这个夜晚变得更加欢乐。我们知道第二天一定会头痛欲裂，但这是值得的。

夜幕渐深，我们坐在月光下，围着篝火，喝着朗姆酒，吃着丰盛的食物，微风拂面。我和一个迷人的男士聊了起来，没想到他竟然是岛上一所私立大学的解剖学教授。我们有很多共同话题，剩下的大部分时间我们都在讨论解剖学、教育学和人类学的问题。在谈到我出现在格林纳达的原因时，因为政治敏感问题，我并没有说太多（然而事实证明，我想得太多，因为这已经是全岛的热门八卦），只是抱怨了美方同事毫无根据又令人愤怒的做法，他们无论如何也不愿意交出之前的调查报告。然而，就那样出人意料的，我听到他对我说："我当时就在那里，我就有报告的复印件，你要我明天给你复印一份吗？"

令人惊讶的是，两个解剖学家、一个掘墓人的派对和自制的德梅拉斯皮克朗姆酒竟能生出这样的魔力。等到第二天，我们的美方同事该担心的就不是孩子的肋骨了。

第二天，我们带着宿醉，好不容易找到了教授的办公室，在那里，美方的调查报告安静地等待着我们。事实上，报告里的很多内容我们都已经知道，除了一些对没能找到毕晓普遗骨原因的猜测，报告里确实记录了克里夫特怀孕的信息，不过我们已经早就知道了。

伊恩和我回到太平间，我们的美方同事正忙着打包遗骨，我们仍旧例行公事地找他们要报告，当然他们还是给出同样的答案："对不起，女士，还没有，还在找呢。"我从包里拿出报告，告诉他们可以复印我们找到的报告，因为我们非常乐意帮助美国补齐他们的记录文件。他们就像下水道里的老鼠，整个团队从椅子上一跃而起，冲出房间，全都拿出电话，喋喋不休。奇怪的是，美方从来没有找我要报告去复印，也许他们终于找到了自己的那份报告。

最后，谁都不用担心了。尸袋中的遗骸并不属于毕晓普、他的女友或任何内阁成员。

当美国人在1983年入侵格林纳达时，他们对陆军总部发动了空袭，但没有击中目标，而是击中了附近一座收容医院的大楼。我们发现的孩子的肋骨很可能之前就已经安葬在那里，墓穴中的其他遗骨，包括美国海军陆战队尸袋中的骨头，属于避难医院里几位不幸的病人，他们在错误的时间出现在错误的地点，因此丧命。我们之所以得出这个结论，是因为我们在尸袋中发现的尸体部分既有男有女，也有不同年龄阶段的人，重要的是，我们还发现了一件睡衣上的腰带，上面绣着医院的名字，让人心酸不已。

一些肋骨，几张报告，我们让对方同事措手不及，因为他们忘记尊重周围的人，他们选择了分裂而不是合作。而实际上，不管是美国人还是英国人，我们的目的都是查明真相，用那些伎俩着实没有必要。

第五章

舌骨和喉

意想不到的零碎骨骼

人类的声音是灵魂的载体。

——亨利 · 沃兹沃思 · 朗费罗

（1807—1888）

诗人

如果有一块骨头是犯罪小说作者最喜欢的，那一定是舌骨。因为它容易骨折，小说中有很多被勒死的情节，就是舌骨骨折造成。

舌骨位于颈部上方，颌骨下方，第三颈椎的正前方。如果你把手指放在脖子的两边，轻轻地挤压（不要太用力），你可能会感觉到两边都有阻力，脖子上会有不舒服的疼痛感。你手指下面的骨头是舌骨大角的尖端，它起到一个中转站的作用，使下颌骨下表面到顶端的肌肉、下颌骨下端到胸骨的肌肉，以及喉部周围的其他结构都能附着在这里。

儿童的舌骨由 5 块独立的骨头组成：一块在中间（舌骨体），两个小角在两侧，下面是两个大角。它大致呈 C 形，C 的开口部分围绕着气管，面向后。舌骨小角在生命早期就会与舌骨体融合，但大角可能要等到四五十岁时才会与舌骨体融合。

攻击者的拇指和其他手指挤压颈部两侧可以折断相当脆弱的

舌骨大角，但并非所有被勒死的人都会舌骨骨折，据估计，2/3的死者并没有舌骨骨折。事实上，这种骨折在年轻人中并不常见，在儿童中尤其不常见。即使死者有舌骨骨折，也不一定意味着他们是被勒死的，因为生活中也可能发生舌骨骨折。

珍妮的悲惨故事就是一个典型的例子。她有一个不幸的童年，父母双亡，她和哥哥被寄养在不同的家庭。她很小就有了自己的3个孩子，婚姻破裂后，她原本随意的生活开始陷入混乱。众所周知，她酒量很大，还滥用药物，经常突然失踪好几个星期，睡在朋友的沙发上，在废弃的房子里嗑药，如果手头有点钱，她就会去住酒店。她37岁时，有人报案说她失踪了，报案人意识到已经很久没见过她。

她最后被人发现住在一个北方城市郊区的一所空房子里。这所房子的邻居们经常向市政局投诉，说有流浪汉私自占用了这所房子，还有人在这里随意倾倒垃圾。珍妮最后一次露面之后19个月，公共卫生部门接手了这处房产，与一家公司签订了清理合同，准备将房屋重新装修再出售。在后院，垃圾和碎石足足有近2米厚。他们震惊地发现，在这些杂物下面，有一具人类的遗骸，蜷缩成胎儿的模样。尸体旁边有一个喷雾罐和一个塑料袋。

相关人员对遗骸进行了DNA取样，确认死者是珍妮。她似乎就死在房子的后院里，而且，那些随意扔垃圾的人把越来越多的垃圾从墙外扔进来，珍妮被埋在了这些垃圾的下面。

尸体的回收工作由法医考古学家负责，确保能找回尽可能多的遗骨。尽管在她的身体上发现了几处已经愈合的骨折，但关于死因，尸检结果没有给出定论。她显然过着一种艰苦的生活，但不能确定的是，她的死是因为自身的不幸，还是人为的罪恶。

法医考古学家发现了4块舌骨碎片，并成功复原了它们——这是一件专业的杰作。舌骨小角与舌骨体融合，左右大角与舌骨体分离，但左大角已经碎成两块。当警察把这块骨头带到我们实验室时，我们要解决的问题是，左大角骨折是死前、临死，还是死后造成。

死前损伤可能会有愈合的迹象，而临死或死后的骨折则不会。临死前的骨折通常不会折断得那么干净利落，因为骨头还是湿的。想象一下如果你试图折断一根带着绿叶的树枝，断口处通常都参差不齐，并不光滑整洁。但如果你折断的是一根干枯的树枝，断口处就会比较平整，人死后的骨折也一样，因为骨头也已经干燥。

死前的损伤可能是死亡前遭受暴力或创伤的结果。死后骨折通常是由于处理尸体或挖掘尸体造成的。死前损伤会有愈合的痕迹，但死后骨折不会。然而，临死前的骨折有可能就是死者的死因，警方或许会因此展开凶杀案的调查。确定舌骨角断裂的时间，是找出珍妮死亡原因的关键。

用肉眼观察时，珍妮舌骨左侧大角的断裂部分看起来很干净，但在显微镜下我们却看到不同的景象。骨折时，骨头还是湿的，所以当她还活着的时候，大角的圆面一直在试图自我愈合，但没有成功。珍妮在舌骨骨折后，还继续生活了相当长的一段时间，当然可能只是几个月，并不是几年。

多处骨折愈合的痕迹表明珍妮可能遭受过家暴或其他攻击，但这也可能只是因为她嗜酒成性，经常跌倒造成的。没有明确的证据表明珍妮曾遭受攻击，但她有很多的医疗记录，都是因为跌倒被送进急诊室，尤其是天气不好的时候。

我的二女儿曾在市医院的骨科病房工作过一段时间，在那里，她看到许多因酗酒或吸毒而骨折入院的病人，经常是在大雨天，或者道路刚结冰的时候。她回忆说，护理人员必须处理这些病人复杂的需求，同时还要对自己的健康和安全保持警惕，因为不清楚这些患者都携带着哪些传染病，这会使护理工作难上加难。如果这些伤员正在经历脱毒期，他们会被铐在病床上接受治疗，警察也会在一旁监视。对珍妮本人以及和她经历相似的人来说，这种生活十分混乱，而对于那些想要提供帮助的人，他们的生活同样也会陷入混乱。

然而，仅是跌倒并不足以造成舌骨骨折，所以针对珍妮的情况，我们仍然认为她有遭受过袭击的可能。最终确定死因的机会渺茫，但不管珍妮身上发生过什么，舌骨断裂不会是导致死亡的主要因素。

舌骨下方喉的主要部分是甲状软骨和环状软骨，随着年龄的增长，这些软骨开始骨化变成硬骨。骨化可以产生一种让人难以置信的异常精致的花边状骨纹路。

甲状软骨，俗称“亚当的苹果”，古人认为有一块禁果卡在了亚当的喉咙里。进入青春期的男性确实拥有比女性更加明显的甲状软骨，因为软骨体积增大，我们的声音也会变得低沉。声带附着在甲状软骨的背面，所以喉结越突出，声带就越长，音色也就越低沉。

喉部的生长在女性中并不明显，当然也有一些喉结显著的女性。一般来说，虽然甲状软骨突出与男子气概密切相关，但对那些变性人来说，尤其是从男性变为女性的人，喉结是一个烦恼。他们经常用围巾、项链或高领衣服来掩盖喉结。有些人会选择通过手术切除部分甲状软骨，改变其大小。

甲状软骨的骨化最早可能出现在一个人 30 多岁的时候，但个体差异非常大，骨化的时间也没有太明显的性别差异。

环状软骨位于甲状软骨之下，与第六颈椎平齐。它的形状像一个印戒，后部宽阔，前部低窄。下面是一连串的软骨环，这些软骨的作用是保持气管的开放，这样我们就可以顺畅地呼吸，而且随着年龄的增长，这些软骨环也可以变成精致的小骨环。

舌骨、甲状软骨和环状软骨，以及骨化的气管环，都是法医人类学家会遇到的零碎的人类骨骼，所以我们必须能够识别它们。

如果有异物进入呼吸道，颈部收缩会对我们的生命造成威胁。我记得有一次我为自己正在编写的一本教科书做调研时，读到过这样一个案例。一位患者在圣诞节期间因呼吸困难住进急诊室，他以为自己吞下了火鸡骨头。通过食道镜检查，医生在甲状软骨附近发现异物并取出。

结果不是火鸡骨头，而是一块贝壳。当被再次问到他究竟吃了些什么时，他想起来火鸡肚子里塞满了牡蛎。所以你永远不知道你在检查时会发现什么。

第三部分

四肢：附肢骨

第 六 章

上肢带骨

长出翅膀的地方

当我们还是天使时，肩胛骨是我们长出翅膀的地方。

——戴维 · 阿尔蒙德

作家

肢带骨的英文名称为girdle，更常用的含义是女性紧身衣，当我跟学生提起我母亲穿的倍得适塑形衣时，她们一脸茫然，所以这种类比除了暴露我的年龄外别无他用。

上肢带骨包括位于胸廓前上方的锁骨和位于胸廓后外侧的肩胛骨，将肱骨与躯干骨相连。下肢带骨包括一对髋骨，将骶骨和下肢的股骨连接起来。

有趣的是，构成上肢带骨的两类骨骼，既包括人体骨骼中最不容易骨折的肩胛骨，又包括最容易骨折的锁骨。

所有灵长类动物都有锁骨，部分哺乳动物没有锁骨，而像马、猪、河马等有蹄类动物则完全没有锁骨。比如，猫锁骨的退化使得猫咪的身体变得极为柔软，能够挤进较小的空间中。

对于人类来说，便于附着肌肉的锁骨，起着将上肢撑离躯干的作用。对于多数四足动物来说，位于身体下方的前肢仅有运动的作用，锁骨除了支撑之效别无他用，所以尺寸不大。但令人惊讶的是，锁骨并不是非有不可。事实上，我们可以取出锁骨，只要将肌肉缝合即可。对于骑马的人来说，当他们从马匹上跌落时，锁骨最容易被摔断，因此在过去，有些人干脆通过外科手术切除锁骨，以此避免骨折带来的麻烦。有一种看法是，与其冒着骨折的风险，还不如没有骨头。

其实，锁骨骨折也会危及生命。锁骨是一根横向的 S 形长骨，其外侧 1/3 处的位置是最容易骨折的部位。更严重的是，这部分锁骨的下方正是大血管锁骨下动脉和锁骨下静脉通过的位置，骨折造成的尖锐碎片很容易刺穿血管。

罗伯特·皮尔爵士曾在 1834 年至 1846 年间两次担任英国首相，被称作现代警务之父（因此人们用其姓氏 peeler 和他的昵称 bobby 来称呼警察，这种习惯一直延续至今），他就是因为锁骨骨折而丧生的。当时罗伯特得到了一匹猎狐马，这马脾气暴躁，特别喜欢踢人。当他还在和这匹马相互磨合时，有一天，他在骑马去白金汉宫附近的宪法山途中遇到两位熟识的女士。不幸的是，她们的马受到了惊吓。罗伯特的马也跟着躁动起来，并将罗伯特摔了出去，猎狐马一个踉跄，撞到了罗伯特身上，罗伯特的几根肋骨和左锁骨骨折，最终因锁骨下血管破裂导致失血过多身亡。

罗伯特于受伤 3 天后逝世，考虑到他可能还有不少挤压伤，我怀疑他更有可能死于并发症，但至今，大家仍旧认为罗伯特死于锁骨骨折。

锁骨是人体内最早形成的骨头，母亲孕后5周，胎儿的锁骨就开始形成，甚至在母亲自己察觉到怀孕前，孩子的锁骨就已经开始发育了。锁骨发育很早，孕后2个月已经呈现S形，从那时起，锁骨以每周生长1毫米的速度匀速发育。婴儿出生时，锁骨长度约为44毫米且极易辨认，所以锁骨是鉴定死胎遗骸孕周和胎儿遗骸年龄的一个指标。

大多数人对新生命的降临都满怀期待，但不幸的是，总有悲剧存在，人们在意想不到的地方常常会发现被藏匿的胎儿或新生儿遗体，比如地板下、浴缸下、年久失修的烟囱里、无人居住的阁楼上，抑或被遗忘的橱柜后的旧手提箱里。为了掩盖意外怀孕的事实，刚刚降临的纤弱婴儿，无论是尚有呼吸的还是遗憾离世的，都被残忍地藏匿起来，仅仅是为了消灭证据，不被众人所知。

这样的事情时有发生。我们介入调查的很多事件都能追溯到70年之前甚至更久远，那时候的生活条件更加艰苦。虽然终止妊娠是非法且不安全的，但这并不能改变女性堕胎的决定，也不能阻止她们在街角小巷里寻找堕胎的诊所。发生这种情况，常常是因为贫穷，她们没有能力再多养活一张嘴，或是因未婚生子而感到耻辱。

发现这类遗骸会引发许多问题。首先跳入我们脑中的问题是婴儿的死亡时间和婴儿的母亲是谁。但是，从法律角度来看，最重要的问题是婴儿的死亡原因和死亡年龄。核心问题是，孩子如果平安降生，它是由于没有得到及时的医疗救助而自然死亡，还是被蓄意谋杀。如果它未能出生，那么是因为终止妊娠，还是因为胎死腹中呢？

死产是指妊娠满 24 周及以上的胎儿在分娩过程中死亡的情况。而胎儿 24 周后终止妊娠被称为晚期流产。24 周是一个重要的分界点，英国法律规定超过 24 周就不允许引产，因为在高水平的医疗条件下，此时的胎儿已具备存活能力。换句话说，从理论上讲，24 周以上的胎儿是可以存活的。

测量胎儿锁骨，可以为这项法律区分提供可靠证据。胎儿发育到 24 周时，锁骨长约 27 毫米，即成年人拇指长度的一半，这是可以被精确测量的。如果胎儿还在母体中，可以通过超声波来测量锁骨长度，但测量结果一定要由专业医师来解读。对脱离母体的婴儿，可以采用 X 光或 CT 扫描。如果是尸检，则可以直接把锁骨取出测量。

在家中意外发现胎儿或者新生儿的遗骨会让房主很崩溃。就有这样一对夫妻，在苏格兰岛的郊区买了一间旧的石头小屋，并对其进行大规模的翻新整修，铺设防潮层，安装新的管道。挖到土基时，他们发现了一些类似骨头的东西。这个小岛有丰富的古墓和文物，所以他们向在附近工作的考古学家求助。这些骨头很小，有些是动物骨头，不幸的是，并非所有骨头都是动物骨头。所以他们紧接着报了警。

当地没有勘查现场的警力，罪案现场执法官员从陆地赶来需要几天时间，因此转而求助考古学家。这些枯骨被挖出后放到了纸板盒中，然后空运转移到150英里（约241千米）以外的因弗内斯，那儿有距此最近的停尸间。警方向我寻求帮助，希望我为其提供线索，在检测遗骨后，确定死者的年龄及死亡时间。因为在案发现场拍摄的照片质量很差，所以我第一次拨打了电话，询问我应该看什么和看哪里。在不知道照片中拿着骨头的人是谁时，我再次拨通了电话，被警方告知他们是考古学家，正在挑拣遗骨，扔掉他们认为是动物骨骼的那些骨头。

但凡接受过法医培训的人都该有这样的常识，一是任何东西都不能随便丢弃，二是需要请教专家。如果这些考古学家对骨头所属判断准确，而我也可以在此基础上进行研究，那这种情况我是可以接受的。然而，如果他们经验丰富，足以胜任辨别人类遗骨的工作，纸板盒中就不该有动物遗骨。但是我却在纸板盒中发现了掺杂其中的动物遗骨，这让我对这些考古学家的能力产生了怀疑。

再次搜查案发现场，我并不觉得能找到更多的蛛丝马迹，更何况是在法医人类学家不在场的情况下。现实生活中的调查并不像电视上演的那样总会有重大发现。高级调查官是我的一位老朋友，他看到照片因其质量不佳而一筹莫展，因为完全复原照片十分困难。我告诉他，如果这是一桩凶杀案的话，很不幸的是，此案证据不全。听罢，他拿照片的手扶着下巴陷入深思。但即便有了这样的经验教训，我怀疑警方也不会就此规范他们的调查程序。

纸板盒中是一些小型动物的骨骼，多是鼠类，所以尸体可能曾是它们的食物来源。事实上，在一些骨骼上确实留有很明显的啮咬痕迹。新生儿有 300 多块骨头，而目前能找到的却仅占总数的两成，并且这些遗骸还不是来自同一个婴儿。我们一共找到了三根锁骨——两根左锁骨和一根右锁骨，这根右锁骨和另外两根左锁骨大小不同，并不匹配。

简而言之，这至少是三个不同婴儿的遗骨。如果三具遗体都完好无损地埋在地下，那至少也能找到 900 块骨头。没有找到的遗骨可能随着时间推移而消失了，可能被动物吞食，可能被冲走（遗骨所在区域极其潮湿），也可能在当地酸性的泥沼质土中被分解。当然也存在这样的可能，考古学家没有分辨出这些是婴儿遗骸而随意丢弃了。还有一种可能，这些婴儿在被抛尸时就已经不完整，之后我会检查肢解痕迹来验证这一假设是否成立。

这些骨头上没有创伤痕迹，所以既不能迅速确定死者死因，也不知道他们是否被肢解。我们无法通过骨骼来判断婴儿的性别，但我们可以通过检查锁骨，准确地判断其年龄。其中的两个婴儿，即两个左锁骨的拥有者，他们都是足月出生，死亡时母亲怀孕 40 周左右。另外那个拥有较小右锁骨的婴儿，在母亲怀孕

30周左右时死亡。尽管在当时的历史条件下胎儿可能无法存活，但是这三个婴儿在现行的法律定义中是具有存活能力的。鉴于保存条件并不理想，遗骨的年代也比较久远，在对骨头进行DNA采样后，我们没有提取到任何有用的信息。

我们认为这些婴儿已经死去很长时间了。放射性碳定年法可以证实这一点，但是，除非迫不得已，否则我绝不愿意将这些骨头拿去检测，尤其是在骨头数量较少的情况下。这种检测会消耗大量的骨头，检测后，我们的疑惑可能会得到解答，但会出现没有骨头下葬的情况。所以，我建议警察做一些背景调查，把化学检测作为最后的选择。

这个故事的内容很大一部分来自当地的传闻，并且我们的证据也证实了这个传闻，苏格兰地方检察官也采纳了这些证据。这个故事发生在第一次世界大战之后，在一个偏远的小岛上，有一块与世隔绝的地方。这里没有电话，没有电，没有自来水，也没有公共交通工具。这里的人生活十分艰苦，大多数的家庭依靠从土地上或海里捡到的少得可怜的食物来维持生活。厚石墙、茅草顶、小窗户、土地板是当地房子的特点，而且房间很小，阴冷、潮湿且黑暗。

维奥莱特是一位未婚女性，独居在当地一个典型的两居室石头屋里，这个石头房距发现遗骸的小屋仅有100米。当时的左邻右舍都对她议论纷纷，认为她是品行不端的人，给她冠上“荡妇”“娼妇”“妓女”的名号。

据说，为了维持生计，维奥莱特出卖自己的肉体，为附近海军基地的军人和当地富商服务。有时，她穿着宽松，仿佛在刻意掩盖怀孕的事实。有人几次看到她搬去附近的小屋，与她专横的母亲同住一段时间，随后又重新出现，恢复正常生活。传言说，她在小屋居住期间发生的事情与地板下找到的遗骸有关。

那是一个没有有效避孕方式的年代，所以维奥莱特以此为营生导致的后果就是意外怀孕。据传，她一共生了 11 个孩子，虽然这种流言蜚语总是会被过分夸大，但是不管事实如何，她在 20 世纪 50 年代去世时，仅有一个儿子存世。据回忆，维奥莱特在生这个儿子时，是臀位分娩，因而寻求了当地医生的帮助，这也正是这个孩子得以幸存的原因。

据说，因为无法终止妊娠，在分娩之前，维奥莱特就会搬去跟母亲同住。也许她的亲戚们更希望她怀孕后流产，这样能从她的收入中分得一杯羹。无论如何，在那个时代，未婚生子既不符合礼教，又给家族抹黑，而且维奥莱特的祖父还是在俗牧师。悄悄流产也就算了，杀婴是无法容忍的。教会的谴责远比法律的制裁更能震慑人心。

所以在当地有传言，婴儿一出生，外祖母塔米娜就把他放到一个锈迹斑斑的铁桶中淹死，然后将尸体埋到小屋的地板下。随着时间的流逝，肉体腐烂，只剩下骨头。

当警方在调查这些遗骸时，维奥莱特的儿子已经去世了。他曾说起他的母亲在临终时承认生了5个孩子，而外祖母淹死了其中4个。维奥莱特说，他能够活下来，多亏了医生，医生的出现意味着有人知道了孩子的出生，如果他突然失踪，会惹来麻烦。否则，塔米娜可能也会把他淹死 。

他从未见过这位蛮横的外祖母。因为维奥莱特十分害怕塔米娜，所以她把自己的儿子藏了起来，直到她认为再没有必要隐藏，这时候小孩也已经可以去上学。

当然，尚未有证据可以证明这些，我们无法排除大部分传言是淫秽谣言的可能。在我们急于谴责塔米娜是个丧尽天良的连环杀手前，有必要考虑一下当时的时代背景。过去的行为不会完全符合现代的道德标准。可能是维奥莱特主动寻求了母亲的帮助，也有可能是她们为了生计狼狈为奸，迫于无奈选择无视社会道德和流言蜚语。

因为未婚生子和杀婴行为十分常见，所以在1809年，苏格兰进行了法律修订，减轻隐瞒怀孕事实和私生孩子的罪行。自17世纪以来，这种罪行被认定为谋杀，而19世纪，有这项罪名的人仅被判处2年监禁。如果受到指控，女性可以以死产为由期望获得宽大处理。

如果维奥莱特的儿子所说属实，她母亲还生了另外4个孩子的话，这与地板下仅有3具人类遗骸的事实不符。当然，这既不能排除存在第四个孩子遗骸的可能，也不能排除食腐动物将其消耗殆尽或者它被藏匿于其他地方的可能。法医人类学家所记录的最少遗骸个体数（MIN）并不意味着遗骸数不能更多，其计算方法是确定同一部位的重复骨骼或大小不同的骨骼，大小不同可能表明骨骼处于不同的成熟阶段。虽然我们确定三根锁骨来自三个不同的孩子，但我们并不知道剩下的骨头是否都属于这三个孩子。

这些据传死在心狠手辣的外祖母手中的孩子，在死亡 80 年后，最终被安葬在自己母亲的身旁。他们没有名字，但仅有的遗骨被好好地安置在各自的小棺材中。虽然我们不能证明他们属于同一家族，但也不排除这种可能。苏格兰地方检察官对这个结果也很满意，被弃于小屋下多年的遗骸，终于被妥善地安葬了。

大约在同一时期，苏格兰北部发生了一起类似的案件。一对年轻夫妻在新装修的卧室中安装聚光灯，他们在天花板上开了一个小口，想把电线从这里穿过去，但电线总被卡在某个地方无法通过，就在来来回回拉动电线时，安装口掉下来一捆布满灰尘的衣服。那是一件 20 世纪 50 年代的裙子，里面裹着的是早已干枯的新生儿的遗骸。

通过锁骨的长度，我们几乎可以断定这是一个足月的婴儿，但却无法判定孩子的死因。有时，发起大规模的调查并不符合公共利益。调查谁？起诉谁？除非住在这里的还是那个家庭，但我们无从得知案发时居住在此的是谁。找到能够提供有用信息的在世者尚且很难，更不用说追查有责任的当事人了。

在极少数时候，即便一个婴儿出生时就已死亡，我们也还是有机会还他一个身份，虽然可能会是在多年以后。在这个案件中，伴随婴儿遗骸的是一个悲伤的故事，但仍旧是锁骨帮了我们大忙。一天，一位女士走进米德兰兹郡的警察局，她告诉值班警官，20 年前，在她孕晚期时，她早产生下一个死胎。当时她未婚，一直隐瞒着自己怀孕的事实，她以为这将永远是个秘密。

她说，她在浴室里独自生下女儿。孩子一出生就没了呼吸，一声都没有哭过。她剪断了脐带，用报纸把孩子包裹起来。

胎盘排出后就被扔进了垃圾桶中，但她仍不知道该如何处置孩子，她十分不愿意与自己的女儿分离。然而，将孩子埋在家中肯定是行不通的，因为她不会长期租住在这个公寓中，她不想因为搬家而离开自己的孩子。这类反应是比较常见的，这也就解释了死胎遗骸为什么总是在墓地附近、手提箱中、房子的隐蔽处被发现。自维奥莱特生活的那个时代以来，人口流动更加频繁，在同一所房子中度过一生的情况并不常见。

这位女士苦思冥想，希望能找到一个方法，既能给孩子一个体面的葬礼，又能隐藏自己曾经怀孕的事实，还方便携带。她说，她把裹在旧报纸里的女儿放进枕套后，买了一个很大的金属花盆，放在房子的后门外。她在花盆底部铺好堆肥，以枕套代替裹尸布，将孩子放进花盆后，填满土，种上了一棵月桂树。在她给月桂树浇水时，意识到孩子会因此受到影响，便将月桂树移走，仅保留花盆、堆肥和孩子的尸体。她带着花盆搬了几次家，每次搬到新家，就把花盆放置在干燥温暖的棚屋或者橱柜中。

为了保守秘密，她在内疚和担惊受怕中度过了足足 20 年，她需要说出真相，来缓解堆积已久的情绪。

如果花盆中的确有遗骸，我会到达现场支援，对遗骸进行复原。花盆的高和周长均为 60 厘米。由于花盆是金属材质，所以无法进行 X 射线检查，只能进行小规模的挖掘。

花盆被转移到停尸房后，被放在桌上，我用小型的漆刷和泥铲代替簸箕和刷子，将花盆中干燥的泥土一层层起出。这些土被放在一旁，以便再次仔细筛查，避免遗漏。房间内除了相机记录检查过程的咔嚓声，一片寂静，每个人连大气都不敢出。移开几厘米厚的土后，花盆里露出了棉布的一角，我小心翼翼地清理棉布周围的土。正如那位女士告诉警察的一样，那确实是个枕套。我将完好无损的枕套整个提出，极其小心地剪开枕套的一边，展开棉布，看到了里面的内容物。

如果孩子是被报纸包裹，那么报纸也早就消失不见了，展现在我们眼前的是一具非常完整的婴儿遗骸，骨间肌肉曾存在过的地方依旧可以看到精细纤薄且干燥的组织。当肌腱和韧带干枯并木乃伊化后，身体大部分保持铰接状态，骨架完整。

遗骸还是胎儿的姿势，颅骨畸形，证明是通过阴道分娩的。我们对找回的每根骨头进行拍照和分析。锁骨长42毫米，说明胎儿可能是足月出生。但其死因却无从得知。

我认为这位母亲不会被指控有罪，即使在法律上仍存在隐瞒生育的罪行，她也可能只会受到警告。这个案件的不幸不仅在于对孩子逝世的惋惜，还有一位母亲独自生女却又痛失爱女，20年里饱受精神折磨的悲伤。

孩子的尸体已经被葬在当地墓地。虽然我不知道这位母亲是否去过，但是考虑到母女之间深厚的感情，我想她一定去过了，甚至可能是与一直陪着她的家庭联络警察一起去的。有些人认为警察是冷酷无情的，但是在我看来，事实并非如此。在这样的案件中，警察会与当事人一样伤心不已，会对他们的经历感到同情，也会给他们送去温暖。

由于死因不明，我们无法将其确切定义为死产，但即便事实并非如此，20年的折磨已然是对这位母亲最大的惩罚。有同情心的人会觉得这是一个丧亲的悲剧，而愤世嫉俗的人则认为是这位狠心的母亲杀害了自己的孩子，并掩盖死亡的真相，掩饰自己的愧疚。我们很难知道哪种解读更接近事情的真相，但如果她真的有罪，又为何会站出来自己承认呢？我更愿意带着希望而非唾弃活着。

锁骨最突出的特点在于能够反映胎儿或者婴儿的年龄，而且这种作用能持续发挥近 40 年。

锁骨既是胎儿形成的第一根骨头，又是体内最晚发育成形的骨头之一。锁骨内侧端（最靠近胸骨端）为骨骺，其关节面为透明软骨，从 14 岁左右（女孩比男孩稍早）开始逐渐骨化。最终，骨骺骨化，与锁骨骨干融合。

人类在 16 岁左右，这种情况开始出现。16~24 岁时，人的锁骨看起来好像有一块薄薄的骨片粘在骨干内侧，有点像伤口上的痂。（解剖学上，“内侧”表示最接近身体中线的区域，而“外侧”描述的是远离身体中线的区域）。由于融合完成可能要持续到 30 多岁，它给我们提供了一个可能的年龄范围划分：15 岁以下，15~25 岁，以及 25 岁以上。因此，当我们试图通过儿童或成年人的骨骼确定他们的年龄时，锁骨是首先要寻找的骨骼之一。

虽然锁骨容易发生骨折，但无论是被埋葬、暴露在风雨中，还是被火烧，它都能保持坚韧。它的坚韧一是因为其致密的皮质，二是因为与胸骨紧密相连，这给内侧端提供了一定的保护。正是锁骨的这一特点，为英国中部 19 岁性工作者玛塞拉失踪案提供了重要线索。

玛塞拉有一个 9 个月大的女儿。据认识她的人说，为了养活她的女儿，她一直从事高风险行业。有一天晚上，玛塞拉把女儿托付给保姆照顾，打车去红灯区上班。其间，她给保姆打了几次电话，询问是否一切正常。最后一通电话是晚上9点多打的。当她没有如约在11点左右来接孩子时，保姆给玛塞拉的母亲打了电话，随后她的母亲向警方报案。

警察在排查了当地所有医院后，依旧毫无收获，他们考虑了如下四种情况：第一，玛塞拉抛弃了她的女儿。第二，玛塞拉被绑架了。第三，玛塞拉因为发生意外而受伤或者死亡，但还未被发现。第四，玛塞拉被谋杀了。考虑到玛塞拉是一个尽责的母亲，他们基本可以排除第一种可能，而当务之急是要追查其他三种可能。

与玛塞拉一同工作的性工作者接受了警方询问。起初，她们并不愿意透露嫖娼者的姓名、样貌、车牌号等信息，但是当意识到事情的严重性时，她们还是帮助警方快速缩小了嫌疑人的范围。警方特别注意到两个嫌疑人，其中一个嫌疑极大。

保罗·布兰菲特已经因为两起谋杀案服刑14年。在第一起案件中，他先是用锤子将店主打死，随后在逃往丹麦时，又勒死了一名公交车司机。同时，他还用烛台打伤了一名孕妇。他说他之所以大开杀戒，是因为和女友吵了架。经过检查，保罗精神正常，最后在服刑中被特许释放。在第二起案件中，他先后两次持刀强奸了一名性工作者。目前，他已获准保释。玛塞拉会不会是他的另一个受害者？

假释后，保罗在当地进行劳动改造，负责管理花园并看管停车场。警方知道他租住在一个小木材场，所以对他居住的公寓和院子进行了重点搜查。在他家中，警方发现了属于玛塞拉的少量血迹，但这并不足以指控他涉嫌谋杀。木材场有很多燃烧后的残留物，一直以来这里就是专门焚烧各种物品的地方。

如果灰烬是有层次的，那说明它们是多次燃烧而不是一场大火留下的。如果不断往火中添物，会产生更加均匀的灰烬。这就需要有条不紊地，一层层地搜索，明确被烧的东西是什么以及燃烧时它所处的位置。

毋庸置疑，越上层的灰烬，越晚被放进火中，因此知晓其燃烧和沉积顺序至关重要，而这项工作只能由法医考古学家来完成。

在英国，很难找到经验丰富的法医考古学家，但警方还是设法请到了顶尖的法医考古学家约翰·亨特教授。在那个时间，警方联系了我，让我赶去苏格兰协助调查。警方希望我检查一下约翰在木材场的火堆中找到的是不是骨头碎片。我知道警方在寻找那个失踪的女性，他们怀疑她是由暴力致死，案件的主要嫌犯与这个木材场有着千丝万缕的关系，而我对玛塞拉本人一无所知。

约翰有条不紊地将火堆中燃烧殆尽的残渣剥离出来，将每一层的材料分别包好并贴上标签，然后送到停尸间，我在那儿进行筛查工作。打开袋子后，我把材料摊放在停尸房的桌子上，逐一进行检查，大部分筛查都需要借助放大镜来确定灰烬是什么材料。处理烧毁的残渣是个苦差事。每样东西都是黑色或灰色的，为了确保不会遗漏，良好的视力和充足的光线是必不可少的条件。火堆的顶部还留有被用作燃料、燃烧殆尽的木头。在火堆的上层，我找到了一些骨头。这些骨头并不是人骨，大部分是吃剩的肉骨。

在我筛查到更深层的残渣时，发现了一些很小的骨头碎片。很明显，这些骨头碎片并不是动物的，而很有可能是人类的。这些骨头碎片燃烧了很久，呈灰色，而侥幸留存下的碎片太少，从中提取 DNA 几乎是不可能的。从灰烬可以看出，同一地点进行了多次焚烧，这些骨头被反复燃烧，成为越来越小的碎片，这也许是有人蓄意销毁，使其销声匿迹。

我们在火堆的下层找到了一串房屋钥匙。经警方检验，钥匙可以打开玛塞拉家的前后门。但是，钥匙仅能作为间接证据。只有证明那些骨头是玛塞拉的遗骸，才能以谋杀罪控告布兰菲特。

在这些骨头碎片中，很少有比指尖大的，而其中一块正是指尖。虽然骨头很小，但我仍可以判断它是成年人的骨头，因为生长板已经闭合。我断定另一块碎片是腿部腓骨下端外踝（腓骨下端向外的骨突）的一部分。这也就说明，生长板，即骨头两端的分裂组织，已经闭合，而这个闭合过程最近才刚刚完成。女性生长板的闭合一般在 16~18 岁完成。我从下颌（长牙齿的牙槽区）取了牙槽骨的一小部分，进行了 X 射线检查，如此一来，法医牙科医生可以将我们的影像与玛塞拉的牙科档案中可能存在的 X 光片进行比对。

接下来分析的是我们可以依赖的锁骨。在持续的高温燃烧下，一块大约拇指指甲盖大小的锁骨留存了下来，这足以让我们推断出受害者的年龄是在 16~21 岁。锁骨内侧的骨片已经开始闭合，但仍处于闭合的早期阶段。从一些骨头碎片可以看出，遗体在一定程度上被肢解了。

功夫不负有心人，这些极小的人类遗骨传递出的信息，与警方对玛塞拉的描述相吻合。玛塞拉 19 岁，这与根据骨头碎片判断出的年龄范围相符。她身材娇小，身高不足 1.5 米。警方曾了解到，为了看起来更高一点，她经常穿高跟鞋。她非常显小，她似乎也正是利用这一点去迎合那些不三不四的顾客：她的一套工作服就是为了吸引那些幻想与儿童发生性关系的男性而设计的。

警方认为，事情的经过可能是这样的。布兰菲特在红灯区带走了玛塞拉，并说服玛塞拉一起回到他的公寓。鉴于嫌疑人之前的罪行，布兰菲特可能持刀强奸了她。布兰菲特刺伤她，可能是因为她的抵抗，也可能是为了防止玛塞拉指认他，无论出于何种原因，布兰菲特杀害了她。他现在处于犯强奸罪被保释状态，而他对谋杀也并不陌生，如果一旦被抓，他将直接被送回监狱。这也就解释了公寓中为什么会有玛塞拉的血迹。

虽然我们知道尸体被肢解了，但是因为公寓里血迹不多，所以公寓并非肢解现场。也许是布兰菲特将玛塞拉的尸体搬运到了院子里，在那儿，他将玛塞拉的尸块一块块丢进火里，连同她的衣物一起烧成灰烬。我们发现的动物骨头可能只是随手扔到火里的食物残渣，但也有可能是为了迷惑搜查灰烬的人而故意设置的障眼法。

布兰菲特被逮捕。起初，他拒绝回答所有问题，但最后，他精神崩溃，承认了自己的谋杀罪行。然而，他却从未详细描述过杀人或肢解的细节。两次强奸罪，以及恶意谋杀玛塞拉的罪行足以判处布兰菲特 3 项终身监禁。如今，他被判处终身监禁，只能在监狱中度过余生。

在庭审中，基于三点证据，法官接受了对于玛塞拉的身份证明：一是牙科医生的证词，即牙槽骨碎块影像与玛塞拉之前的 X 光片吻合；二是在火堆中发现的钥匙；三是我们对于年龄的判断，主要基于对那块拇指指甲大小被烧焦锁骨的分析。现在你知道为什么法医都很喜欢锁骨了吧！

肩胛骨是上肢带骨的另一组成部分，与锁骨相比，肩胛骨不能为法医调查提供有效信息。然而，与锁骨截然不同的是，肩胛骨十分坚硬，不易折断，但是由于上肢与躯干连接不牢固，处在肩部的肩胛骨相对来说比较容易脱臼。

而这一特点也在很多酷刑中被利用。这种将受害者的双手绑在背后，用绳子缠住手腕吊至空中的酷刑叫作“吊刑”或“巴勒斯坦绞刑”。由于肩膀所处的位置，身体的重量很容易使肱骨与肩胛骨分离，造成脱臼，脱臼后肩关节又很容易复位，这一特点使肩胛骨成为施刑者能够多次施暴的理想部位。有时，施刑者会在受刑者肩膀上施加重物，以增加受刑者的痛苦。这种痛苦是难以忍受的，如果受刑者被吊的时间太长，可能会丧命。死亡的风险取决于受刑者的年龄和身体状况，吊刑可能会导致窒息、心脏衰竭，引发血栓等。

吊刑不仅会威胁身体健康，产生严重的心理影响，还会对身体造成长期的影响，比如，由于腋下神经受损或肌肉麻痹而导致上肢皮肤失去感知能力（感觉异常）。

受影响最大的肌肉是三角肌，它覆盖肩部区域的前部、顶部和后部。这块肌肉是控制我们向侧方举起手臂的主要肌肉，而吊刑的后遗症可能会导致手臂无法伸至与肩部平齐。因此，人权工作者常常利用这个后遗症来判断那些声称自己曾是吊刑受害者的人的证词。

如果受刑者能够在吊刑中侥幸活下来，法医人类学家就有可能检测出吊刑对骨骼的影响。神经的长期损伤会导致肌肉损伤，在肌肉附着的区域，特别是三角肌区域，所有生前受过吊刑的人都会出现骨质重吸收区域。这是一种肌腱端疾病，实际上是因外伤导致肌腱或韧带附着处受损而留下瘢痕。

虽然这种非人道行为听起来似乎只发生在过去，但不幸的是，如今我们仍在使用这些手段来获取信息或供词，或是用来攻破受刑者或其他被迫目睹这种行为的囚犯的心理防线。人体是工程学的奇迹，但我们知道它的极限在何处。在那些清楚人体极限且试图打破人体极限的人手中，人体就成了一种廉价而有效的武器。

肩胛骨的稳定性得益于其自身的坚固性和周围肌肉的保护。肩胛骨的英文名称 scapula 可能来源于希腊语 skapto，本意是挖掘或钻探，因为肩胛骨看起来像铲子，所以因此而得名。事实上，在许多古代文化中，牛、马、鹿等大型动物的肩胛骨常常被稍做改动成为农具，发挥锄头或铲子的功能。

虽然肩胛骨无法在法医调查中发挥关键作用，但我们不能因此而草草检查了事。锐器刺伤背部或是背部枪伤都有可能会在肩胛骨上留下痕迹，而像受到棒球棒或金属杆等钝器的伤害肩胛骨也可能会骨折。研究表明，使用腋下拐杖会导致应力性骨折。有时骨关节炎或感染等疾病，甚至是先天性异常或发育异常，都可根据肩胛骨查出，虽然这样的案例不多，但确实是存在的。

肩胛骨能够帮助判断性别。一般来说，男性的肩胛骨比女性的肩胛骨大，而且肌肉附着处的突起更明显。有人说它可以帮助确定一个人是右撇子还是左撇子。然而，肩胛骨的主要价值在于确定年龄，特别是如果受检者的年龄为 10~20 岁，因为这一年龄阶段骨骼开始逐渐成熟，并最终成形。

胎儿时期，肩胛骨开始在颈部区域形成，随之向下发育，最终在胸廓后固定下来。施普伦格畸形（先天性翼状肩胛畸形）是由于肩胛骨未能向下发育，导致一边肩膀高于正常位置。有时两边肩膀都会发育异常。这种情况在女性中更为常见，患者中大约有 75% 是女性。这与先天性脊柱侧凸等几种情况有关。肩椎骨是一种罕见的异常现象，指肩胛骨与脊柱之间有一块额外的骨头，可能是它们之间的软组织骨化形成。

肩峰是肩胛骨的凸出部分，其英文名源自希腊语岩石露头的顶部（与雅典卫城一词的来源相同）。14~16 岁时，肩峰开始发育，18~20 岁时，肩峰最终与肩胛骨体部相连。这对肌肉的附着尤为重要，因为它是强大的三角肌的附着部位。三角肌形成了肩部的轮廓，并控制其运动：前部肌纤维收缩可使肩关节屈曲、内旋；中部肌纤维收缩，可使肩关节外展；后部肌纤维收缩，可使肩关节后伸、外旋。

在很多运动中都会有这些动作，尤其是像划船、举重、体操等需要上肢肌肉发力的运动。如果年少时三角肌反复对肩峰施加过大压力，那么在青春期结束时，肩峰就可能无法与肩胛骨的其余部分融合，而是作为一块独立的肩峰骨存在。在大多数情况下，因为这种情况的出现并不会引起疼痛或其他问题，所以很多人可能永远都不会知道自己患有这种病。

人体对所承受的压力，特别是重复性活动所带来的压力有各种不同的反应，骨骼甚至可以保留过去职业的印记长达几百年之久。1982 年，当国王亨利八世的宏伟指挥舰“玛丽玫瑰号”被打捞上来时，人们共找到约 180 名遇难者的遗骸。1545 年一个炎热的夏夜，在万众瞩目下，这艘船在抵御入侵的法国舰队时，在索伦特海峡沉没。415 名船员中，仅有 25 人幸存。

通过对骨骼的分析，我们确定死者均为男性，而且大多十分年轻，多数人还不到 30 岁，有的甚至才十二三岁。船上还有 300 多把长弓和几千支箭，我们推断这艘指挥舰上很可能有一支无所畏惧的英国弓箭手队伍。骨科学家安·斯特兰在检查完这些骨骼后发现，肩胛骨中出现肩峰骨的比例很高，约有 12%。

从年轻时就射箭的现代弓箭手，他们肩膀的一侧，特别是左侧，往往会出现肩峰骨，因为他们常常使用手臂来做支撑和拉弓。我们的推测是有据可依的，“玛丽玫瑰号”上的很多人从幼年时就开始学习射箭，所以肩峰骨的存在实际上是他们艰苦训练留下的印记。

在“玛丽玫瑰号”上发现的人类遗骸被送到安在朴次茅斯附

近的住所，我们将在这里开展对遗骨的分析整理工作。如今，为了安全起见，骨头会被保存在实验室里，万万不会再出现当时的那种情况。那时候的管理还没有现在这样严格，在一个盛夏的午后，我与安坐在她的餐厅里，看着铺放在餐厅桌子上保存完好的遗骨，心生感叹。安对肩峰骨颇有兴趣，在接下来的几个小时里，我们寻找骨块和肩胛骨的连接点，并试图将它们重新组装起来，但并不顺利。我因为可以观察并处理这些人类遗骸而深感荣幸，我十分珍惜这段回忆，因为那一整个下午，我都沉浸在科学研究中。每当我看到与“玛丽玫瑰号”相关的纪录片，我都会回忆起那个盛夏，回忆起安无限的热情、接续的茶水、不绝的欢笑，这足以让我铭记一生。

第 七 章

下肢带骨

既坚硬，又脆弱

骨盆就是进化的大门。

——霍利 · 邓斯沃思

人类进化学家

下肢带骨即髋骨，连接躯干后面的骶骨，延伸为前面的耻骨，形成骨盆，使我们身体上半部分的重量从脊柱转移到臀部、两下肢，最终落到地面。

每块髋骨由三部分组成：髂骨（在后部和上部）、坐骨（在下部）和耻骨（在前部）。髂骨后上方与骶骨构成骶髂关节，关节面扁平，便于肌肉附着。我们在臀部两侧摸到的突起正是髂骨。当人体保持坐姿时，与凳子接触最紧密的就是坐骨（特别是坐骨结节）。体表可触及的地方，在阴毛的中线处，摸到较硬的骨头就是耻骨。

胎儿发育的第 2 个月形成髂骨，第 4 个月形成坐骨，第 5~6 个月形成耻骨。胎儿出生时，每侧的三块骨头相互独立，青春期结束后，三块骨头合而为一，形成髋骨。坐骨和耻骨之间的融合发生在 5~8 岁，因此，在 8 岁时，每侧的髋骨都包含两部分。

11~15 岁，髂骨与融合在一起的坐骨、耻骨在髋关节的杯状髋臼中融合。在我们 20~23 岁时，位于上部的髂骨停止生长，髋骨最终发育成形。

髋骨能够为法医人类学家提供丰富的信息。它虽然在确定身高或种族起源方面帮助不大，但在判断性别和死亡年龄方面发挥着独特的作用。据说，如果骨架完整，在对其进行检测后，我们有九成把握能够正确判断性别。所以如果仅能选取一块骨骼进行检测，以判断性别，髋骨是首选，我们可以从髋骨中获得需要的信息，并且有 80% 的准确率。

髋骨也是帮助我们确定年龄的首选，无论检查对象年龄大还是小，它都可以帮助我们做出正确的判断。20~40 岁成年人的骶髂关节以及前面两块耻骨之间的耻骨联合表面，会呈现一些与年龄相关的变化。这种改变既可能是发育性的，又可能是退化性的。这些都已被研究证实，即使死者已经离世 30 年之久，髋骨依然能为我们确定死者年龄提供帮助。

骨盆被斜行的界线分为两部：界线以上叫假骨盆（大骨盆），界线以下叫真骨盆（小骨盆）。假骨盆之所以被称为假骨盆，是因为它通常被认为是腹腔的一部分。它既为肌肉附着提供了大而平的空间，又容纳了部分腹腔脏器。下面的真骨盆是一个更为紧密的空间，里面容纳着膀胱、直肠和内生殖器官等。

真假骨盆分界线又叫作骨盆入口。在另一端的骨盆出口，以尾骨和两侧的坐骨结节为界。骨盆入口和骨盆出口是骨盆腔的通道，肠道、神经和血管等软组织都要经过这里。骨盆同时也是排出体内物质的中转通道，比如泌尿系统、消化系统和内生殖器官的产物（男性的精液、女性的月经，当然还有婴儿）都要经过骨盆腔排出体外。

女性骨盆与分娩息息相关，这说明在众多骨骼残骸中，骨盆在确定性别方面有特殊价值。它不仅要履行其基础职能，即容纳内脏并支撑下肢进行活动，还要准备好婴儿的头部落入骨盆腔，这是骨盆需要容纳的最大的“东西”了。毫无疑问，一旦婴儿通过骨盆入口进入骨盆并出现下坠趋势，你一定想让婴儿尽快通过骨盆出口，来到这个世界。

直到青春期激素，尤其是女性激素——雌激素，发生巨大变化之前，男性和女性的骨盆均保持稚态，这意味着我们无法从骨盆来确定儿童的性别。一般来说，雌激素水平的增加会明显改变女性骨盆的形状，而男性骨盆则更多地保留了其孩提时的形态，只是随着肌肉量的增多而变大。

女性骨盆受雌激素影响而发生变化，实际上是为发挥其产道作用而做准备。比如说，在青春期，骨盆和骶骨的后部升高，钩状的坐骨大切迹（坐骨神经从骨盆到下肢的通道）变直，夹角更大。由于女性骶骨变宽，使得骨盆腔空间更大，骨盆入口和出口更宽。男性的耻骨下角（耻骨联合部下端与左右耻骨下支形成的夹角）几乎保持三角状，而女性的耻骨下角则更大更宽。这样一来，骨盆入口和骨盆出口会变大。相比于男性，女性的坐骨结节间距更宽。如果你对此存疑，看看老式自行车的车座就明白了。因为女性坐骨结节间距更宽，厂家为了让女性骑自行车时更加舒适，会将女式自行车车座做得更宽。

女性骨盆的细微变化，是为了让胎头更加顺利地通过。而且大多数时候，过程都很顺利。但是，在分娩时，考虑到孕妇骨盆里满是神经网络、排泄系统和内脏，空间有限，再挤入一颗硕大的胎头更是难上加难。据说，女性的小骨盆腔平均比宝宝的头部要窄 1 英寸（约 2.45 厘米），所以要让宝宝的头部安全通过，就必须要付出一些代价。事实上，这额外的 1 英寸，母亲和宝宝只需要妥协一点即可达到。

随着分娩时间的临近，在妈妈的卵巢和胎盘中，耻骨松弛激素的分泌会增加。这可以加速羊膜破裂，放松子宫颈。有证据表明，稍加运动，它还可以放松处于紧绷状态的骨盆韧带。同时，由于宝宝的颅骨还没有完全融合，当头部通过稍微松弛的小骨盆腔时，颅骨的骨骼相互受力，挤压大脑。所以宝宝出生时颅骨形状看起来有点畸形，但出生后不久一般都会自行恢复。

我们经常会在骨盆的关节处，特别是在骶骨和髂骨之间的关节处，以及前面两块耻骨之间的关节处，发现一些凹陷和沟槽。过去，科学家们认为这些代表着分娩，他们甚至称其为“分娩的疤痕”。有些人甚至认为凹陷的数量与女性的生产次数相等，每分娩一次就有一个凹陷。随着时间的流逝和研究的深入，这一切被证明是无稽之谈。如果威利的兄弟姐妹们都活着，就会有 24 个人，这也就意味着他可怜的母亲在成年后一直处在怀孕状态。如果她每次分娩都会产生一个凹陷，她的骨盆看起来大概会像瑞士奶酪一样。

虽然这些凹陷更常出现在女性身上，但偶尔也会出现在男性身上，所以这并非分娩的标志。虽然这些凹陷通常来说能够很好地代表女性，但这些凹陷更有可能是关节表面的韧带拉伸造成的瘢痕，并不能作为女性分娩的证据。

在骨盆腔内发现胎骨并不稀奇，这是法医人类学家经常会寻找的东西。分娩对妈妈和宝宝来说都十分危险，存在母死胎亡的风险。还有一种值得一提的罕见现象是石胎，形成原因可能是原发性腹腔妊娠或宫外孕后的继发性腹腔妊娠。

卵子通常是在输卵管内受精，但如果受精过程发生在卵子跨越卵巢与输卵管之间的缝隙时，受精卵有时会偏移到腹腔内。如果受精卵没有到达子宫，而是在输卵管着床，输卵管破裂，胚胎就会进入腹腔。另外，如果卵子在进入输卵管之前就已经完成受精，则可能无法穿过卵巢表面与输卵管之间的缝隙，直接在腹腔着床。

胚胎靠母体获取赖以生存的营养物质，只要能顺利附着在腹腔表面，它就能在子宫外生长发育，有时可长达12~14周。这个阶段，胚胎细胞的极性①通常会因胎盘植入而改变，如果胎盘供血（这是子宫特有的功能）不足，那么腹腔妊娠就会失败，胎儿随之死亡。但是，有的胎儿的存活时间较其他更长。现在已知最长的腹腔妊娠是30周。

由于胎儿无法自然产出，即没有产出的路径，在某些情况下，母体又无法吸收过大的胎儿，所以胎儿开始钙化。钙化其实是一种自身免疫反应，其目的是保护母体，以免因为腐烂的胎儿而受到感染。胎儿由此逐渐变成一个石胎。

现有医学文献中记载的真实石胎病例不到300例，很多母亲对于自己体内的石胎根本不知情，直到进行某些骨盆的检查时才最终发现。女性在不知道自己体内有石胎的情况下，继续生子。一个石胎的重量可以达到4磅（约1.8千克），甚至有石胎在母体内秘密存留了40年或者更长时间。

骨盆非常容易骨折，尤其是在摔倒、受到挤压或发生交通事

① 细胞极性是指细胞、细胞群、组织或个体表现的沿着一个方向的各部分两端具有不同形态、功能或生理特征的现象。——编者注

故时。行人被车撞时，骨盆骨折是非常常见的。膝盖撞到汽车仪表板是特别危险的，股骨可能插入髋臼，造成骨盆粉碎性骨折。这种类型的骨折非常严重，有可能会造成神经损伤，导致大小便失禁和阳痿。所以，坐在车内时，膝盖请不要接触仪表板。正确的做法是，座椅后移，伸开双腿。

因为骨盆是一个环形结构，所以一处骨折往往会导致另一处的二次骨折或进一步损伤，这种骨折类型是不稳定型骨折，而且此类损伤及其后果是十分复杂的。经历过骨盆骨折的人，骨头中会留有可供法医人类学家参考的伤痕，因为几乎所有骨盆骨折都需要住院治疗，所以通常会有 X 射线、CT 或 MRI 的记录，以备后期进行病情分析。

骨盆上的枪伤同样十分常见。在以下两起案件中，我负责从挖出的遗骸中取出子弹，目的是弄清两起枪击案各自的凶手。这些人的死亡时间约有 40 年之久，但在这两起案件中，找出当时开枪的人，能够对进一步的调查提供帮助。下葬的两人都未进行尸检，也没有取出弹壳。这种情况在现在看来是十分令人费解的，但这在一定程度上是他们所生活的时代和地点的缩影。

第一位是一起典型飞车射击案的受害者，他年仅 18 岁，案发时正站在贝尔法斯特的一个街角与朋友交谈，一辆汽车从他身旁飞驰而过，车上的人朝他开了一枪，他应声倒下。随后他被紧急送往医院，但还是死在了手术台上。从医疗记录中我们可以看到，此人身上只有子弹射入的入口，而没有出口，这就说明子弹可能还留在他的体内。

为了调查这样的遗留案件，需要挖出他的遗骸，检查其骨骼上是否留有弹道痕迹。他是他家族中第一个下葬的人，其他三位家人的下葬地点在他的坟墓上面，所以挖掘过程漫长而复杂。

这个任务本就十分艰巨，又因为天气原因而更加困难。挖掘工作似乎总是要在寒冷、黑暗和潮湿的环境中进行。当大家挤进帐篷躲避呼啸的狂风和瓢泼的大雨时，那幅场景是略显心酸的。而更加令人痛苦的是，坟墓会被水淹没，而泥水也很快就会没过膝盖。

墓中最晚下葬的是一个孩子，被裹尸布包裹着的孩子的安葬位置非常靠近地面。我们小心翼翼地使用铲子挖出这些遗骸，并把他们缓缓地放进一个尸袋中，以便不久后重新下葬。随后，我们用机械挖掘机刨开薄土，直到第一个成人棺材盖的顶部露出。

当下我们需要做的是，以最快的速度进入墓穴，查看墓碑上的名字，打开棺材盖，将遗骸转移到尸袋中，然后取出已经解体的中密度纤维板棺材碎片。但是等我们下到第二口成人棺材盖的位置时，就需要一个梯子了。如果墓穴很深，在那般狭小的空间里是很难操作的。对于年事已高且有些丰腴的我来说，与一位更年轻、健壮、苗条的同事共事，是何其有幸。鲁西娜自觉地走了进去，祝福她，我的朋友。

我们顺利地把第二具遗骸从棺材中抬出，并将其转移到尸袋中。尸袋被安置在现场的临时棺材里，这个棺材其实就是一个超大的木箱，在调查结束后，遗骸会被重新下葬。

枪击案的年轻受害者被安葬的位置，恰好与墓地记录中的一致，但根据我的个人经验，情况并没有那么简单。我们核对了墓碑上的名字，移走棺材盖，本想将棺材整个抬出，却发现它已经腐烂严重，我们只能将遗骸转移到尸袋里。随后，我们使用金属探测器检查了一遍棺材，在清理残渣后，又再次对墓穴周围的土地进行了扫描，以确保没有遗漏任何可以作为证据的金属片，但我们一无所获。

我们用带到墓地的移动 X 光机给尸袋拍摄了射线照片。这一切都在家属及其法定代表人的见证下进行，以确保所有挖掘工作都是公开透明的。受害者亲属对警方极不信任，这也是可以理解的。因此家属还单独聘请了法医人类学家来监督整个进程。希望这些措施能够帮助各方相互磨合，推动整个过程顺利进行。

我们使用金属探测器发现了一些金属。每每有所发现，我们都与其亲属及他们请来的律师和法医人类学家进行讨论，而我们认为所有金属都是下葬品或是建造棺材时使用的钉子。后来有一件呈现金属特征的东西引起了我们的注意，因为它与骨头本身，特别是与骨盆有关。我们将会在第二天早上到太平间进行更加深入的调查。然后，在警察护送、家属在场的情况下，我们将尸袋转移到太平间的保安部门。

当警察开车送我们去酒店的途中，有一刹那，我似乎脑袋进水了。车里十分温暖，而车窗却打不开，我迷惑不解地向警察询问原因。他们以为我是在开玩笑，当意识到我是认真在问这个问题时，他们十分耐心地告诉我，防弹窗只能保持关闭状态。防弹窗和普通车窗的作用大相径庭。我猛然一惊，才想起北爱尔兰近年来一直处于动荡中。

第二天早上，寒风凛冽，太平间也增加了丝丝寒意。在这样的环境下，无论穿多少衣服都不暖和。我们先给尸袋拍了照，随后在一旁的桌子上将其打开，仅仅是如此简单的操作就让我们手指冰冷。紧接着，我们开始了骨骼评估的第一步：将骨骼残骸摊放在另一张桌子上，检查现有的骨骼，清点缺失的骨骼。我们把每块骨骼安放在正确的解剖位置上，逐渐形成了一副骨架，原本混在一起的骨骼慢慢成形。眼看混作一团的骨骼初具人形，警察和死者的法定代表人都惊愕不已。

在拼凑遗骸的过程中，我们一直在寻找可以表明性别、年龄、身高和种族的种种特征。我们试图从经手的200块骨头中，找寻是否有异常、受伤或生病的迹象。所有的骨头，尤其是髋骨，证实这是一具年轻人的尸体，他去世时应该是十几岁或二十几岁。我们确认其胸部的肋骨和胸骨骨折尚未痊愈，这一点与医院的记录相符。记录表明，为维持生命，他曾做过开胸手术，医生直接对他进行心脏按压。同时，其右手的骨折也未愈合。在病历中有如下记录，右侧腹股沟区域有一射入伤，右侧髋骨显示，坐耻骨区域的上部和下部均有骨折现象，这种双重骨折将其右侧耻骨与骨盆其他部分分隔开来。

前一天我们在X光片看到，左侧髋骨的耻骨内表面嵌有一金属物体。从其骨折的形式看，子弹先是射穿了这位男性的右手，打断了几根骨头，在失去大部分动能之前，子弹又打入他的右侧大腿并进而向上移动折断右侧骨盆，最终嵌入左侧髋骨。

取出或分析子弹并非我们的工作职责，我们要做的是找到子弹，而我们也是这样做的。在我们找到子弹之后，病理学家用塑料镊子将其取出并送去分析，自此之后我们再也没见过那枚子弹。关于事情的进展，我再无耳闻，也不知道案件是否有实质性进展。我们的任务是找到棺材，抬出遗体，随后记录、检查并展示与子弹轨迹和子弹停留位置相关的证据。如此这般，我们的工作就可以告一段落。

第二起案件与上一个案件有着极高的相似度，案件发生在同一地区，受害者被子弹射中的也是右腿，不同的是这起案件的受害者是一位41岁的男性。他受伤后，尽管被及时送医，但也没能保住右腿，只能截肢。两天后，他死于并发症。与上案相同的是，受害者的病历记录说明，仅有子弹射入，而无子弹射出的迹象，这也就说明子弹可能还留在死者体内。

掘尸工作已经展开，虽然此次我并不在现场，但是我了解到因为受害者下葬过两次，所以调查工作有些许复杂。他的家人将其从原先的墓地迁出，重新安葬在离家更近的地方。考虑到尸体已经被移动过一次，所以警方对于找到子弹一事本不抱有希望，但最终却找到了。警方使用金属探测器在遗骸和棺材残渣中发现了子弹，随后病理学家将其取出并进行分析。

我和我的同事雷内被召往北爱尔兰警察署总部的一个拘留所，找寻可能与案件相关的证据，棺材的木头和与之相关的陪葬品已经在那里存放了一晚上。遗骨已被转移到太平间，晚些时候我们将会在那儿检查。我们跪在拘留所的水泥地上，在一小堆从墓地中带回的零碎杂物中寻找证据，包括大块木板、宗教圣像、金属钉、护身符、绳索碎片、布片、泥土和石头。

我们的唯一发现是一根被遗漏的手指骨，确切说是一根掌骨。我们将这块骨头装进袋子里，贴上标签，带去太平间。希望这根骨头是太平间内那副骨架遗漏的骨头。但如果不是，我们可能会面临很多问题。

我们在太平间发现那具骨骼确实缺失了一根掌骨，并与找到的掌骨匹配，这才如释重负。同时，我们能确定死者右腿髋关节以下被截肢，这与病历中的信息相符。至此，受害者家属的律师长舒了一口气，因为这具尸体确实是受害者本人的。

可能是因为子弹巨大的冲击力，受害者两块耻骨都已经骨折且与髋骨的剩余部分分离。虽然子弹已经被取出，但是右侧耻骨表现出星状骨折的状态，这可能是因为子弹在最终停下之前，其飞行速度较慢。而骨折尚未痊愈这一事实证实了骨折发生在死亡前后。我们向警方提交了报告，至此我们的工作完全结束。

在相邻时段发生的这两起案件在诸多方面都很相似，这是巧合吗？两名受害者均为男性，均只身中一枪，均为右腿中弹，骨盆内均嵌有子弹。两人均因伤去世，且均未接受过尸检，两人身上均只有子弹射入口，却没有射出口。这一切究竟是巧合还是某种犯罪模式的表现？这已然不属于我们的工作范畴了，需要其他专业人士进行解答。

在骨盆内可能藏有各种各样的物品，所以这是我们必须要仔细检查的一个重要部位。我们不仅在检查遗体时需要仔细，也不能忘记骨盆还是一个容纳器官的“仓库”。外生殖器打孔是很常见的，各种金属材质的零碎物品都可以被用来打孔装饰男性和女性的外生殖器。我遇到过最与众不同的可能是阴囊梯环，这种装饰方式是沿着阴囊中线穿孔打环，这八个环通过一个类似于安全针的东西，与阴茎顶部的另一个环连接起来。我所能想象到的只有痛苦，但从法医人类学家的视角来看，这样独具一格的装饰非常有用。

除此之外，我们经常发现的异物包括膀胱结石、各类避孕环，甚至还有与贩毒等非法活动有关的可疑包裹。在一起案件中，我们甚至从肛管找到了一把牙刷。对于这种事情，我们无论如何也找不到合理的解释。

第八章

长骨

无法磨灭的哈里斯线

我敢肯定的是，建筑的基本结构是仿照人体的四肢构造的。

——米开朗琪罗

（1475—1564）

画家

人类上肢的长骨和下肢的长骨是具有直接可比性的，简单来说，它们具有同源性。对此我们并不惊讶，因为人类本就是四足动物。数百万年前，许多种类的四足动物发现放弃四肢的等效力量，仅靠后肢的力量是可能的，这样就可以解放前肢去完成其他事情，想想松鼠摘坚果或爬树的情景就明白了。

长此以往，随着陆生生物前肢功能的退化，前肢会逐渐呈现比后肢短的状态。所以，我们无法把开襟羊毛衫穿在下身上，只有说唱歌手才会如此装扮，当然，小孩子估计都干过这种傻事。

最近，根据所谓的“约束假说”，有这样一种说法，袋鼠之所以前肢短小，是因为它们出生时还属于早产儿，前肢还没有完全发育好，只有等到前肢进一步发育才能爬进母亲的育儿袋中。这是生存的保障，因此前肢的早期发育需要满足其基本功能的需要，而前肢的发育也因此受到了一定的限制。后肢则没有这种限制，可以持续生长发育。

这种假说也被用来解释为什么海洋中或是空中不存在袋类生物。长久以来，兽脚类霸王龙存在上肢的原因一直是科学家争论的焦点。其上肢可能是在交配或捕猎时起抓钩的作用，或者当它们趴在地面需要起身时，前肢可以发挥支撑作用。

大约 400 万年前，人类决定站起来，两腿直立行走，在此之后，我们称四肢为上肢和下肢而不是前肢和后肢。上肢把我们的身体与手相连，以此完成复杂的任务并且与世界进行互动，下肢把我们的身体与脚相连，以此来移动。

为了确保谈及身体各部位时不会引起歧义，解剖学家对身体部位的命名是十分明确而具体的。上肢最靠近躯干的部分是上臂，对应的是下肢的大腿。上臂和大腿都有一根长骨，分别是肱骨和股骨。上肢距离躯干较远的部分是前臂，对应的是下肢的小腿，每部分有两根骨头。前臂的两根骨头是桡骨（在拇指一侧）和尺骨（在小指一侧），小腿的两根骨头是胫骨（大脚趾一侧）和腓骨（小脚趾一侧）。前臂的桡骨和尺骨分别对应小腿的胫骨和腓骨。肱骨、桡骨、尺骨、股骨、胫骨和腓骨这六根骨头，统称为长骨。

在我们的童年时期，长骨的生长速度在很大程度上是可以预测的，并可以由此推断出孩子长至 2~10 岁时较为准确的身高。

但在此之后，再想准确推断就不容易了。青春期是迅猛发育的时期，且青春期何时开始又何时结束因人而异，因此，想推测发育速度难上加难。一旦长骨不再生长（女孩通常在 15~16 岁，而男孩通常在 18~19 岁），我们也就不再长高，此时的身高已经是个体能够达到的最高身高。

上肢和下肢骨头的生长速度是大体一致的，而右肢和左肢也是如此，因此，右肢长左肢短、胳膊长腿短等不协调发育的情况是不会出现的，当然这也需要在发育正常的大前提之下。

我们这些上了点年纪的人都知道沙利度胺（反应停）的功效，这是一种在 20 世纪 50 年代末 60 年代初生产的药物，最初是由一家德国制药公司生产。沙利度胺原本用于缓解孕妇的焦虑、失眠和晨吐等症状。临床应用前在动物身上的试验并没有预测到这种药物会给胎儿发育带来严重后果。因此，在不确定某种药物是否会导致胎儿先天缺陷之前，孕妇在怀孕的头 3 个月最好不要服用该药物。

这些缺陷的严重程度和原因因孕妇用药时长和开始用药的时间而异。比如说，如果在怀孕的第 20 天服用沙利度胺，可能会对婴儿造成中枢性脑损伤。此药物还会对长骨发育产生影响，如果在怀孕的第 24 天左右用药，会影响胎儿上肢发育，在第 28 天左右用药，则会对下肢发育造成影响。

药物导致的畸形包括海豹肢畸形，表现为上臂、前臂、大腿和小腿短小，而手和脚的发育基本无异常。在英国，这种药物在1961年，也就是我出生的那一年被停用。据传，至停用前，至少有2000名婴儿因为这种药物出现这样或那样的畸形，其中约有一半婴儿仅仅存活了几个月的时间。那些存活下来的畸形儿只能适应这样的身体条件。在上学时，我十分敬畏班里的一个女孩，她聪明伶俐，可以用脚写字。这让我很早就知道，克服这些先天不幸需要聪明才智和不屈不挠的精神。当别人用异样的眼光看待这些孩子时，他们更需要坚韧不拔的精神。

考虑到孩童时期长骨的生长速度，以及孩子身高和年龄的密切关系，用长骨长度来确定孩子年龄是有据可依的。对于成年人，虽然我们可以用相同的测量方法来推算身高，却不能据此推测年龄。比如说，孩子可以根据年龄来买裤子，但成年人在买裤子时，需要知道腿围和腰围。

在我们的青春期结束之前，长骨会不断变长、变粗，如果出现了发育减缓的情况，长骨的内部结构中会出现生长中断的痕迹。长骨纵向增长，不断生长的长骨两端长有骨骺，一旦骨骺闭合，长骨的生长随即停止。如果因为某种原因骨骺没有闭合，说明骨化没有完成。

取而代之的是，在与骨骺平行处出现线状或带状的骨密质。这种生长受阻的情况可以在X光片上显现出来，它虽然不能告诉我们生长受阻的具体原因，但也提醒我们长骨的生长受到了影响。诱因可能很简单，可能是孩童时期的一次水痘或麻疹感染，一段时间的营养不良等。这些印记，被称作哈里斯线，在桡骨远端或胫骨远端最容易看到，同时在其他包含大量松质骨的骨头上也会有这种印记。当影响长骨生长的因素消失后，长骨生长就会恢复正常，且随着时间的推移，这些白色的哈里斯线会被身体重新吸收，一点存在过的痕迹都找不到。

一天，我在太平间查看送来检查的各种骨骼。显然那些都是动物的骨头，确认无误后，我准备迅速离开这里，赶去另一个正在进行尸检的房间。

死者是一个 10 岁左右的小男孩，病理学家几乎可以断定，他是上吊自杀的。如此年幼的孩子自杀是极其罕见的，他的家人和朋友显然都无法接受自杀的说法，因为他既没有生病的症状，也没有焦虑的迹象。他看起来既正常又快乐，也对生活充满希望。他来自一个氛围“良好”的家庭，警方没有发现他遭受心理、生理虐待或者性虐待的证据。

病理学家相继将男孩上肢和下肢的 X 光片投放到屏幕上。然后仔细寻找上面是否有最近或从前骨折的痕迹，以确定其是否曾遭受虐待。我记得，当我注意到桡骨和胫骨的下端都有三四条极为清晰的哈里斯线时，我无意地说了一句“有点儿意思”。这些线相隔存在，这说明骨头在恢复正常发育后，又因为某些原因停止生长，而这种情况每隔一段时间就会再次出现。

病理学家问我这样的情况意味着什么。我无法给出一个确切的答案，猜测造成这种情况的原因可能是他患有某种反复发作的疾病。如果不是我们后来在研讨会结束后的酒吧里再次相遇，我绝对想象不出案件的真相竟然如此曲折离奇，当然，如果不是遇见那位病理学家，我也无从得知真相。

警方与男孩的家人以及他们的全科医师（在社区而非在医院工作）进行了沟通，想要确定这个孩子是否有明显的反复发作的疾病或焦虑症的病史。孩子是在父母度假前自杀身亡，所以警方想了解父母度假的打算是否是其自杀的诱因。他的父母解释道，因为他们经营着一家海滨旅馆，每逢学校假期都不得空，所以在过去的5年时间里，他们每年都会在学校上课期间出去玩几天，而这一段时间都是孩子的爷爷来照看他。说到这儿，孩子的父亲有些失控，他说自己的父亲在他小时候虐待过他。他曾以为一切都已经成为过眼云烟，但现在他害怕历史已经重演，自己的父亲可能一直在虐待自己的儿子。随后，警方传唤了孩子的爷爷，并且在他的家中找到了性虐待孩子的不雅录像，最终，孩子爷爷承认了自己所做的一切。

X光片上呈现的哈里斯线其实是孩子因为害怕和紧张而产生的身体反应，他知道每年爷爷都会来，并且自己要在父母不在场的情况下独自忍受并承担一切。而这一次，他不愿再忍受这种折磨，也不愿意让别人知道他的秘密，在悲伤欲绝中，他用一根绳子结束了自己的生命。

在X光片上发现长骨上的哈里斯线之前，我们对发生在男孩身上的可怕故事一无所知，也无法解开孩子自杀的谜团，但真相来得太迟，我们再也无法帮这个孩子正确面对这样的事情，也无法挽回他的生命。但是，即使我参与了这个案件，我也不能斩钉截铁地说孩子是因为遭受虐待才产生了哈里斯线。但正是发现了哈里斯线，警方才找到了新的调查方向，并最终侦破此案，当然案件的真相无疑也毁灭了一个家庭。有时候，真相会给人带来痛苦，真相的威力也足以造成毁灭。

随着时间的沉淀和年龄的增长，我们可以更平心静气地回顾过往生活，审视那些不幸的童年在骨骼上留下的痕迹。也许在生物学意义上，身体会痊愈，但是精神创伤却可能会伴其一生。

我常常在想，9岁时，我的胫骨或桡骨是否也曾有一两条能够透露当时情况的哈里斯线。即使真的存在过，在我十几岁的时候，它们也伴随着骨头的生长发育而消失了，现在已然找不到它们存在过的证据。而我精神上的哈里斯线却一直伴随着我，如今我已经学会了与它们和平共处，也接纳它们作为我生命中不可分割的一部分。

那天，阳光明媚，正值学校放假，一个孩子无忧无虑，满心欢喜，对于即将发生且会改变一生的事情毫不知情。小时候的我备受呵护，幸福度日，从未想过这世上还有这等居心叵测的人。

当时，我的父母在苏格兰西海岸的卡伦湖畔经营着一家旅馆。我记得我穿过旅馆的后门来到了公共酒吧。我想去旅馆的厨房，因为厨房后门的一个大冰箱中放着之前火车送来的奶桶。在当时那个年代，碳酸饮料还是难得的奢侈品，所以新鲜的冰牛奶，尤其是带冰碴子的牛奶在炎热的夏季是让人无法抗拒的最佳饮品。每当我路过那儿，都会从架子上取一个玻璃杯，用挂在奶桶边上的金属勺，为自己装上满满一杯。

旅馆中的生意人络绎不绝，那天，有几箱果蔬被送来。因为见过这个送货的货车司机好多次，所以即使我和他没有真正地接触过，我也能够认出他。他看起来总是一副不友好的样子。我满脑子都是即将能喝到的冰牛奶，完全没有注意到在路上我与他擦肩而过，直到他抓住我的胳膊，把我按在墙上。他的力气很大，我的脑袋像是要裂开一般，而墙上的小砾石像是被压进了我的肩胛骨。

他说，如果我出声，会给我父母带来很多麻烦。即使我现在闭上眼睛，仍能感受到当时他的手像老虎钳一样紧紧抓住我的手腕。我还记得组织撕裂时火辣辣的疼痛感，我还记得内心深处想要拼命呐喊，但却迫于他的威胁，无法出声，这种感觉就像是身体里形成了一股蒸汽，却无处释放。时至今日，我对于疼痛的忍耐力也远超常人，并且总是习惯于自己默默忍受。

事后，他把脸凑到我的面前，至今我仍记得他嘴里的臭味。

他说我罪有应得，因为我卑鄙下流，行为不端。他还告诉我今天发生的一切我都要保密，因为我一旦说出去，将永远成为一个失信的人。而且这还会伤害我的母亲，她会把我当成一个骗子，永远也不会原谅我。

我跑到二楼洗手间并锁上门，温热的血顺着我的腿流下，我的心中五味杂陈，那是一种夹杂着恐惧的羞耻感。我必须把一切清理干净，不能让其他人察觉，将这个秘密压在心底。我努力地想把衣服洗干净，这样母亲才不会发现我的异常，当我发现无法完全将血迹清理干净时，我开始慌了。我意识到我必须把这些衣服丢掉，并且想出一个理由来搪塞母亲。那个男人说得对，我的确是个骗子。

我迅速泡了个温水澡，我还记得当我泡在水里时，我因身体上的疼痛而感到震惊。我从来没想过连泡澡也会这么痛。我躺在那儿，独自一人，无人诉说。我虽然受到了伤害，但我没有失控，甚至还可以快速进行决断。我虽然不确定到底发生了什么，但是无论如何，我都确信这是一件错事，并且坚定不移地认为我对这件错事负有责任，一旦我把这件事告诉别人，我就会惹来大麻烦，我不能哭。我选择自己承受身体上和精神上的双重痛苦。那一天，我长大了。可能在身体上我仅仅多了一两条哈里斯线，但事实上，我失去了整个童年。

从很多方面来说，把这个秘密隐藏起来是一个潜意识的反应。

在我朋友眼里，我是一个理智、安静、内向、像妈妈一般的人，是一个有主见的人，在我保守这个秘密近10年的时间里，我从未透露过一个字，竭尽所能地保护自己和我爱的人，让他们不因我犯下的错而受到伤害。但是，一天，母亲对我的孤僻和独立心生不满，留下一句“你愿意做什么就做什么，反正你就是这样”。那时，我已经是个年轻的女性了，也许是时候把这件事情的原委告诉她了。

没想到，巨大的痛苦再次袭来，我不得不承认那个男人早已预料到一切，母亲并不相信我。她显然十分受伤，并且指责我编造谎言。现在回想起来，其实是她不愿意接受这个事实。对一位母亲来说，她宁愿自己的孩子在这件事上说了谎话，也不愿意面对这个让人难以接受的真相，她无法想象那么小的孩子受到了暴力虐待，无法想象我会把这件事憋在心里这么多年，而不是选择相信她并且把一切都告诉她。说实话，我觉得无论是当时说出真相，还是现在坦白心迹，她都无法面对，因为她从未认识到生活中会存在这样痛苦的事实。

她接下来的话透露出她刚刚的反应可能是源于保护心理。虽然她仍不愿相信这件事情真实地发生在我的身上，但她还是拐弯抹角地试图找出那个施暴者。她抛出了一个名字，并且说如果这件事是真的，那他的嫌疑最大。这对我来说无疑是一记闷锤。她提到的那个人对我很好。他是一个善良仁慈、风趣幽默的男人，他虽然喜欢喝酒，但从未伤害过我。我替他感到愤怒，他竟因为别人丧尽天良的行为而被怀疑。因此，虽然我不知道这样的误解会带来什么样的后果，但我很早就意识到我们很容易因偏见而错误地指控他人，这会引发一系列连锁反应，甚至可能会毁掉那个人。

当我将这件事情告诉第二个人时，他的反应则截然不同。我是一个年轻的女性，而他是一个比我年长得多的警察。吉姆劝我指认伤害我的那个人，将他绳之以法，但我做不到。我猜施暴者会以没有证据为由否认一切，而我也不愿再回想那件不堪的事情，更别说要把当时发生的细节告诉那些可能会评判我的陌生人。

但是吉姆给予了我所需要的一切，他在我心中是一个温柔、善良、体贴、耐心、善解人意的父亲形象。很多人不理解我们之间的关系，不看好相差 25 岁的我们，但是吉姆是那个会一直牵着我的手，在我痊愈前一直安抚我的人，而我也将永远把他的真心和关怀铭记于心，心怀感恩。几年前，他过世了，享年 82 岁。我希望我能再次见到他并告诉他，因为他的存在，我的生活发生了很多的改变。

随着年龄的增长，我对于这段经历不再那么介怀。那个施暴者也可能早就不在人世，我的父母也双双离世，不会再因此受到伤害，而我也看开了，这件事错不在我。

苏格兰保守党前领导人露丝·戴维森是一位富有爱心和同情

心的女性，当她采访我时，我第一次在公开场合提及此事。当我发现自己可以开诚布公、泰然自若地谈及这件尘封已久的往事时，我也有些吃惊。我多么希望自己 9 岁那年可以更勇敢一点。

在我与丈夫一同生活的这些年里，他一直是我最好的心理医生和顾问，而真正的治愈，是在这些文字里，在将近半个世纪后，在我冷静思考后，我决定用这样的方式分享我的经历，而这也是向我久违但却从未抛之脑后的哈里斯线致意。

露丝问我，我所做的恋童癖鉴定工作是否与我过去的经历相关。我也曾认真思考过这个问题，我十分肯定并不是因为自己过往的遭遇。直到我 40 多岁，已为人妻，还养育了三个孩子时，我才开始涉足法医领域。工作时看到的画面也令我十分痛心，但是我必须从这种情绪中抽离出来，因为这是工作，并不是针对个人的讨伐。工作中，我目睹了不同的人所经历的种种苦难，但是为了保证工作能有效进行，我不能把个人情感掺杂进去，而是专注于找到身体和尸体所传达出的信息，无论在什么时候，都要把工作和个人生活区别开来。正如英国刑事调查局的一位负责人曾告诉我的那样：“不要把罪恶感强加给自己。这一切并非因你而起，你也不需要为此负责。”

我的经历的确对我有所影响，它提醒我那些被错误非难、缺少证据、恶意指控的人，以及那些在此过程中被毁掉生活和声誉的无辜者会因此而受伤。也许我的正义感与我那段痛苦无助的童年经历有关，但那段经历对我来说早已成为往事。而我坚信法医科学刚正不阿的精神内涵，我们要做的是把真正有罪的人送进监狱。在陪审团判定你有罪之前，你是无罪之身，这就是法律。

法医人类学家了解四肢的长骨在分析人类遗骸时的重要性，然而其他专业人员却经常忽视这一点。通常只有在死者没有其他部位可以检查时，长骨才会成为这些专业人士关注的重点。

十分具有讽刺意味的是，一次，警方的潜水队在训练过程中发现了一些四肢的长骨。事实上，从事山地救援和搜寻、打捞尸体等专项工作的警察，为了保持并提高自身技能，都会定期进行训练，而这支潜水队当时正在洛蒙德湖岸边的一个码头潜水。

那天，在第一次潜水过程中，他们找到了几个用黑色塑料袋包裹着的东西，当时他们认为是训练人员出于训练目的扔进洛蒙德湖的道具，所以他们发现这些黑色包裹后并不惊讶。但是，上岸后，他们很快意识到这些东西并非训练用具。

垃圾袋中装着的是被肢解的尸体。首先被找到的是一只断手，紧接着是另一只与前臂相连的手，然后是一只脚和一部分小腿，最后是一部分大腿。警员们迅速从训练状态调整到工作状态。

他们在接下来的潜水搜寻中找到了所有四肢，但是却没有找到头部和躯干。这两个部位至关重要，原因有二：一是这两个部位通常包含有死因和死亡方式的证据，二是能够帮助辨别死者身份。潜水队员会继续搜寻。

警方向我寻求帮助后，我来到停尸房，帮助病理学家从被肢解的上肢和下肢中提取信息。当务之急是确认受害者的身份，在这个阶段，我们能找到的任何蛛丝马迹都有可能成为帮助警察调查的线索。

在警方的数据库中，找不到与死者指纹和DNA相匹配的记录，这意味着死者可能与警方之前接手的案件无关。从尸体判断，死者死亡时间不长，根据这一点，我建议可以在失踪人口数据库中进行查找，死者很可能是最近才上报的失踪人员。警方接受了我们的建议，迅速缩小了搜索范围，查找与尸体匹配的人员。事实证明，这些四肢也确实只在水里泡了一两天的时间。

我能确定这些被肢解的部分属于一具男性尸体，并且他的头发是黑色的，其前臂、手、大腿、小腿以及脚上的毛发颜色证明了这一点。我能够估算他的鞋码，并且计算出他的身高在1.8米左右。他的长骨已经停止发育，但是不同部位的融合时间是在近期，由此可推断他很可能是十八九岁或二十岁出头。虽然他的手和脚被切断这一点足以证明他是被谋杀并肢解，但是我们还另外发现了很多摩擦的痕迹。难道这位年轻人被人控制住后，曾奋力挣扎过？凶手之所以对其进行肢解可能就是为了掩盖这些痕迹。

在失踪人口数据库中有一个人的信息与受害者很匹配。巴里，他仅失踪了几天，18 岁，黑发，身高约 1.9 米。我们成功地从四肢肌肉中提取出死者的 DNA，与巴里父母的样本进行比对，事实证明死者的确是他们的儿子。

几天后，警方在洛蒙德湖的更深处发现了巴里的躯干，但却没有在躯干上找到与死亡原因、死亡方式相关的证据。又过了几天，一名女性在距离洛蒙德湖数英里远的艾尔郡海滩上遛狗时，她的狗对潮汐下的一个塑料袋很感兴趣。她踢了袋子一脚，想要知道里面装的是什么，没想到竟是一个类似人头的东西。通过与四肢的 DNA 比对，证明这正是巴里的头部。所有的身体部位最终都被找到了。

到这时，警方根据所掌握的凶手的作案手法，锁定了一个极有嫌疑的人。犯罪学家和经验老到的警察都认为嫌犯是威廉·贝格斯，他是一个性侵惯犯，享受痛苦和折磨带来的快感，同时他也在成为连环杀手的道路上越走越远。他的一举一动都透露着他是一个虐待狂杀人犯，被抓和蹲监狱都没有让他就此罢休。而之前被贝格斯侵犯的受害者，由于害怕或是莫须有的羞愧，也不敢把他们的遭遇说出来。

贝格斯喜欢跟酒吧和夜总会的年轻男性约会，然后把他们带回自己的公寓。贝格斯可能会给他们下药。其中一个受害者说，他在极大的痛苦中醒来，发现贝格斯用锋利的刀片在他腿部的皮肤上划了一些符号。这名受害者十分确定贝格斯想要杀害自己，所以他赤裸着从二楼的窗户跳了下去。他想反正都是死，跳窗摔死至少能留个全尸，也能让贝克斯被抓捕。经历过重重苦难后，他活了下来，贝格斯也被正式逮捕，被判处 6 年监禁。

贝格斯的服刑时间已满，他从自己的错误中吸取了教训，但是这个教训是提高作案技巧，降低被抓风险，这也就意味着他还会继续作案。在他连环作案的其中一个典型案例中，他的行为更加过分，作案手法也更残忍。比如说，他铐住受害者的手腕和脚踝，一方面是为了提高性趣，另一方面是防止他们逃跑。

一天晚上，他在酒吧遇到了一个年轻的男学生，并把他带回自己的公寓，他先是将受害者铐住，性侵他，然后在他的皮肤上划出一道道口子。随后，贝格斯割断了受害者的喉咙。在试图肢解这具尸体时，他发现这远比他想象的要难得多。

人的身体基本由六部分构成：头部和躯干形成中轴线，成对的上肢和下肢沿线伸展。包含四肢的尸体十分笨重，既难以移动，又难以隐藏。因此为了更好处理，选择肢解尸体的人通常会把尸体分为 5 个部分。肢解成 6 块意味着还需要取下头颅，这对有些罪犯来说太过麻烦。

事实上，我们大部分人对肢解都没有经验，因此在肢解时可能会首先试着沿长骨切下。如果按照这个步骤进行，很快他们就会发现这是一项十分艰巨的任务。因为这需要正确的工具、充足的时间、合适的地点以及充沛的体力。

所以，贝格斯放弃了肢解，而是直接把尸体扔到林地，在那儿，一位市民发现了这具腐烂的尸体。他被捕后被判性侵犯、谋杀重罪等一系列罪名。具有这种行为模式的人理应被认定为危险分子，但因为法律上的一些技术性细节，他在服刑两年后就被释放了。

贝格斯出狱后，他遇到了很有人气的巴里。巴里一边在超市工作，一边继续思考自己未来的打算，当时他正在考虑去英国皇家海军发展。在临近圣诞节时，他参加了工作聚餐。他在聚餐中玩得很开心，也喝了不少酒，但他想抓住机会好好享受这个美妙的夜晚，所以他拒绝了朋友要送他回家的提议，又去了当地的一家夜总会。这也是他最后出现的地点。

起初，巴里的父母并不太担心，因为他们知道他去参加一直心心念念的聚餐。他们觉得巴里应该是喝多了睡在了朋友家。但是第二天他依旧没有回家，他的父母这才开始担心，再加上通过他的朋友也找不到巴里，所以最后他们迅速报了警。

在夜总会里，巴里不知道怎么就认识了贝格斯，并最终去了贝格斯的公寓。在那儿，他可能被下了药，手腕和脚踝也被铐住，贝格斯性侵并杀害了巴里。而这次，贝格斯的肢解技术似乎变得更加娴熟。他把巴里的尸体切成了 8 个部分，砍掉了他的头部。砍头这一行为很有可能会在喉部留下伤痕，这对确定死因的取证造成困难，因为斩首的伤口可能隐藏了割喉的痕迹。他被切掉手脚的原因很可能是贝格斯想要掩盖手铐划伤的痕迹。贝格斯把四肢和躯干装进垃圾袋中，在洛蒙德湖抛尸。贝格斯没想到的是，几天之后警察潜水队会在那儿进行训练。

他并没有把巴里被毁坏严重的头部一并扔下，而是在贝尔法斯特搭乘了一艘渡轮，并在渡轮上将头部扔进了海中。他很快就逃到了荷兰。最终，他被遣送回英国接受审判，并将面临至少20年的牢狱之灾。如今，他即将刑满出狱，人们对此担忧不已。一个行为如此变态的人真的能改过自新吗？我希望如此。

在这起案件中，我们仅凭四肢就确定了受害者的性别、年龄、身高、鞋码以及头发颜色，再加上我们对遗体落水时长的判断，给警方提供了充足的信息，并在失踪人口数据库锁定匹配的对象，最终快速确定受害者身份，这帮助警方迅速抓捕了犯罪嫌疑人。虽然通过四肢所确定的这些特征，在法庭上并不能成为证明其身份的证据，但是却可以提供线索，指明调查方向。有时候，假肢也有同样的作用。

11月的一个黑夜，警方接到报案称，一所公寓内正在发生激烈的争执，可以清楚地听到尖叫声和器物被打碎的声音。当警方赶到这个位于贫民区的公寓时，现场一片狼藉，一名男子躺在客厅的地板上。医护人员也无力回天，当场宣布该男子死亡。

地毯、家具和墙上都有大量的血迹，受害者的头部有明显被多次严重殴打的痕迹。尸检证明，受害者颅骨的多处钝器伤导致其大量失血，并因此死亡。

我的任务是检查颅骨，修复碎片，并确定凶器。在第一次尸体解剖中，为了检查大脑及其周围骨骼状态，我取出了颅骨碎裂的部分，并用史赛克锯移除了颅盖。

如果严重的创伤发生在临死前，骨骼是湿润的，骨折的碎片并不能很完整地拼凑起来，尤其是发生在有板障的三层颅骨的骨折。所以，有时我们需要耗费好几个小时去找到这些难以辨认的小碎片原来所处的位置。我们会使用一种强力胶把这些湿润的骨骼碎片粘在一起，如果稍一走神，手套就常常会粘在你的骨骼拼图上。

要找到相互吻合的前两块骨骼碎片非常困难，你会背负着巨大的心理压力，因为房间里的每个人都期待在弹指一挥间，你就能神奇迅速地完成修复工作——电视上都是这样演的。随着时间的推移，围观的人渐渐失去兴趣，自动解散去寻找茶饮点心，而你却因为拼凑起的碎片增多而动力十足。只有在人群散去后，你才能静下心来分析创伤，确定受袭次数和顺序。

很明显，这个男人的头部至少被袭击了三次。第一次受袭位置是头部前端，第二次和第三次都在头部左侧，这时受害者可能已经倒在了地上。这些伤都是钝器伤，凶器可能是带有锋利边缘的金属制品。其中一处创伤像是被类似撬棍这种带有弧形边缘的利器所致，而另一处则更像是由类似匕首这样更加锐利的武器造成的。所以，我们推断可能有两种作案凶器，但当时我们并不是很理解凶手为什么会使用两种凶器。

在凶手被判入狱后，我们从警方那里了解到其中的缘由，我们尸检时对凶器的疑惑也就情有可原了，因为这个原因实在有些离奇。

警方对死者迈克尔有所了解。他是一名同性恋男妓，所以刚开始警察担心要追踪案发时出现在死者公寓的人会很困难。但是在走访了迈克尔经常出现的地方，询问了与他一起工作的性工作者后，警察却有了意外收获，有两人同时提到了一个他们之前并不熟悉的男人。但是他们只知道那晚迈克尔离开了公司，却不知道离开的确切时间。他们对那个仅有一面之缘的男人描述得并不清晰，但是后来一个人偶然开玩笑称那个男人为“船长”，因为在他的右侧上肢假肢的末端有一个钩子。显然，他在酒吧的把戏是把他的假肢摘下，挂在吧台一侧。

警方对这样的运气难以置信。一方面，他们很快锁定了一个嫌疑人，这个嫌疑人是一个酒后脾气暴躁的嫖客；另一方面，找到他也并不困难。很快警方就找到了“船长”的容身之处，并把他带走问话。警方了解到，他在服兵役期间，曾被路边的炸弹炸伤，导致他的手和部分前臂被截肢，而他却把自己的暴脾气归结为创伤后应激障碍的表现。法医取走了他独特的带钩假肢进行调查，在肢体的杯状区域，也就是钩子与腕部装置相连的地方，发现了与迈克尔血液相吻合的血迹。

除了末端的钢钩，假肢的内表面还置有一个呈手指状的尖齿以增强假肢的控制力。法医专家发现钩子和倒钩状的尖齿与迈克尔颅骨的伤痕相符，并且确认假肢是最有可能的凶器。在心怀不轨的人手中，即使是假肢也能成为杀人工具。

有时，能够帮助我们的并非骨骼本身，而是骨骼之间的关节。与骨骼一样，我们四肢的关节彼此之间也有着相似性：肩关节与髋关节类似（两者都靠肢带骨衔接），肘关节与膝关节类似（位于四肢节间连接处，活动范围有限），腕关节与踝关节类似（长骨分别与手或脚相连的部分）。

虽然这些都是可以自由活动的（有滑膜的）关节，但也存在不同之处。即便髋关节和肩关节都能全方位运动（屈、展、伸、收、旋内和旋外），但相比之下，肩关节在此基础上可以完成运动幅度更大的环转。这意味着，我们的上肢可以像风车一样做圆周运动，而无论我们的下肢多么灵活，大多数人仍无法完成这个动作。不信，你试试便知。

肩关节的高度灵活性致使它比髋关节的脱臼风险要高得多。

为了使我们能够保持直立，髋关节势必会处于紧绷的状态下，无论是站着还是运动着，它都必须承受我们自身的重量，以保持身体的稳定。

膝关节和肘关节的活动十分受限制，被称为屈戌关节，仅能沿水平冠状轴做屈伸运动。相比之下，膝关节的灵活性略高，但也仅仅只能在我们站立时，让股骨和胫骨微微旋转，以达到稳固膝关节的目的。其实，这是一种帮助稳定站立的机制，这也就解释了为什么当有人无意戳到你的膝盖后侧时，你会有瞬间失衡的感觉。

手腕和脚踝的活动范围大体相当，我们的手和脚可以变换各种姿势，各自发挥控制和运动这两大主要作用。

在我们的一生中，关节因为被反复使用而承受着巨大的压力，如今置换关节成为可能。英国国家医疗服务系统每年进行的关节置换手术超过 25 万例。髋关节和膝关节的置换最为常见，但肩关节、踝关节和肘关节的置换数量也与日俱增。这些外科手术会在皮肤表面的特定位置留下典型的瘢痕。

在世界上的一些地方，这种手术受到法律的严格约束，通常来说，任何植入物都会有一个对应的编码，这个编码会记录在病人的病历中。因此，当死者的置换物有编码时，我们就应该很容易查出死者的身份，但现实从来不会如此简单。

目前，在世界范围内还没有一个统一的编码记录系统，在那些医疗旅游盛行的国家，比如做关节置换手术最多的印度、巴西和马来西亚，手术成本低，因此手术患者数量多，医疗记录就可能不完善。那些在海外接受髋关节置换手术的患者，基本不会在英国国家医疗服务系统中留下医疗记录，如此一来，要查找手术医院就更困难了。在这个蓬勃发展的世界性行业中，有的地区并没有完善的内置物编码系统，供应商提供的内置物编码甚至会对应多个内置物，这就使得我们无法追踪内置物编码。

对于当代的法医人类学家来说，了解各种类型的内置物以及不同置换手术后留下的瘢痕，是一项必备技能。大多解剖系的解剖室都有一个专门的盒子，里面装有各种从遗体捐献者身上取下来的内置物，我们将这些内置物保留下来用作教学，以便学生在以后的工作中遇到时有能力识别，尤其是它们在已经腐烂的尸体上出现时。其他在接骨等外科手术中可能会用到的内置物包括托盘、螺钉、金属线、针、棒、钉子、垫片。有时候我们把这些取下来的内置物分门别类，真的有点像是手工商店的店员在做盘点，只是我们盘点的是外科手术用品罢了。

至关重要的是，我们应该像了解自己身体各部分一样了解这些人体内的内置物。通过这些内置物，我们可以知道，这个人接受过什么样的治疗，也就是说，据此我们可以知道他是谁以及在他身上所发生的事情。

长骨容易骨折，因为四肢是我们与这个世界产生连接的器官。

因此我们会在条件允许的情况下查看病史。比如说，病历中如果记录了骨折愈合的情况，抑或记录了外科置换手术，那就很值得我们仔细查看所有的医疗记录。落笔间，我突然想起父亲的人工髋关节可能被放在殡仪馆的一个盒子中，可能与母亲的人工大脚趾放在同一个盒子中。一想起这些曾被植入到父母亲体内的置换物最终落得个被放在杂物盒中的下场，我就感觉十分奇怪。父母死后都被火化了，而这些内置物并非可燃物，所以殡仪馆的人会把骨灰中的内置物分拣出来，而我当时也没有想起向他们索要。

我们都知道，骨折在尸检中可以为我们提供重要的线索和证据。法医人类学家需要做的是判断骨折发生的时间是在死亡之前、死亡过程中，还是死亡之后。通常来说，发生在死亡之前的骨折与死亡无关，当然也有特殊情况，比如死者曾遭受虐待。骨折通常都能在病历中有所体现，并且可以通过愈合程度和骨痂形成情况来推断骨折发生的时间。虽然死后骨折与死亡并没有关联，但是却可以帮助我们确定凶手处理或隐藏尸体的方法。所以，最具有法医参考价值的是在死亡过程中发生的骨折，这类骨折发生时间与死亡时间十分接近，并且可能与死亡方式有关。

我们身体受到哪种伤害时会导致长骨骨折呢？肱骨发生骨折的概率较低，但是一般来说，肱骨骨折常常是由于摔倒或运动损伤。因为桡骨和尺骨通过一层膜（骨间膜）相连，所以一旦其中一根骨头骨折，另一根骨头可能也会骨折。桡骨骨折通常是因为在摔倒时手掌着地，手受到的冲击力会先转移到桡骨，然后再通过骨间膜把作用力传导至尺骨。这就是所谓的科利斯骨折，这种骨折方式是以19世纪初爱尔兰著名解剖学教授亚伯拉罕·科利斯的名字命名。他曾写过一篇与此有关的论文，文中提到这种骨折常发生于老年人摔倒时，因为他们的骨骼更加脆弱，并且可能会因为骨质疏松而增加骨折的概率。

除了科利斯骨折，桡骨和尺骨还可能会出现防御性骨折，如果你的头部接连受到殴打，你会举起一只或两只前臂来进行防御，而这种举动往往会导致桡骨或尺骨骨折，或者两根骨头同时骨折。正如我在本书第四章中提到的那样，亨利死在自己的父亲手里，而他身上就留有防御性骨折的痕迹。防御性骨折的位置与摔倒造成的骨折位置不同，这就成为区别意外摔倒和受袭导致骨折的关键。

火灾中丧生的人，死后可能会发生桡骨和尺骨骨折。出现这种情况的原因是当肌肉处于高温时会大范围收缩，身体呈现出拳击的姿势，即四肢弯曲、拳头紧握。肌肉附着点的损伤最终会导致手腕处骨折，尤其是大火会让骨骼变得更易碎。辨别那些燃烧后的易碎的骨骼碎片是项技术活，而我们需要在清理现场残骸之前找到这些骨骼碎片。

我们曾经手过这样一个典型的案例，任务是找到一位死于房屋着火的老先生的遗体残骸。据说，他是一位喜欢抽烟喝酒的独居男性，调查后，警察和消防部门对此自信地做出了判断，认为这纯属一场意外，因为没有可疑的地方。

一般来说，如果火灾发生在室内，出于安全的考虑，我们进入现场时会切断电源，除非现场有发电机，不然我们一般都会使用电池供电的照明设备。除此之外，还需要戴上面罩和护目镜，在一片黑暗，唯有在照明设备所及之处明亮的环境中进行工作。地板上很有可能满是骨骼残骸，特别是在天花板砸到地上的情况下，骨骼碎片可能会变得更小，找到这些极小的烧焦的骨骼碎片是有很大难度的。

该男子死在起居室的扶手椅上，周围堆满了报纸和几个威士忌酒瓶，其中许多瓶子里装着尿液。天花板塌在了他的身上。消防官兵认为，起火点就在他的椅子附近，因此很有可能是一支香烟导致了这场灾难。

因为人体由大量的水组成，所以人体并不会被严重烧损，更多情况下是皮肤被灼烧，尤其是在衣物所引起的火势中，皮肤烧伤情况会更为严重。身体裸露的部分，尤其是头、手，还有脚，往往伤势最重。在这起案件中，该男子脚部的伤势比预期情况要轻得多，因为虽然他的拖鞋已经烧化了，但仍在一定程度上保护了他的脚。

他的手腕和前臂伤势更为严重。当时正值盛夏，他可能身着T恤，手臂在火中自然就少了一层保护物。我们可以看到，由于火灾和肌肉收缩造成的损伤，导致了他的桡骨和尺骨骨折，虽然他的手部还与长骨相连，但是有些指骨已经缺失了。我们需要在案发现场确定到底缺失了哪几根指骨，因为找到并复原这些骨头是我们的职责所在。

想要做这项工作，需要多年的积累，同时只有对解剖学有着透彻的了解，才能辨别出那些可能比小手指指甲还小的烧焦的骨头碎片，并把这些碎片准确地复原归位。这是必须要完成的工作，因为你绝不能遗漏任何一块骨头，如果遗漏的骨头在之后能被偶然发现也就罢了，更糟的是，这些骨骼碎片在相关人员清理房子时连同烧毁的残骸一起被扔掉，这就很难再补救了。

我们需要先把尸体从已经烧化的扶椅上抬起来，然后移出房间。这项工作并不简单，因为在高温下，椅子的布料与身体的一部分已经融合在一起了，所以必须要剪掉布料的布头或海绵填充物，才能顺利移走尸体。通常来说，死于火灾的受害者身体都很僵硬，并且会呈拳击手的姿势，这也就意味着挪动尸体十分不易，除此之外，尸袋一般用来装呈仰姿的四肢舒展的尸体，所以将这名男性的尸体放进去也很有难度。但是，如果移出的尸体能够安置在尸袋中，会减轻后续工作的压力，因为这样能更加容易地检查四肢末端，确定死后骨折部位以及缺失的身体部分。

确定好缺失的部分后，要将其记在脑中，以便于更准确地找到所有遗骸。经历千辛万苦后，我们顺利找到了这位老先生的所有指骨和上肢长骨的下半部分，并对遗体进行完整复原，随后将其装入尸袋转移到停尸房中。

正如我们之前所讨论的，如果在车祸中，膝盖撞到汽车仪表盘，股骨常常会骨折。对于上了年纪的人，由于年龄增长，骨质疏松，股骨很容易骨折，而这也将导致另一种风险的出现，那就是老年人髋部可能会骨折。而一些无意之举也可能会导致骨折，比如说在床上翻身。在英国，每年有 7 万 ~7.5 万人发生髋部骨折，而这其中有 75% 的人是 80 岁左右的女性。髋部骨折与致死性有着千丝万缕的关系。这个人到底是由于髋部骨折而摔倒，还是因为摔倒而导致髋部骨折的呢？在这种情况下，想要判断骨折是发生在死前还是死后，往往很有难度。

我的父亲因阿尔茨海默病恶化住进精神病院后，摔断了髋部。护士们很实在地告诉我们，事情发生时我的父亲没有站稳，但是她们不能确定他是被绊倒的，还是被其他病人撞倒或推倒的。在活人身上都难以辨别，更不用说在死者身上做出判断了。

髌骨，也就是我们俗称的膝盖骨，是人体内最大的籽骨。“籽骨”（sesamoid）一词来自拉丁语中表示“芝麻”的词，是指在肌腱处骨化形成的一种内生小骨。因为髌骨看起来与芝麻毫无相像之处，所以给它命名为 sesamoid 略显不妥。

腓肠豆骨（小豆骨）是另一种可能会在膝关节中出现的籽骨，其位于腓肠肌外侧头的前面。据估计，不到四成的人体内会出现腓肠豆骨，并且在老年男性中最为常见。所以一旦在尸检过程中找到了腓肠豆骨，可以找到其生前的 X 光片进行对比，这会帮助我们确认死者身份。腓肠豆骨到底有什么作用，我们尚且不清。但是有这么一种说法，它可能是在遗传和环境因素的共同作用下，再次出现的一种进化特征。在我看来，这种解释难免有些牵强，不过我也不是遗传学家，对这个问题也没有什么发言权。

髌骨一词来源于一个拉丁语单词，意思是一个小而浅的盘子或平底锅。髌骨位于股四头肌肌腱内，在大腿前部，人 3 岁时开始形成这块骨头。它的作用是协助维持膝关节的稳定，保护膝关节。髌骨所处的关键位置使其可能会有骨折的风险，通常膝盖直接受到碰撞或是从高处跌落时膝盖着地，都会造成髌骨骨折。如果膝盖骨粉碎性骨折程度严重，可以直接将其取出，但是现在，外科医生更倾向于通过钢丝和张力带内固定的手术方式将其进行复原归位。所以法医人类学家总是会寻找骨科手术残留下来的痕迹。

由于髌骨是一个满是神经末梢的敏感区域，所以常常会成为被施刑的部位。击碎髌骨是一种酷刑或惩罚形式，这种故意伤害一般是由手枪子弹射中造成，或是被过度用力挥动的棒球棍或其他类似武器击中造成。事实上，很多情况下是由于意外或有意设计而没有准确击中髌骨，导致股骨下端、胫骨或腓骨上端骨折。

在 20 世纪七八十年代，意大利的红色旅就使用了膝击的方式。在北爱尔兰动乱期间，支持大不列颠和北爱尔兰联合的人以及北爱尔兰共和主义者的准军事部队也采用了膝击的手段，来惩罚各种违法行为。据说，在北爱尔兰动乱期间，共记录了约2500起案件。而终极惩罚是six-pack（六连击），即在肘部、膝盖和脚踝各射一枪。报道称，伊斯兰抵抗运动组织（哈马斯）和孟加拉国警方也使用了这种方式。

运动性接触伤或被机动车辆撞到往往会导致胫骨和腓骨的意外骨折，这种骨折方式有时被称为“车撞骨折”。

对于四肢长骨的骨折，尤其是下肢的骨折，治疗处理时需要保证两肢的长度大致相同。如果病人的两肢长度不等，会导致身体其他部位随之发生变化。如果你的腿长短不一，会对骨盆、脊柱以及肢体本身产生影响。当发现下肢骨折复位不良的证据时，我们几乎可以断定这个人生前走路很可能一瘸一拐，或者至少有步态不齐的表现。

每个人长骨的对称性各异，这证明了我们的偏侧性，也就是我们对身体的一侧更加偏重。在日常生活中，一般通过我们写字的惯用手或是踢球的惯用脚来进行判断，也就是我们相比而言更常使用身体的哪一侧。但是，一个惯用左手写作的作家，并不会在所有活动中都惯用左手。比如说，在吃饭、演奏乐器或运动时，他可能会更喜欢用右手。很多板球运动员也不用他们惯常写字的手来击球或打球。

然而，大约九成人都是右撇子，如果你惯用身体右侧，那么极有可能你的惯用脚也是右脚。这种偏侧性的程度是因人而异的，但是很少有人是善用两手的，换句话说，两只手的灵活度完全一致是很少见的。右撇子似乎是靠大脑左侧的运动和感觉皮质做支撑。因此，由于神经的对侧性，左脑控制身体右侧，右脑控制身体左侧，所以那些偏向使用身体右侧的人，用左脑控制运动和感觉功能。不仅仅人类有这种偏侧性，在动物界也是如此，大多数灵长类、狗类、鸟类和啮齿类动物都有这种特征。

右撇子具有一定的遗传性，在过去，人们也常常强迫孩子使用右手，而导致这种右手为先的原因是，几乎所有日常生活中的工具都是为右撇子设计的。

在历史中，使用身体右侧被认为是正确的，而那些用左手写字的人被认为是不可信的人，甚至是彻头彻尾的恶魔。这种观念根植于许多古代文化和宗教神话中，体现于大多数语言以“右”和“左”作为词根的词汇中。右代表着规矩、正确、坦率，而左代表阴险、笨拙或软弱。

有关左撇子和右撇子的科学研究已经相当多了，其中包括其在遗传上的作用，胎儿的指标，以及对出生的体重、智力、收入等其他因素的影响。研究表明，新生儿出生时，肢体的尺寸就有所不同，右肢往往比左肢更长也更强健。随着不断的生长发育，惯用侧肌肉会日益健壮，左侧和右侧骨骼尺寸的差异也会更加明显。

比如说，由于身体右侧的血液供应更为充足，肌肉发育更强，所以右侧的肱骨往往比左侧的肱骨更长、更宽也更强壮。我们的手指就能很好地体现这一点，通常来说，戴在右手某根手指上的戒指，戴到左手同一手指上会更松。虽然那些偏向使用身体左侧的人，其右侧的骨骼相较左侧也会更长、更宽、更健壮，但是两侧的骨骼差异会较小。

我们常常通过手和脚来判断我们的偏侧性，但是真正控制上肢和下肢的肌肉力量其实来自上臂、大腿、前臂以及小腿。所以偏侧性的差异更有可能是受到长骨肌肉的影响，而并非肌腱附着之处的手或脚的短骨肌肉的影响。

虽然我们可以测量出长骨尺寸的差异，但是仅仅通过骨头来确定其是左撇子还是右撇子是不谨慎的，然而在过去，还是有些不严谨的人类学家这样做。过去，在验尸房中，我们通常会通过寻找手指上的老茧来判断他写字的惯用手，但是如今由于键盘的高使用率，这种判断方法已经逐渐失效了。

当然，如果我们认为一个人可能是右撇子，调查的进行可能会更顺利。但是事实上，那些不常见的左撇子更具有研究价值。然而，提出这种观点是具有风险的。

在处理腐烂或被破坏的遗骸时，我们需要通过骨头来了解这些骨头在什么时候遭遇了什么，而这并非易事。对于食腐动物来说，长骨中钙质丰富，骨腔中的骨髓也非常美味并且有营养。

所以，当野生动物发现这些骨头时，很有可能去啃食它们。有时我们可以通过牙齿在骨头表面留下的痕迹确定啃食骨头的动物类型，无论是小型啮齿动物还是大型食肉动物，都可以据此判断出来。

但并非所有尸体都会被啃食，有时候，特别是在不熟悉动物习性的情况下，食肉动物不啃食尸体就像他们啃食尸体一样让调查人员感到困惑。如果想要了解动物的活动，就必须全面地观察它们的生命周期。

比如说，狐狸就不是杂食动物。在一年中的某些时候，它们可能会完全不吃人的尸体等动物尸体，而是吃更小块的、一口大小的食物，这样的食物更充足，也更便于储存，如果它们能捕到猎物的话，吃到的食物甚至更新鲜。

狐狸吃东西很挑剔，它们认为处于腐烂中期的尸体不好吃。我们可能会认为，遗体腐烂程度越高，对食肉动物的吸引力就越大，但事实并非如此。狐狸会更乐意在一具相对新鲜的尸体上大快朵颐，并砸开骨头享受热量丰富的骨髓。而一旦腐烂程度超过中期，它们就会为了补充钙质而啃骨头。但是如果尸体处于腐烂中期状态，除非食物短缺，否则它们往往会置之不理。

当我们在苏格兰中部地带的某农田边上发现一具尸体时，感觉十分吃惊，因为这一地区狐狸数量极多，且尸体已处在腐烂的后期，但是尸体上却几乎没有动物啃食的痕迹。警方推测，这具尸体被抛到此荒野之前，就被置于其他地方一段时间了。但是，我们却找不到谋杀的证据。

我们知道，狐狸对尸体感兴趣的程度受尸体腐烂程度影响。那么，此时是一年中食物最为充沛的时候呢，还是无须喂幼崽的时候呢？所以，当警方征询我们的意见时，在狐狸专家和猎场看守者的支持下，我们给出了具有说服力的观点，那就是并非所有处于露天环境中的尸体都带有食肉动物啃食的痕迹，而在本案中，尸体上没有这些痕迹并不一定代表尸体是最近才被放置在此的。

尸体的手部消失了，这可能与狐狸储存食物的习惯有关。由于它们并不清楚自己下次进食的时间，所以有保存食物的习惯。它们可能会首先把像手这样比较轻的部位转移走，埋好，以便之后食用。这其实就是一种囤积食物的行为。

遗失的部位通常可以通过追踪狐狸踪迹或寻找地面痕迹找到。狐狸对自己囤积食物的地点有很强的保护意识，并且为了保证食物安全，降低被其他食肉动物发现的风险，它们常常会把食物藏到不同的地方，而非埋到同一个地方。但是，其他动物当然也会发现并偷走被藏起来的食物，而獾就是罪魁祸首。

最终，尸体被确认为是一位在外漂泊的上了年纪的男性。他很有可能爬到灌木下睡了一晚就死了。那失踪的手在哪里呢？后来，两只手在离尸体有一段距离的地方被找到，每只手都各自藏在一个小洞里，而且骨头上带有明显的狐狸啃食过的犬齿痕迹。

四肢的皮肤、软组织和骨一样，也可以帮助确定身份。男性最常见的文身部位是前臂，女性是肩膀或臀部。从设计本身来说，我们希望自己的文身是独一无二的，但是实际上，大多数人进入文身店之后，要么就从图册上挑选一个，要么就让文身师给自己文一个之前在别人身上看到过的图案。

一个想要证明自己有资格加入一个准军事组织的年轻人，决定录制一段自己拆卸和重装手枪的视频，以证明自己使用枪支的能力。虽然他在拆卸和重装枪支方面是个好手，但是在其他方面就差点儿意思了。由于视频拍摄于他自己的厨房，所以当警察介入时，他在一定程度上暴露了自己。

他似乎在电视上看过不少法医节目，他知道不能露出他的脸、独特的衣服，也不能在枪支上留下指纹。所以，他腰部以上什么都没穿，只戴了一副好看的黄色洗刷用手套，并且从一个只能看到颈部以下部位的角度进行拍摄。但是他的手套上方和肩膀之间的部分是裸露的，我们能够看到他前臂上的一个足以辨别他身份的文身。

我将视频中的文身与被告的文身加以对比。可以看到在他的左前臂上，万寿菊文身上方有一个红极一时的“圣母玫瑰”文身。他的右前臂上有一个非常明显的痣（胎记），痣的旁边文有凯尔特十字架，而在视频中，我们可以看到十字架的顶端和胎记都在右手套上方。因此，我们通过他的文身和胎记将视频中的人与这位鲁莽的男主角匹配上，并且在女王陛下的允许下将其拘留。

我们很多人的皮肤上都容易形成痣、雀斑或黄褐斑，这些统称为点状色素沉着。这些是黑色素在某一区域增加的表现，正是分布在皮肤基底层的黑色素，让我们的眼睛、皮肤和头发有了颜色。黑色素吸收紫外线后，这部分皮肤会变得暗沉，随着年龄的增长，暗沉的皮肤也会变得更黑。由于这些印记的出现具有随机性，每个人都不同，因此在将嫌疑人或受害者的解剖组织，与由摄像机拍摄的可能是同一嫌疑人或受害者的图像进行比较时，它们会发挥很大作用。

我们经手的大部分案件都需要把人体特征与照片或视频中的信息进行比对，这些案件通常与性虐待有关，而且常常涉及孩子。有两名少女指控一名小学保育员彼得·瑞尔，指控的内容包括其用手机向她们发送不雅信息，对她们实施不正当接触。警方将瑞尔逮捕后拿到了他的手机和电脑。在他手机和电脑保存的众多影像中，警方发现了一段他用手机拍摄的短视频，拍摄的是另一名女性在床上睡觉的影像。这名女子的胸罩被推到乳房上方，露出的乳房被他拍了下来。

警方进一步调查后，询问了一名与瑞尔和他的妻子盖尔交好的少女。经证实，她在某晚喝多了之后，确实留宿在了这对夫妇家的空房间里。虽然她并不知道自己被拍了不雅视频，但是她能够确认视频中的女子是自己。即便看不清脸，她也认出了自己的胸罩。

盖尔·瑞尔告诉警方，她对这段影像感到十分惊愕。然而，当案件开庭时，她却改口称，她丈夫拍摄的视频中的女人是自己，并且声称他们是在玩角色扮演游戏。

庭审陷入僵局后，法官称将对此案进行复审，同时要求警方找一位专家来辨别这位少女和盖尔·瑞尔身体部位上的不同。

警方希望我能仔细分析视频透露出的信息。影像的质量还不错，通过把视频一帧帧定格，我的团队绘制出了这位女性肩部和手臂上痣的样子。随后我们对这名少女和盖尔·瑞尔的图片做了同样的处理，并将其与我们根据手机视频绘制的图进行对比。

在当时那种情况下，抛给我们的问题也十分直接。警方希望我们给出的答案并非视频中的女子与少女和盖尔的匹配度分别为多少，而是确定影像中的女子到底是盖尔·瑞尔还是那名少女。盖尔有很多雀斑但是没有痣，这与视频中的女子并不匹配。而这名少女有痣（并没有雀斑），这与影像中的信息完全相符。据此，法庭上留下的疑问便可迎刃而解。

我作为专家证人在复审中出庭。法官对彼得·瑞尔的律师愈加失望，而他唯一的防线似乎是想要证明我没有资格来辨别雀斑和痣的区别，因为我并非一个皮肤科医生。最终，法官阻止了他。当然，问题的关键是，从法医（如何称呼并不重要）的角度来看，它就是随机出现的点状色素沉着，通过它可以确定与影像中的女子相匹配的人到底是谁。

陪审团经短暂审议后，认定瑞尔性侵未成年人和制作儿童不雅影像的罪名成立。至于后来盖尔·瑞尔有没有被指控做假证，我并不了解，但是我知道她的丈夫被判处18个月的监禁，并被列入性侵犯者名单中10年。在狱中，人们认为他不应该被当作性侵者对待，因为他一直坚持自己是无辜的。

我记得当我坐在证人室时，这位年轻的受害人和她的家人走了进来。她已经在第一次审判中提交了证据，处在悲痛欲绝的情绪里，她一边哭一边颤抖道，她绝不会再进入审判庭了。无论是谁，面对这种情况都会很难受，更何况是一个如此年轻的女孩，她不得不在陌生人面前一次次揭开自己的伤疤，而就算如此，还有人想要证明她在说谎。这也难怪有那么多强奸案和性侵案没有被举报或是进入庭审阶段。尽管如此，法医人类学家仍可以在很多方面提供帮助，把罪犯绳之以法。经常有人问我，我们的工作是否会让罪犯更加谨慎，而答案似乎是否定的。我坚信，人体解剖学的每一部分都对确认受害者身份、起诉罪犯或为无辜者恢复清白有一定价值。我们的工作并不局限于从骨头中提取信息。随着科技的不断进步，人体所能提供的证据会越来越多。

第九章

手骨

完美的工具

我们发现的唯一既不是被创造也不是被发明，却近乎完美的工具是人手。

——朱利欧 · 雷蒙 · 里贝罗尔

（1929—1994）

作家

当望向自己的手时，我想起的是父亲那双大而有力的双手，而非母亲那双精致纤柔的手。可能健壮一词最能贴切地形容我的手，我永远不会成为护手霜广告的手模，也不会登上《时尚》杂志的封面。但是，这双手是属于我的，它们完成了所有我希望它们完成的事。这双手曾解剖过数百具尸体，曾把我的思想变成文字，曾抱过我的孩子，曾擦过泪也擦过屁股，甚至还曾在寒冷的 1 月从化粪池中挖出一具尸体。只是这两位值得信赖且宝贵的“仆人”开始有了怨言，时不时会有刺痛之感。

人的手处处体现着工程学的进化奇迹。美国古生物学家、生物学家史蒂芬·古尔德曾告诫他的科学家同事们，在分析和提出进化证据时，不要过度关注人类颅骨的变化，古尔德在这一点上是正确的。他认为他们的关注点错了，他们应该关注双手。所以，是智慧和发达的大脑让我们成为世界的主人？还是解放双手，直立行走让我们最大化地发挥了大脑的潜能，最终跟上时代发展的步伐？

或许只有在失去某样东西的时候我们才会真正明白它的价值。试着想象一下你在失去一只手或双手后的生活。你可能会认为，只有那些在世界各战区服役的人才需要担心失去身体的某些部分，因为他们时时面临着路边炸弹或简易爆炸装置的威胁。但是，就算你不是现役军人，就算你什么都不做，仍会有失去身体部分的风险。在英国国家医疗服务体系中，每年约有 6000 人因 2 型糖尿病而截肢。

我们使用双手不仅为了实用，还可以握手、拥抱、抚摸和打招呼。手部神经末梢众多，可以把触觉和温度觉直接传递到大脑。人体近 1/4 的感知能力都集中在手部，这也能够证明把关注点转移到手部这个感觉器官是正确的决定。

在技术发达的现代，假肢已经能够取代手部的某些运动功能，这也让截肢患者能够完成一些简单的工作，但现有的技术还不能创造手部的感知功能，无论是对于触摸者还是被触摸者来说，都没有人手的触感。即使能够模仿我们交流所使用的复杂、潜意识的手势，这些假肢也替代不了人手的作用，不过现在的假肢能完成的事与早先的假肢相比，已经足够惊人了。

很多人都已经发现，如果在直接表达或强调某些观点时，没有这些看似不自觉的手部动作，会很不习惯。当我们不能出声时，我们学会了通过手和嘴比画的方式来表达自己。现在，技术的发展为失明的人开辟了新的出路，想要阅读盲文，需要辨别凸点所代表的信息，而这也充分说明了满是神经末梢的指尖的价值所在。

手的解剖结构错综复杂，处于运动状态时更能体现这一点，因此，对于艺术家来说，准确地捕捉到手的信息极具挑战性。莱昂纳多·达·芬奇在画作中展现的细节虽然令人赞叹，但与阿尔布雷特·丢勒的手部画作相比，就略显逊色，在丢勒的画作中，你几乎可以触摸到血管、肌腱和皱巴巴的皮肤。亨利·摩尔在年老体衰的情况下，画了自己的手，以此来展现衰老的身体。他说："手可以传达很多东西，它们可以用来表示乞求或拒绝，接受或给予，满足或焦虑。它们可以是年轻的，也可以是年老的，可以是有美感的，也可以是畸形的。"

为了了解手部是怎样的一个工程学奇迹，我们将以一个简单的动作，即拿笔和握笔为例，看看我们的身体是如何完成这个动作的。

它必须首先发育成为一个五指形肢体。当人的胚胎在宫内发育到第 26 天左右时，颈部区域出现成对的突起，形成肢芽。到第 33 天时，上肢末端会出现一个稍见成形的手掌。由于这时还没有形成单独的手指，所以它看起来像是划船的桨。5 天后，随着指间细胞的死亡，手指尖开始形成，掌的边缘呈细圆齿状。随着指间细胞持续死亡，手指也慢慢成形。

如果指间细胞没有消亡到正常程度，可能会出现蹼指。手指甚至可能完全没有分开，这种情况被称为并指症，即两个或多个手指（更常见的是脚趾）粘连在一起。这种病症可以通过一个相对简单的手术来治疗，就是把并在一起的手指或脚趾分开，以获得两个功能健全的手指或脚趾。

到第 41 天，神经血管在手掌内部发育成形，为未来软组织的发育提供血液，为神经供给营养，如此，维持手部功能的 34 块肌肉才能正常工作。到第 47 天，手就可以转动了，第 48 天，软骨（骨骼的前身）开始形成。在此之后的 8 天中，原本沉积在软骨区域的细胞开始死亡，为后面即将发育的骨骼提供关节生长的空间。如果想要手部灵活自如，功能齐全，而不只是像铲子一样的工具，关节的发育就至关重要。

到第 56 天，拇指所在的位置发生改变，与其他手指处在不同的平面上，这样的构造为产生握力提供了条件，形成握力需要拇指的指垫与其他所有指头攥在一起。这是我们灵长目动物区别于其他动物的特点，普通的狗、猫、马、水豚无法做到这一点。

至此，手指末端的指垫胀起，指垫内布满神经末梢，这些神经末梢成就了手的敏感性，让手成为一个探索性工具。同时，这也是我们形成指纹的地方。

所以，如果一切顺利的话，发育 6 周后，你就已经拥有一双功能完备的手。很快，你就会学着从手指上获得乐趣和慰藉（早期时候，在超声波成像上可以看到婴儿吮吸拇指或其他手指）。出生后，你还需要花费一些时间来学会如何顺利且准确地使用双手，而“伸手”和“抓东西”是新生儿的本能反应。一些古生物学家认为，这是远古时期人类还在树上栖息时，幼崽需要紧紧抱住母亲才能生存而留下来的本能。

就这样，我们有了能满足我们需求的这双手。为了能拿起一支笔，我们的双手需要做些什么呢？一开始，我们的大脑辨认出它是一支笔，而我们也萌生了想要拿起这支笔的想法。为了能够伸手拿到它，我们的大脑需要把这个信息从大脑皮质的中央前回传出，沿着脊髓，传至支配上肢的脊神经（位于颈部区域，肢体最开始形成的地方）。信息通过臂丛，即经过腋窝的神经束，传递到对应的肌肉群来完成我们的动作。我们必须活动三角肌以便举起上肢，前锯肌推动上肢向前，然后至少要收缩前臂的6块肌肉来活动手腕以及食指和拇指的关节。为了确保动作的流畅性，大脑底部的小脑监督整个动作流程，以防任何有可能出现的粗暴操作。

由于指尖感觉神经的存在，我们可以感觉到拇指和食指之间的笔，感觉神经把笔在手中这个信号一直传回到大脑皮质的中央后回，证明了眼睛所看到的事物。虽然我们认为自己是在拇指和食指之间的钳形动作中感觉到了笔的存在，但其实这一过程是在大脑中发生的。

为了将笔握在我们想要的位置，我们转动手腕至半屈曲位，利用前臂的几块肌肉，调整拇指和食指的位置让两个关节弯曲，但伸展第三个关节。手的其他手指保持放松但收缩的姿势，这样我们就能把这些手指收向手掌心。

而这一切在我们还未开始思考要写什么的时候就已经发生了。人体是一个让人惊奇不已的存在，它最大的成就莫过于用手表演的优美芭蕾，这场表演全仰仗一帮配角，而它们早在我们出生之前就已经排练好自己的角色。我们无须思考就能完成这些动作，甚至理所当然地认为一切都不会出现差错。

显然，完成这样的动作需要复杂的基础结构，成年人全身共有 206 块骨头，其中两只手上就至少有 54 块骨头，也就是说，手上的骨头数量占骨头总量的四成多，了解了这些，你也就不会对手的复杂构造感到惊愕了。手部骨骼细小，其原因是为了保持手部的多功能性和灵活度，需要肌肉附着在小块的骨骼上。人的手骨包括手腕的 8 块腕骨，手掌的 5 块掌骨、14 块指骨（除拇指只有 2 块骨头外，每根手指都有 3 块），同时可能还有几块因肌腱处受压力较大而形成的籽骨。

手骨的骨骼细小，所以如果不是放在整副骨骼中，单独的骨骼很难辨认。在孩子身上也是如此，因为手骨实在是太小了，可能会被误认为是扁豆、米粒或小石头之类的东西。对于法医人类学家来说，搜寻指骨是常有之事，因为随着尸体的腐烂，骨头可能会脱落。人的手掌通常都露在袖子外面，所以对于食腐动物来说，手是很容易掳走的食物。当我们发现一具缺少手部的尸体时，首先担心的并不是凶手分尸，当然，为了以防万一，我们还是会检查其他骨骼上是否留有切割的痕迹。在大多数情况下，我们发现的是狐狸或獾的犬齿留下的痕迹。手也是野猫野狗的目标。

虽然发现一具缺少手的尸体比较常见，但是只发现一只手，却没有发现尸体的情况并不常见。当然，如果找到了一只手，也不一定意味着手的主人已经死亡，因为这可能是由意外或被迫截肢所造成。众所周知，在绑架案中，受害人可能会被砍掉手指，作为敲诈勒索、索要赎金的筹码，但这样的情节仅会出现在电影和小说中，现实生活中并不常见。

如果只发现一只手或一根手指，我们如何知道这是人体的一部分呢？对于警方打电话告知我们在沙滩上发现一只手这种情况，我和我的同事都已经习以为常、见怪不怪了。事实上，因为司空见惯，所以我们的反应比较淡定。在警方发给我们现场照片前，我们会很自然地猜测那可能只是海豹的鳍肢。我们有时候都会感到震惊，腐烂的海豹鳍肢与人手实在太相似了。海豹的鳍肢，与人的手部一样，在肢体的末端都有五根指头。关于五指型肢的进化问题，仍然存有争议，但这是两栖类、爬行类、鸟类、哺乳类等所有四足动物的共有特征。

当原始鱼类为了适应在陆地上移动时，它们的偶鳍进化成了附肢。不同的物种主要通过“足”或“手”上骨头的消失或融合来改变最初的形态结构，有蹄类动物就是很好的例子。为了适应特定的运动方式，它们的五指型肢进化为蹄。有蹄类动物包括：奇蹄动物，比如马；偶蹄动物，比如骆驼；还有准有蹄类动物——几乎可以归为有蹄类动物这一类，比如大象。

一天，一个类似的情况发生了，苏格兰西海岸的一位警官给我们打电话称在海滩上发现了一只手。按照惯例，我们让他先给我们发一张照片，同时我们也告诉他，这极有可能是海豹鳍肢，不用太过担心。这样的安慰目的是减轻警方的压力。因为想要查明一只被肢解的人手的来源，就意味着要开展一次大规模的行动，这样的行动既包括海陆空的搜查，也涉及验尸官、检察官的费用问题，所以这是一件需要深思熟虑的事情。

然而，当我们查看过照片后，发现这竟然真的是一只人手，而非类似于人手的鳍肢，但是又不尽然。由于腐烂程度较为严重，这只手没有留下明显的皮肤，但是骨头的比例与人骨完全不符，这只手的拇指很短而其他的指头很长。进一步的检查发现，这是一只非人类的灵长目动物的手，或许属于一只黑猩猩。我们没有发现切割的痕迹，也没有找到明显的被猎杀的痕迹。所以在苏格兰的海滩上，到底是怎么出现一只猩猩的手的呢？

它可能来自野生动物园，可能来自救助非人类灵长目动物的保护区，也可能来自宠物的葬礼。或者被人从船上扔下海，因为真的有船只为那些相信顺势疗法和巫术的人非法运载动物器官。我们并没有确切的答案，但是我们再也不会认为出现在海滩上的每只手都是鳍肢，在没有仔细检查前不应该妄下结论。

正如第八章所述，死于火灾的人往往会缺失手或指头，因为手部几乎没有软组织和脂肪，所以发生火灾不久后，手部就会被烧得只剩下骨头，而骨头也会化为灰烬。所以，在火灾现场寻找尸体时，为了确保找到手部所有的灰化骨头碎片，必须要彻底搜查前臂下方周围的区域。由于在这种情况下鉴别难度大，所以越来越多的人认为在火灾致死的案件中，搜索现场和后续的调查阶段有法医人类学家参与是很有必要的。

事实证明，我们的技能和解剖学知识能够帮助警察和火灾调查人员。我们在火灾现场捡起的一小块物质，在他们看来只是一块烧焦的木头或小石头，而事实上，这是人的指骨或腕骨，通常他们都会惊讶不已。

遗憾的是，在这些调查中，人们并不认为法医人类学家的参与是重要的。当今的情况是，往往出现错误才能促进程序的改进，而这种情况恰恰就体现在一起悲剧性案件中。案发时，因为当地的法医病理学家正在休假，所以警方只能先来征询我的意见。

令人心碎的是，有两个小男孩在这场火灾中丧生。在苏格兰高地的一个偏远地区，一座维多利亚风格小屋因为电路故障引发火灾，这是一座木质结构的小屋，用松木作为建筑材料，所以着火时它像火柴盒一般易燃。消防车到现场路途遥远，而且需要通过一条蜿蜒的单行道才能抵达。在消防员赶到之前，他们孤立无援，为了救出困在卧室的儿子们，这对父母与火焰较量，但无奈火势凶猛、浓烟滚滚，他们也束手无策。不幸中的万幸，男孩们可能是在睡梦中被浓烟夺去了生命。我想象不出，眼睁睁看着自己的房子被烧毁，知道孩子们还被困在屋里却无力营救，该是多么痛苦。

最终，消防队控制住了凶猛的火势，在确定小屋安全后，他们开始搜索两个男孩的尸体。屋顶已经塌陷，房梁和石板瓦也都掉落下来，在逐一检查只剩下空壳的房间时，需要先将地上的大件物品清理掉。他们小心翼翼地把沉重的房梁移出，堆放在屋子前面。发现男孩们时，他们还在床上，被埋在石板瓦和木材下。清理完碎片后，这两具严重烧毁的尸体被转移到太平间进行检查。

弟弟的尸体是完整的，但哥哥的一些重要身体部位没有找到。警方向家属解释道，那些缺失的部位可能已经被烧成灰烬，很难再找到。孩子们被放在白色的小棺材中，吊唁者对这对失去一切却依旧保持坚忍、体面的父母感到惊讶。

这对夫妇经常回到他们的小屋，他们试着接受失去一切的现实，想要从废墟中找到一些可以纪念过往幸福时光的纪念品。火灾过去两周后，当像往常一样在花园中放上一束鲜花时，他们在草地上发现了一小堆骨头。

他们联系了警方，一位警官在查看过这些骨头后安慰他们说，这些很有可能是动物的骨头。这位警官是当地人，住在郊区，他认为这些是猫的骨头，劝说这对夫妇宽心，并把这些骨头装到证物袋后拿到了太平间。因为法医病理学家正在休假，警方询问我是否愿意前去太平间检查这些骨骼，确定是否是猫的遗骨，好让家属打消疑虑。

当人们预料到这样的检查只是例行公事，你也只是走走过场时，没有人对你做的事感兴趣，所以也没有人在太平间翘首以待，等待检查结果。没想到这恰恰是我要找麻烦的时刻，因为我的发现完全出乎大家的意料，我确定这些“猫”的骨头其实是人骨，而且是一个4~6岁孩子的骨骼。

这些不同部位的骨头，有脊椎骨的部分、肋骨的碎片，还有一些腕部的小骨头。其中有几根骨头上有牙印，对于警察来说，它们可能只是带有象牙色斑点的不起眼的东西。在这种情况下，尤其是在我讲述一些他们并不愿意听到的事情时，他们最简单的反应就是提出质疑。

当我被问及对此是否确定时，我给出了肯定的答案。但是，仍旧有人质疑我为何如此笃定。我的答复是，我曾编写过一本关于未成年人骨骼的教材。我不仅能分辨这些骨头来自身体的哪个部位，来自身体的哪一侧，还能够分别说出这些骨头的名字，推断骨龄范围。

太平间内的氛围降到了冰点。似乎比起提出不受欢迎但正确的看法，人们更愿意看到专家出错。当警察留下我完成笔记时，我询问是否需要我出具一份报告。令人惊讶的是，我得到的答案是否定的。看起来他们更愿意等法医病理学家放假回来再做打算。

我回了家。我十分难受，因为我绝对正确的判断遭到质疑，而我却对此无能为力。我想到了那两个孩子、那个家庭，还有那场大火。我想过那些骨头是如何到了花园的。我想起话到嘴边却咽下的话，无论怎样我还是决定写一份报告，哪怕仅仅是为自己心安也好。无论你觉得自己会记得多少东西，如果当时没有写下来，很快你就会忘记细节，这是经验之谈。同时我也知道，如果不把事情记录到纸面上，自然就没有证据证明它曾经发生过。

几周后，非常巧合的是，那一家人的律师联系了我。病理学家已经休假回来了，在查看过骨头后，确认我所说属实，警方也联系了死者父母，告诉了他们这个消息，确认他们在花园里发现的遗骸的确与他们大儿子缺失的身体部分相吻合。这对父母想要听听其他的意见，而我碰巧认识他们的律师，所以他就找到了我。

当我告诉他我已经就此案写了一份报告时，他表现出一副不可思议的样子。

他不知道我已经检查过那些骨头了，因为我在太平间检查的情况似乎已经从警方的记录中被抹掉了。这种情况的出现是可能的，因为并没有报告的存在。如果我被要求提交报告，就会有人知道我曾做过检查了。这次，我代表家属再次回到了太平间，我宽慰自己说，我之前检查过的遗骸就是这对父母在花园找到的那些。所有的骨头都是人骨，来自一个小孩，并且一些骨头上留有动物捕食的痕迹。所有的证据都再次印证了我之前的判断，我在把原始报告给这位律师的同时，附上了我第二次去太平间检查的补充记录。

原本以为事情到这儿就结束了，但是，一段时间之后，我接到了英国南部另一个警察部队的电话。很显然，他们是来调查之前处理这起案子的那批警力，想要了解哪一环节出现了问题，以便吸取教训。高级调查主任说，相比于去我的办公室拜访，不如到我家与我谈谈，因为他住得不远，而且这样氛围会比较轻松，也显得没那么正式。他是和他的一位同事一起来的，我们坐在厨房里喝咖啡、吃饼干，尽管如此，不论正式与否，那都是一段时间很长的审讯。高级调查主任问问题，另一位初级官员记录我说的每一个字。

我不能说我为什么没有被要求写报告，这个问题他们应该去问当地的警方。

为什么我还是写了报告呢？因为有人征求了我的专业建议，我也完成了他们所要求的工作。无论撰写一份报告会不会给我带来经济利益，我都有责任记录下我的发现。

我在当时又是如何知道那些是人的骨头的呢？因为现在那些骨头已经做了 DNA 检测，确认是小男孩的骨头，所以没有人再质疑我鉴别未成年人骨骼的能力，只是有人想知道为什么当时我的判断没有被接受。

律师怎么会恰巧来找我咨询呢？答案很简单：纯属巧合。虽然于公于私我们都认识，但是他找我的时候并不知道我已经身涉其中了。

下面这个问题是我一直等待的问题。对于在火灾发生两周后，在花园的中间发现孩子骨骼这件事，我是怎么看的呢？我当然是不知情的。我从来没去过现场，第一次寻找尸体的时候我不在场，随后发现骨头的时候我也不在场。

我能做的只有推测，我问高级调查主任是否想让我对此做出猜测。他给了我肯定的答案。我一直在脑中思考这个谜题，琢磨出了一个可能的推测。这可能完全偏离真实情况，可能部分正确，也可能正是事实。我们永远都不知道事实是怎样的，但是这至少可以合理地解释所发生的事情。

着火的时候，屋顶坍倒进男孩们的卧室。他们被埋在了废墟下，据悉，木质房梁倒在了孩子们的床上，所以，哥哥的身体与燃烧的房梁底部可能因此有了接触。

燃烧的木头片会灼伤人的皮肤并粘在上面，而这样可以保护身体的那部分组织免受更重的伤害。如果在火中木头没有被完全烧毁，当抬起木头的时候，上面可能会粘有人体组织。

灭火之后，消防员清理废墟寻找尸体，千辛万苦地把坍塌在卧室的房梁搬了出去。可能他们没有把房梁翻过来检查底部，所以就不会注意到在某根房梁上紧紧粘着孩子遗体的一些部分。这些房梁和其他的废墟都被堆放在小屋的外面。

动物会发现这些腐烂的组织，尤其是猫和狐狸，它们的嗅觉非常灵敏。它们会找到这些残骸，并搬走残骸作为自己的食物，将其运到更远处的花园，也就是发现骨头的地方。骨头上的牙印足以支持这个假设。

高级调查主任质疑道，为什么当时我没有向警方提及这个可能性。答案很简单，因为无人问及。

警察通常都有长时记忆，我至少有 10 年没有再为当时调查火灾的警局效力。这场火灾发生在 30 年前，差不多从那时起，整个时代和警察办案程序都有了很大的改变，而这个变化是朝着好的方向。虽然现在法医人类学家在住宅火灾致死案中发挥的作用得到了广泛认可，但有的时候，我们的专业技能仍旧不被认可。

当我们发现一具被大火烧得支离破碎的成年人尸体时，需要找到缺失的身体部分，仅是完整的单侧手骨就有27块，8∶5∶14是一个神奇的公式，因为手骨包括8块腕骨、5根掌骨和14根指骨。但是并非每只手都是发育健全的，我们希望每只手都有4根手指和1根拇指，并且都以正常的骨头比例长在正确的位置，不过也总会有例外的情况存在。手的结构可能会因为先天因素或意外情况而发生变化。

正如我们讨论过的一样，手的外观很大程度上取决于胎儿发育的第4周到第6周。虽然遗传因素在人类变异上的作用显著，但是在那段时期任何妨碍正常发育的因素最后都会影响手的外观。发生在手部最常见的先天性疾病可能就是手指数量的异常。

描述手上的手指或脚上的脚趾数量和排列方式的学名是指型/趾型。超过正常数量就是多指畸形，在手上最常见的情况是小指内侧多一根发育不全的指头。但这只需要一个相对简单的手术就可以切除。通常这跟指头只有软组织，但是有时也会形成一根完整多余的骨头。多指畸形是一种非致命性基因突变的结果，所以会在家族中代代遗传。但多指畸形并不罕见，每1000个新生儿中会有1个多指畸形患儿。

2016年，一位患有多指畸形的中国女性（每只手都有6根手指）生下了一个比她病症更严重的儿子，他的每只手都长有两个掌区，右手有 7 根手指，左手有 8 根手指，共计 15 根手指，但是却没有拇指。而且他的每只脚上都长有 8 个脚趾。手指和脚趾加起来共有 31 根，也就是说比常人多了 11 根，这真的让人难以置信。即便如此，这也并非世界最高纪录。拥有手指和脚趾数量最多的是出生于 2010 年的一个印度小男孩，他的每只脚都有 10 根脚趾，每只手都有 7 根手指，加起来共计 34 根。因为后来他切除了一些，另一个印度人德文德拉萨塔尔成了世界上手指脚趾最多的人，他每只手都有 7 根手指，每只脚有 7 根脚趾，共计 28 根。他是一个木匠，他说在砍木头时需要格外留意，否则很容易砍掉其中一根手指。

少指畸形是与多指畸形相反的情况，即比正常手指数量少。这通常与一系列的临床综合征有关。手足裂畸形即缺少一个或多个重要的手指。这种病症使得手指或脚趾的数量减少到一个偶数（4 或 2），呈现出爪子的形状。那些只有 2 根手指的人，很可能也患有并指畸形，即 2 根手指融合在一起。

巨指畸形比较少见，患有巨指畸形的人手指或脚趾长得异常粗大。这种情况一般只出现在一只手上，最常见的是食指发育异常，发病原因尚不清楚。与此相反的是短指畸形，短指畸形通常是因为骨头短小导致手指变短。作为一种遗传性疾病，短指畸形的症状在出生时就表现出来，但是只有在一些手指开始发育，而患病手指不再生长时，我们才能逐渐察觉。

还有一些不寻常的变异情况，其中一种是多长一根中指的多指畸形。在托马斯·哈里斯的小说《沉默的羔羊》中，汉尼拔·莱克特的左手上就多长了一根中指，但是在拍成电影时，这个异常特征被省去了。同样少见的是调换位置的手指。某天晚上，我在一家小酒馆里演讲（好像是叫一品脱科学），我提及我在手形识别方面的研究。过后，一位年轻的女士问我是否愿意给她的手拍一张照片，因为她出生时，中指和无名指的位置就长反了。最近，又有另外一位女士让我给她的手拍照，她的小拇指上多长了一条不在关节位置的横纹。她觉得这种情况有些奇怪，而我却觉得很有意思，因为这种情况发生的概率还不到1%。我喜欢手，它们是如此古怪难料。

当然，在一个人的一生中，手也可能发生其他变化。由于意外、宗教仪式、手术而造成的截肢，或是在世界上的某些地方，由于犯罪惩戒而斩断手脚，都是常见的畸形情况。自我截肢或是自残的情况并不常见，通常是在当事人被困的情况下，为了解救自己、保住性命而不得不切掉肢体。据悉，身体认同障碍者也会有这样的情况存在，这些患者辨别不出属于他们自己的身体部分，所以必须要切除掉这些他们觉得厌恶的部位。

在子宫内，羊膜带综合征也有可能会造成胎儿肢体断裂。这种情况同样也很少见，但是对于新生儿父母来说，是一个晴天霹雳。

所以，法医人类学家需要警惕每一种造成截肢的情况或事故。在出现截肢的案件中，我们总会查看骨头的末端是否有愈合的痕迹，如果确实如此，就证明截肢发生在死亡之前。切口能够说明截肢是发生在死亡过程中还是死亡之后，通常切口上会留有切除身体部位所用到的工具的痕迹。

在体力劳动者的健康和安全还没有得到足够重视的年代，缺少手指是一种常见的职业伤害。最近，约900张罪犯的旧照被公布，其中有1/3的罪犯是女性，这些照片拍摄于他们从苏格兰珀斯皇家总监狱释放之前。这些基本都是19世纪警方拍摄的犯人照，目的是帮助执法者追踪刑满释放后这些人在苏格兰的行踪。通常是一张正面照，一张镜中的侧面照。但真正有意思的是，很多人的手也被拍进照片里。这是因为有的罪犯手指健全，有的则不是。由于机器事故频发，失去手指是家常便饭，手指是否健全成了一种相互区别的特征，与脸部特征发挥的作用一样。

如今，“截肢文身”正时兴，有的人是缺少一根指头，有的是缺少一整只手。比如说，在指关节上原本的文身是“Good Luck”（好运），却因为“L”所在位置的手指被截断，而变成了“Good uck”。我曾见过在一个男子的右手指关节上文有“Love”（爱），而左手手背上文着“No room for hate”（没有讨厌的余地），之所以会这样，是因为他左手手指全部被截掉了。

我们对假断指这样的恶作剧已经司空见惯了，尤其是在万圣节前后。当我还是一个孩子的时候，每年10月，总会有一根假手指出现在某个孩子的布丁中。如今，对一些人来说，橡胶手指似乎已经无法满足他们。现在可以在网上买到用考古手指遗骸做成的怪诞的哥特式饰品。有人会花15美元在网上买一条用真人手骨制成的项链，如果你看到有人戴着这样的饰品，饰品主人的性格也就不言而喻了。

“这些骨骼都很干净，其中一根有骨质疏松症和关节炎，是送礼佳选。”

或是在问答的板块出现这样的情况。问：这三块骨骼是来自同一根手指吗？答：这些是不同人的骨骼，但是我们会尽最大的努力挑选出看起来差不多的骨骼。

除了我之外难道没有人想知道，为什么在地球上还可以购买尸骨，并把这些骨骼制作成饰品售卖吗？

一天，我在办公室工作时，我的私人助理薇芙接到了警方的电话：“我们有一些异乎寻常的东西想让你看看，我们能把它带过去吗？”

这一次的东西显然不是海豹鳍肢。两个警官拿着一个小的证物袋来到办公室。在苏格兰，他们总是两人结伴一起工作，在我们工作之前先喝一杯茶。

证物袋里有一个银色的钥匙扣，这个钥匙扣是一个遛狗的人

（总是有人在遛狗）在林间小路旁的灌木丛中发现的。钥匙扣上没有钥匙。在你看到钥匙环上挂着的东西之前，你不会觉得奇怪，环上是三根关节完整的人的指骨，通过串接关节固定在银圈上。我看看了警察，他们也看了看我。他们的眼神像是在恳求我，让我告诉他们这只是一个新奇的小饰品而已，但是我的话可能会打破他们的幻想。

这些骨骼属于一名年轻成年男性左手食指的远节指骨、中节指骨和一部分近节指骨。这些骨头已经被清洗过（可能是被煮过和漂白过），没有明显的腐烂气味，它们可能已经和手的其他部分分开好长一段时间了。近节指骨近端的切割痕迹说明手指是被锯子锯掉的，通过切痕的间距和规律来推测，可能是电锯而非手锯。

出现了人骨，警方也就必须展开调查。首先他们在发现骸骨的周围地区挨家挨户地询问。鉴于我们找的是一位缺少左手食指的年轻男性（很有可能还活着），所以，如果他住在当地，找到他并非一件难事。果然，警方很快就找到了他。

那是截肢者戴维的钥匙扣，他从小就帮父亲干一些木匠活。一天，他在急着砍木头的时候，没有采取必要的安全措施和防护措施，匆忙之下，他不小心用圆锯锯下了整根手指。他同这跟断指一道被紧急送往医院。虽然手指无法重新接回，但是在征得医院同意之后，他留下了这根手指。

对截肢部位的处理，要遵循相关的规定，大部分会作为医疗垃圾进行焚烧处理。但是如果患者想要自己保留像胆结石、牙齿这样的部位，也有商量的余地。虽然每个医院的政策不同，但是只要不危害公共卫生安全，法律允许个人保留自己的身体组织，截肢者也的确有权要求把各类身体部位归还给他们本人。人体组织管理委员会认为，在这样的情况下，医院应该留下记录，以便后续追踪。

出于宗教或个人原因，一些截肢者希望死后留有全尸，所以当他们最终离开人世时，这些保留下来的切除部分会与尸体一起下葬或者火化。历史上，就存在这样一种特殊的墓地，用来埋葬活着的人的肢体。阿克斯布里奇勋爵的一条腿就是如此，在滑铁卢战役中，他的腿被炮弹击中。据说正是他创造了“一只脚的坟墓”这个说法。最近，这种习俗又再次出现，英格兰北部一家穆斯林医院，建立了一个公共墓地，专门用来埋葬截下来的肢体。

2008 年英国出台的《火葬法》规定，活着的截肢者无权火化自己被截的身体部分，这不禁让人觉得讽刺，但这个规定也难不倒有心之人，既然不能在殡仪馆火化自己的组织，那就点一堆篝火好了。

其他人则会选择另外一些不寻常的处理方法，尤其是在想要捐献肢体以供科学研究被拒后。美国有一名女子，在她的一只脚被截下后，她花钱让人将这只脚的软组织去除，仅剩下白骨，并为白骨注册了Instagram（照片墙）账号，语言已经不足以表达我对这种行为的震惊了。

我们要做的并不是找到其中的缘由，也许有人争辩说，虽然截肢者想要保留肢体这件事看起来有些令人费解，但是他们应该有权去做任何有助于帮助他们走出创伤的事情。我们是不是有权决定保持自己身体完整或是切除掉一部分？这个问题有待讨论，但是如果对其他人的身体部位不尊重，比如用人骨制成饰品进行令人作呕的交易，应该被严令禁止。

不过，不论怎么看，戴维对自己断指的处理方式都让人十分费解。他把断指带回家后，把它放到一锅热水中煮至软组织脱落。他说，他的妈妈在煲汤时会这样处理骨头，他觉得两者具有相通性。随后，他把软组织和指甲扔进垃圾桶，把手骨放到装有漂白剂的容器中漂到白皙漂亮的状态。但是，当他发现骨头还往外渗油时，他决定用生物洗涤剂再煮一次，这是他的妈妈处理桌布油污的方法。我向你保证，我说的句句属实。然后，他把骨头放在纸巾上，拿到卧室的窗台上晾干，当骨头没有味道，完全变干时，他把它们放到了一个小玻璃瓶中，存放在卧室的书架上。

戴维想要保留这些骨骼，因为他觉得它们很酷，但是他并不知道要用这些骨头做些什么。有时，尤其是在万圣节的时候，他会把这些骨头带到当地的酒吧向朋友们炫耀。他经常说，也许有一天他会把这些骨头做成饰品，他最后也的确这么做了。

他在每根指骨上竖着打了一个孔，用银丝把它们穿在一起，在远节指骨的末端把银丝打结，还做了一个银制帽遮住近节指骨的切口，然后把它们装在钥匙圈上。如果你觉得这样还不够怪诞，接下来他做的事肯定能让你大跌眼镜。在情人节这一天，他把这个钥匙扣当作礼物送给了他的新女朋友，来表明他对女友源源不断的爱意。

她更想要的可能是玫瑰花、巧克力，也可能是为她戴上一枚钻石戒指。但是，无论戴维出于什么原因送给她这个礼物，她都开心不起来，还气急败坏地把钥匙扣扔到了灌木丛中，戴维从未想过事情会这样，他在灌木丛中寻找了很长时间，却一无所获。两人也因此分道扬镳，再无交集。他并没有犯法，可能他唯一的罪行就是选礼物的品位太差。也许这听起来是一个添油加醋的滑稽故事，但这个九指风流男的故事确是出自调查这起案件的警官之口。

我们如何知道这些指骨属于一个年轻且已经成年的男子呢？这又要归结于骨骼的发育情况。我们已经知道手在胎儿阶段的形成过程，胎儿出生时，手部会有 19 块骨骼，婴儿 2 个月时，腕关节处开始形成骨骼。在女孩大约 8 岁，男孩 10 岁时形成最后一块骨骼——豌豆骨。在接下来的 7 年里，手部会一直发育，直到每块骨骼末端的骨骺最终融合，手就停止生长了。

戴维，一个在16岁时不幸失去手指的木匠。钥匙环上的骨头的X光片显示，中节指骨和远节指骨的骨骺已经融合，但融合过程还没有完全结束，因为在融合的部分还可以看到骨骺线的存在，所以我们知道骨融合是近期才出现的。在整个青春期，手部的骨头都受到血液中类固醇水平波动的影响，并对此做出反应。睾酮让骨骼发育得更加健壮和粗大，因为男孩手部停止发育的时间比女孩晚2年，所以，在这种特殊激素的作用下，男性的手部骨骼往往要比女性的手部骨骼尺寸大。而这也是我们判断这些骨骼属于某个男性的依据。

但是，根据戴维手指的X光片，我们只能判断他手指被切断时的年龄，却不知道这件事发生的具体时间。他的断指先是存放在玻璃瓶中，后又被做成钥匙扣，永远停留在美好的16岁，然而当警察追查到他时，时间已经过去8年，尽管他看起来没有那么聪明，但是他确实24岁了。

由于手部骨骼数量多，生长发育的速度各不相同，所以手部的X光片通常会用作推测生者的年龄。

当非法难民或是无成人陪伴的儿童为寻求庇护进入英国时，需要确定他们的年龄。然而很多人却并不知道自己确切的年龄，因为有的国家并没有出生证明。还有一些人在没有证件的情况下逃亡，或是在途中丢失了证件，所以没有确切的证据来证明他们所说的年龄是否属实。

社会工作者常常会根据这些孩子对不同问题的回答情况、他们的外貌，以及总体的成熟度，来推测他们的年龄。对于那些被认为不满 18 周岁的孩子，社会工作者会把他们的出生日期重新确定在某个最恰当的年份的 1 月 1 日。准确地区分儿童和成人，对于保护儿童至关重要。因为英国是《联合国儿童权利公约》的签署国，所以我们判定为儿童的人，也就是公约中定义的不满 18 周岁的人，在他们成年之前，英国政府必须给他们提供住房、教育、食物，保护并照顾他们。在成年之前，这些孩子由地方政府负责。

像其他所有制度一样，《联合国儿童权利公约》很容易被不择手段的人钻空子，比如说，那些长相年轻、看起来要比实际年龄小的成年人，会利用这一点从专属于孩子的权利中谋利，这些成年人会故意不带证件前往英国。如果他们被判定为未成年人，只要低调做事、遵纪守法，就没有人会发现他们的真实年龄。

我们的司法系统有自己的标准，其中包括很多年龄节点。比如说，10 周岁以下的儿童被视为未满刑事责任年龄主体，如果青少年（10~17 周岁的孩子）犯罪，警方和法院在处理此类案件时，办案程序有别于成年罪犯所涉案件。虽然在法律意义上，年满 18 周岁的人会被认定为成年人，但是 21 周岁是坐牢的最小年龄。如果你在未满 21 周岁时被判处监禁，会在少管所服刑。

案件中，关于犯罪者年龄的疑问会影响到刑事司法系统对他们的划分归类，那么法院需要的年龄证明就不能只是根据社会工作者的判断，所以一般在年轻的难民或是寻求庇护者违反法律的情况下，法医人类学家就会介入。

马吉德是一名来自阿富汗的难民，他以无成人陪伴儿童的身份到了英国，社会工作者推测他的年龄是16岁。此后的两年，当地政府妥善安排照顾他直至他成年。而他就在这时开始骚扰年轻女孩。在他离开儿童福利院两年后，他因强奸和谋杀他女朋友的闺密被捕，并在检方提起诉讼前承认了自己的罪行。

马吉德的记录显示，他当时20周岁。但是，他的女朋友告诉调查人员，马吉德说他实际上已经24周岁，他常常吹嘘自己骗过了政府。如果他是24周岁，也就意味着当他住进福利院时就已经20周岁而非16周岁。这也让福利院其他无助的儿童暴露在了这个居心叵测的歹徒面前。

法院需要知道这名男子的实际年龄，或者说他最接近的年龄范围，所以法院要求我们对他进行检查。鲁西娜负责这个案子。她首先拍摄了马吉德手部的X光片，从中我们可以清楚地看到，所有骨头已经完全融合，也就说明他此时至少17周岁。他的锁骨CT扫描显示他的年龄接近25周岁。

所以在马吉德被判有罪时，他需要蹲监狱，而非在少管所服刑。他在来到英国的时候就已经成年，更不要说犯案时了。因为他初到英国时已经成年，所以，他在出狱后会被驱逐出境。

虽然这是一个极端的例子，但是它说明了科学判定生者年龄的重要性。这个重要性不仅体现在能够保护被评估者的权利，也体现在能够保障其他人的合法权益，所以这项工作不能仅凭没有根据的猜测。在这方面我们可以利用专业知识，当然，在很大程度上要依靠手部骨头所传达的信息。我始终认为确定生者年龄的程序需要彻底改革。手部的临床影像可以为判断年龄提供可靠的证据，所以我们应该加大它的利用率。无须担心 X 射线的辐射所带来的影响，因为我们可以用不产生电离辐射的磁共振扫描来代替 X 射线。如果在马吉德第一次到英国时就对他的手骨进行扫描，政府一定可以识破他的谎言。

毋庸置疑，手在验明身份方面有很高的价值。手可以提供很多信息，既包括浅静脉的树状分布、指关节皮肤的褶皱形态，还包括伤疤的位置、方向、大小、形状，以及雀斑、痣、黄褐斑的数量和位置。手部，或者说指纹，是几个世纪以来被广泛接受的用以确定身份的生物特征。古代陶瓷砖上的指纹相当于制作者的签名，中国商人还会在签合同时按指印。

1686 年，意大利解剖学家马尔比基首次描述了指纹的特征，约一个世纪后，德国解剖学家约翰·克里斯托弗·安德烈·梅耶观察到每个人的指纹都是独一无二的。19 世纪，苏格兰医生、传教士亨利·福尔兹在发表的论文中提出，可以利用指纹调查犯罪案件。接下来，在 1892 年，探险家和人类学家弗朗西斯·高尔顿发表了一篇意义重大的关于指纹识别的论文。在历史的长河中，还有很多寂寂无名的人，也为认识和利用指纹做出了贡献。

从学校的生物课我们知道，每个人的掌纹和指纹都是不同的，即使是同卵双胞胎也不例外。但是，由于难以证明，在举证时，我们只能假设，这两个指纹既有可能来自同一个人，也有可能来自两个不同的人，这是一种统计学上的可能而非绝对的肯定。几乎所有人都认为指纹识别的地位是不可撼动的，直到1997年，苏格兰现役警官雪莉·麦凯被指控出现在曾发生过谋杀案的房子里。

为了方便排查，所有警官和科学家的指纹和DNA都会记录在数据库中，麦凯警官的信息自然也有记录。在案发现场的卫生间门框上发现的指纹，与她在系统中录入的指纹相匹配。她否认当时自己在场，之后她被停职、开除、逮捕、审判，但最终因为她有不在场证明，所以指控都被撤销。

在对苏格兰刑事纪录办事处和警方渎职进行指控期间，苏格兰政府在2008年发起了名为“指纹调查”的活动。这对法医鉴定界是一个巨大的冲击，大家认识到，虽然指纹的确是独一无二的，但匹配指纹的方法还存在漏洞。调查报告给所有人提了一个醒，指纹本身是可靠的，但从业者和调查者必须要考虑到它的局限性。

它提醒我们，每一项识别技术都有出错的可能。鉴别不是确定性事件，而是可能性事件。这也就解释了为什么所有科学家都需要了解统计学的基本原则。

当我们想要明确一个人的死因时，手是我们需要仔细检查的一个部位，因为我们常常会首先用手防御。如果出现防御性伤口，就更容易引起怀疑，就像以下这个案件中的受害者一样，这位女性的身份多年来一直是个谜。

登山运动员发现了她半裸的尸体，被发现时她面朝下漂浮在约克郡山谷一条偏僻的小溪里。她穿着牛仔裤、袜子，胸罩半解挂在一只胳膊上。在距离尸体不远处，人们找到了一件 T 恤，但是却没有发现鞋子、手提包等其他物品。她的死亡时间在两周左右，寒冷的流水减缓了尸体腐烂的速度。

尸检没有找到明显的死因，之后，为了防止尸体进一步腐烂、受到昆虫活动的影响，警方将尸体冷冻起来，并继续展开调查。数周后，警方寻求法医人类学家的帮助。我们进行了第二次尸检，从上到下仔细寻找遗留在尸体上的更多信息。这样做的目的是找出那些被忽视的线索，同时更正一些错误的记录，如果什么都没有，我们至少可以证明警方第一次调查的结果是正确的。

这名女性的年龄为 25~35 岁，身高约 1.5 米。从她的面貌、发色、发型以及牙齿来看，她的祖先可能是东南亚人（韩国、越南、柬埔寨、马来西亚、泰国、菲律宾或印度尼西亚）。她的牛仔裤尺码是 12 号，T 恤尺码是 10 号。她的鞋码大概是英码的 1 号或

2 号。她的两个耳垂上各有两个耳洞，左手戴着一枚东南亚风格的金戒指。

我们仅发现了两处创伤，均位于她的右手。第一处伤是第五掌骨螺旋形骨折。掌骨骨折是最常见的骨折之一，占急诊就诊原因的 5%~10%，其中大部分患者是年轻男性。掌骨骨折通常是由于摔倒、交通事故、钝挫伤或袭击造成，无论是加害人还是被害人，都有可能因此受伤。掌骨头和掌骨体骨折常常是由于打架造成，但是掌骨底骨折比较少见，通常是由高强度的冲击力造成。很难分辨造成骨折的原因是手掌被外物击中还是手部碰撞到外物。

第二处创伤是这位女性右手中指近节指间关节脱臼，这可能与造成她小指受伤的原因相同，既可能是因为摔倒造成，又可能是为了防御造成。

在失踪人口数据库中，警方并没有找到与死者匹配的人员，她的指纹和 DNA 也与犯罪记录库中的信息不匹配。在对她的骨骼进行同位素分析后，我们了解到一些她的饮食信息，我们认为她就生活在抛尸地点附近，并且已经在那儿生活了一段时间。法医画家画出了她的脸部肖像，并刊登在当地的报纸上，但也没有找到与死者相关的人员。

最终，这具无名尸被埋葬在一个小乡村的墓地中。丧葬费用由当地社区筹集，在确定她的身份，让她重回故里与家人团聚之前，社区成员把她当作社区的一分子来照顾。她的墓碑上写着“山丘之女”。

调查无名尸的死因非常困难，因为警方没有办法追查到死者的最后行踪。他们无法查到死者的银行账户、手机记录、电脑，也无法找到死者的亲属、朋友、同事进行询问。但是即使无迹可寻，警方也不会把案件弃置一旁。这种悬案会定期被拿出来重新调查。因为破案在很大程度上需要依赖于科学分析，所以调查悬案时常以新兴科技发展为关注点，因为这些科技成果在原先的调查中还未能付诸实践，所以很有可能为案件调查开辟新的思路。

发现这具女尸的时候是在 21 世纪初，那时社交媒体刚刚兴起。随着互联网在全球范围内的广泛应用，调查人员认为可以把她的侧写和面部肖像发布到东南亚的社交媒体上，看看是否会得到新的线索。不可思议的是，这确实让案件有了新的线索。在这名女性死亡 15 年后，有人从泰国联系到了英国警方，声称“山丘之女”是他们的亲人。

这样的新线索为侦破悬案带来了希望。警方在掌握死者身份信息后，委派了一个新的调查小组飞往泰国与疑似家属人员进行沟通，获得了家族 DNA，并从签发该女性身份证的地方当局获取了她的指纹。结果，DNA 和指纹均与死者匹配。最终，警方确定了死者的身份。

兰暖移居到英国，嫁给了一位英语老师。她除了与丈夫生育两个孩子外，之前还与和她一同来到英国的男性育有一子。在兰暖的尸体被发现之前，她的大儿子来找过她，但是他的继父却告诉他，兰暖抛弃了他和两个孩子回了泰国。

这对夫妻总是独来独往，所以朋友很少。大约在兰暖死亡前后的那段时间，她与在泰国的家人失去了联系，因为他们也被告知兰暖抛夫弃子，并对她的所作所为表示反对，所以他们与兰暖断绝联系也是可以理解的。这就意味着他们并没有因兰暖的失踪而警觉。每个人都相信了她丈夫编造的谎言，认为她跟别人私奔了，所以无论是在英国还是在泰国，都没有人报告她的失踪或对她的失踪心生疑虑。

兰暖的死因不明，案件还处于侦查阶段。在解剖学上，我们只能根据她右手的两处创伤来进行推断。让我们百思不得其解的是，为什么就这两处创伤会让她脸部朝下，漂浮在荒地的溪流中，身着部分衣物，没有鞋子和手提包。她是在摔倒时受伤的，还是在防御时受伤的呢？如果是防御性创伤，那她是被人推倒的吗？当时跟她在一起的人是谁？我们相信，总有一天这些谜题会被解开。

在需要确定尸体身份时，死者手上的饰品可能会为我们的调查提供新的方向，比如兰暖的结婚戒指以及在第二章中提到的在一名爱尔兰女性身上找到的克拉达戒指。所以我们常常会检查手部是否有首饰或首饰留下的痕迹。

手部也是一个常见的文身部位，但手部打洞没有文身常见，不过也逐渐流行起来。常见的是网状洞眼，也就是在拇指和食指中间，或是任意两根手指之间插入饰钉，有时在手腕、任一手指或是手部的任何部位也都会出现皮肤穿刺或单点穿刺。

未来，法医人类学家可能需要检查的东西更多。据称，人们手上会逐渐被植入含有个人信息的微芯片，这样一来，日常生活将会更加便捷，甚至身份证、银行卡、工卡都不再需要。有些微芯片甚至可以储存人们的健康信息。

会有那么一天，我们甚至可能不再需要携带护照，因为在我们手部或是身体任意部位植入的微芯片就可以证明我们的身份。这样的技术可能会取代法医人类学家的某些工作，但是在我有生之年，这种情况还不会出现。

第 十 章

足骨

人类解剖学中最独特的部分

全世界都知道，如果泡伯没有脚趾，他会更快乐。

——爱德华 · 利尔

（1812—1888）

诗人

我一直不喜欢人类的脚，不管是生者的脚还是死者的脚。我讨厌解剖脚，尤其是要辨认奇奇怪怪的结节状突起。脚很容易生病，像拇趾滑囊炎、鸡眼、老茧、疣、痛风等等。脚每天会出半品脱（约 280 毫升）的汗，甚至会出脓。我讨厌脚，因为在给一具腐烂的尸体做尸检的时候，把袜子的内里翻开，我不得不在黄褐色的黏稠物中寻找骨骼。你可能会在溃烂的黏稠物中找到趾甲，这无疑是一件十分令人恶心的事情。而这粗糙、畸形、长满真菌的厚甲片嵌入肉中，我受不了这些。

事实上，在法医尸检时，脚常常被忽略，具有讽刺意味的是，在虚构的犯罪现场调查中，脚对于法医来说发挥着重要的作用。你经常会看到这样一个画面，死者贴着标签的脚趾从白色床单下露出。忽视脚的作用是不对的，因为在足弓下的确藏有很多信息。这让我勉强对脚产生一丝敬意。

要想了解脚，我们必须知道它的功用。对现代人来说，脚有两大功能：一是在我们直立时，发挥负重作用；二是在我们想要移动时，发挥运动作用。除此之外，脚几乎再无他用。

20世纪初，自然学家和解剖学家弗雷德里克·伍德·琼斯曾对脚大加赞赏："人的脚是他自己的，它与任何足都不同。它是人类解剖学构成中最独特的部分。脚是人类特有的，无论人类是否引以为豪，这就是他的特点，只要人类是人类，只要他还是人类，脚就是与其他动物区别开来的器官。"

弗雷德里克·伍德·琼斯的说法很正确：在动物界中，没有哪种动物的脚和人类的脚长得一样，这也是为什么古生物学家在发现史前人类脚骨时会如此兴奋。我们可以从埃塞俄比亚哈达尔地区找到的一块化石知道，大约在320万年前，我们的人类祖先已经进化为双足动物，他们的双脚与现代人的双脚已经非常接近。其他的发现也证实了这一点，而最重要的证据就是这个南方古猿属的脚骨，我们被认为是南方古猿阿法种AL 333–160这种类人猿的后裔。这个标本是左脚的第四跖骨，足弓明显，这也是现代人独有的特征。

在人类胚胎的发育过程中，受精卵在第28天左右开始形成下肢，这比上肢开始发育的时间晚了几天。到第37天，肢体末端出现类似于桨的脚板，再过4天就会形成脚趾。骨头会在第2个月末开始形成。到胎儿出生时，脚前部和中部已经有19块骨骼，还有脚后跟的跟骨以及形成脚踝的距骨。当发育完成后，每只成年人的脚共计约有 26 块骨头。

跟骨是在拍摄 X 光片时首先能够看到的脚骨，在孕期的第 5~6 个月，跟骨就已经发育，在第 6 个月或第 7 个月时，能够看到距骨。最外侧的跗骨中的骰骨，可能在我们出生前或出生后的前几个月内出现骨形。以前，观察这三块骨头的发育情况是确定胎儿年龄最直接的方法，早期的病理学家就以此来判断早产或流产的亡婴在没有医疗救助的情况下是否能够存活。当然，现如今婴儿可以在比预产期更早的时候出生并存活，但是在过去，人们常常依赖这一信息判断这个母亲是否有违法行为。

如同我们的脚一般，毫无疑问，脚印也是人类独有的，没有任何动物会留下与人类脚印相似的印记。当我们赤脚踩地时，随着我们踩到的表面或材料的质地不同，我们的脚会留下部分或全部的脚跟、脚部外侧边缘、大脚趾球、脚趾的痕迹。而脚的内侧却不会留下印记，因为脚的内侧结构区域有足弓的存在，使得脚具有弹性和稳定性，而这也正是脚的特点。

由于婴儿脚部留下的印记更加饱满，所以人们普遍认为足弓在两岁左右的时候才会发育。事实上，足弓形成的时间很早，是因为婴儿脚部有很多充满弹性的软组织，所以才会看起来像是没有足弓的样子。

经历岁月洗礼后留存下的古老的脚印，帮助考古学家和古生物学家确认了人类两足行走的最早时间。南方古猿数百万年前在地球表面漫步留下了这些最有力的证据。在坦桑尼亚，人类的祖先拉多里人，在火山灰中留下了70多个脚印，又因为另外一次火山喷发，这些脚印被埋藏在火山灰下长达360万年之久，直到1976年被英国著名古人类学家玛丽·利基发现。

南方古猿的走路方式与现代人很相似，都是脚跟踩地、脚尖离地，但是古猿步幅较短，说明相比于现代人，他们的身材更加矮小，而这一猜测也从他们骨骼的尺寸得到证实。毋庸置疑，南方古猿的脚印就是人类足迹，通过这些足迹，我们可以推测出人类双足行走的最早日期。而这些印记也最终结束了长久以来学术界的争论，那就是，人类究竟是因为脑容量的增加而开始双足行走，还是因为双足行走使得脑容量增加。对南方古猿的颅骨和四肢的研究，也证实了人类是因为双足行走，才解放上肢进行探索。可能从那时开始，我们才开始动用大脑。直立是改变我们这个物种、其他物种以及地球的关键性举措。正如伍德·琼斯所说，这一切都归功于卑微的双脚。

非洲丰富的古生物宝藏是其他国家都无法比拟的，迄今为止，在英国发现的一组脚印，是在非洲以外地区发现的最古老的类人猿足迹。黑斯堡足迹是一群成年类人猿和幼年类人猿留下的脚印，2013年在诺福克郡的海岸侵蚀地带被发现，是85万~95万年前的遗迹。这些脚印是一个科学家团队在研究其他项目时偶然发现的，那年秋天，圣裘德风暴把覆盖在这些脚印上的沙子一扫而光，脚印最终出现在他们面前。

沉积物位于涨潮线以下，科学家们知道他们正在与时间和潮汐赛跑，要在海水永久侵蚀它们之前将它们记录下来。正是他们敏捷的思维为他们赢得了年度救援挖掘奖，后来，他们的照片在自然历史博物馆展出。这些脚印仅在重新出现两周后就消失了。

脚印，以及脚印所能传达的信息，深深吸引了不同专业的科学家。临床医师关注的是足部的病症，足科法医则是为了收集证据研究足部。犯罪现场的血迹中或是窗外的土地上留下的一个脚印，或许就能与嫌疑人的信息相匹配。显然，如果被调查地区的居民习惯赤脚走路的话，脚印的作用就会更大。天气凉爽时，我们在室外更可能发现鞋印。

这些也是有用的。鞋子可以和鞋子拥有者进行匹配，特别是当他们没有穿袜子或连裤袜时。如果你看一下鞋子内里，你可以在某种程度上看到脚印的痕迹。足病医生可以将这个脚印，或者至少是脚印的一部分，与你的脚进行比对，以确定鞋和脚印与你的匹配度。

脚印可以给我们提供很多信息。比如说，我们可以估计脚印主人的步幅长度，从而推算他们的身高，就如同根据南方古猿留下的痕迹推算一般。我们可以计算出他们的鞋码。我们可以知道当时在现场有多少人，并且推断出他们的状态，到底是站着、走着还是跑着。

如果赤脚脚印足够清晰，我们或许可以用提取指纹的方式提取趾纹。2004 年亚洲海啸后，这些趾纹对于确认死亡儿童身份有一定帮助。我们将提取的趾纹与疑似人员在自己家附近留下的脚印或者家具上留下的攀爬脚印进行对比。最近，日本一直在考虑，希望在建立指纹库的同时也建立一个脚印库。这虽然听起来奇怪，但却不无道理。因为在很多死亡事件中，由于脚部受到鞋的保护，所以相比于其他身体部位，脚部保存更为完好。出于这个原因，一些军事航空人员的记录中包括赤脚脚印的信息，以此作为在飞机失事情况下识别身份的一种重要补充手段。

近年来，在所有涉及脚印证据的案件中，最臭名昭著的可能就是发生在意大利佩鲁贾的梅勒迪斯・科彻被杀案。梅勒迪斯是一名 21 岁的英国交换生，她的尸体在自己的合租公寓卧室地板上被发现。她的其中一位室友阿曼达・诺克斯和她的男友拉法埃莱・索勒西图被指控谋杀了梅勒迪斯，而本案的第三人鲁迪・古埃德，一位邻家公寓的常客也因与此案相关而被捕。

由于有三名被告，真假难辨，造成这一混乱局面的核心原因是一些不太可靠的法医证据，包括案发现场浴垫上的部分血脚印。DNA 分析证明这些血迹是梅勒迪斯的，但是脚印的主人却难以确定。

控方宣称，脚印与索勒西图的右脚几乎完全匹配，与诺克斯和古埃德的脚印不符。但是，被告方传唤的专家证人指出了控方专家证词中的根本性错误，并提供证据证明脚印更有可能是古埃德的。控方的证人是一个物理学家而非解剖学家，当与解剖学相关的科学证据由另一专业领域的专家来解释时，总会令人感到不安。

为了与案发现场的脚印比对，他们采集了被羁押的嫌疑人的脚印，但是采集的脚印是静态的，并且是用墨水印在纸上的，这与在案发现场厚厚的织物中取得的血脚印有很大差别。没有人考虑到浴垫更强的吸水性或血液的黏稠度所带来的影响，更没有人在采集脚印时考虑到需要复刻一下案发现场的真实情况。

古埃德选择认罪，并期盼速审速结，他最终被认定为性侵和谋杀梅勒迪斯。他被判处 30 年监禁，后来刑期减至 16 年。诺克斯和索勒西图被判谋杀罪，在上诉后被宣告为无罪之前，两人都入狱接近 4 年。他们的上诉先是被撤销，两人再次被判有罪，随后最高法院以合理怀疑为由又撤销了两人有罪的裁决。至此，该案彻底结束，诺克斯和索勒西图重获自由。

从脚印的形态我们可以知道留下脚印的人当时是站着还是在移动。我们可以通过走路姿势来认人，但常常将之与其他线索放到一起进行处理。虽然我的视力差，但是我可以通过我丈夫的站姿和走路姿势从很远的地方就认出他来，也会通过他的身高、体态和穿着的衣服进行判断，而更多时候我能认出他的原因是他会出现在我预测的地方，虽然我只能看到他模糊的身影。

步态分析是研究步行规律的方法，与常规的识别方式有很大差异。掌握这门法医技术的专家称，步态分析能与嫌疑人的运动模式相匹配，但常常就是把从奇怪角度拍摄的质量奇差的闭路电视影像，与在警察局拘留室中嫌疑人的步态进行比对。如果罪犯和嫌疑人确实是两个不同的人，通常情况下专家对他们的身份并不清楚，并且两人着装不同，这样才能保证他们仅以步态模式为基础进行比较。但事实上，一个嫌疑人在不同的环境中，其步态也会有所不同。有时，可能是他们没有意识到自己正在被监控，有时他们知道有人在认真查看他们的走路方式。

据说，每个人的走路方式都是独一无二的，但是并没有确凿的证据来支持这个理论。当然，如果每个人的步态都不一样，那么步态分析可能会更加具有可信度，但是个体的走路方式在不同情况下也有所差异，比如穿高跟鞋与穿平底鞋走路时，穿舒适的鞋子与穿不跟脚的鞋子走路时，单肩背重包与一手提一个包走路时，在鹅卵石路上坡与在平坦路下坡时。我们没有足够的有效信息来证明我们运动时会不会受到这样或那样情况的影响。

步态分析已经可以作为法庭上将被告定罪的证据，但是因为这种方法相对比较新颖，所以在确认证据可靠性时要更加谨慎。莱维森爵士阁下是这样描述步态分析的——“一个更年轻却科学性不足的领域”，所以在进行步态分析时需要十分谨慎。英国的所有法官已人手一份《司法入门须知》，上面写明了步态分析经过了哪些科学合理的测试和实验，以及在哪些方面还需要进一步研究。

2013 年，在一起谋杀案中，被告被判有罪，后来被告用一名足科法医提供的专家证据作为上诉依据。2006 年，在威森肖的一家麦当劳外面发生了争吵，一名 25 岁的男性死于枪杀。案件中被指控的持枪歹徒最终被无罪释放，检方败诉。但是如果你是作案团体中的一员，你一定不要做扣动扳机的那个人，因为会被指控犯罪，埃尔罗伊·奥特韦是帮助劫匪逃逸的司机，他在 2009 年被控“联合作案”并接受了审问，犯罪事实成立，他被判处 27 年的监禁。

涉案车辆已经被锁定，一个服务站的闭路电视影像显示，在案发前不久，一名男性在这里给车加了油。提供专家证据的足科法医把奥特韦在拘留室的步态与闭路电视影像中出现的那个人的步态进行了对比。

上诉时，辩护律师认为，步态分析是一种先进性不足的方法，不能作为庭审证据，而且他们认为足科法医并非合格的法医专家。他们称，这些证据是间接证据。但是，在伦敦聆讯上诉的三名法官考虑到证据的整体性，驳回了此上诉理由。他们认为，主审法官可以判决使用此证据，并允许法院听取足科医生的意见，针对步态分析的有效性进行讨论。但是，他们补充道，他们一般不支持使用足科证据。重要的是，科学家和司法部门应共同努力，确保在法庭上陪审团审理的证据是有科学依据的，符合再现性、可靠性和准确性的标准，经得起检验。

跑步时的步态和产生的脚印与走路或站立时不同。保持站姿时，两只脚站在地上。走路时，每次有一只脚离开地面。快跑时，会有两只脚均离地的情况存在，确切地说，奔跑者是在空中奔跑。走和跑的区别是竞走规则的核心所在，竞走时，是不允许跑的。所以，这项运动的步态相当奇怪，在此项目中，参赛者可以在保持单脚着地的情况下快速行走。

人在行走时有一个称为步态周期的双摆动作，每条腿会有支撑和摆动这两种相位。支撑相占步态周期的60%，摆动相占40%。每个步态周期都包含着两种相位的一系列转移。在任一时间，一条腿总会处于以下其中一个状态：脚跟着地、全脚着地、保持站立、脚跟离地、脚尖离地和摆动。你可以试一试。在慢步行走时，注意每条腿在步态周期内的不同相位。

支撑相以脚跟着地开始，摆动相以脚尖离地开始。从后面的脚跟到前面的大脚趾，我们在行走时会用到整个脚掌。这就是为什么行走时留下的脚印中，脚跟着地和大脚趾离地时留下的印记最为明显。而站立时留下的脚印，不会有明显的脚跟和大脚趾的痕迹。

虽然脚仅在我们站立和移动时发挥作用，但是在必要时，我们可以把脚训练得非常灵活。事实上，来自伯明翰的19世纪的解剖学家、外科医生卢瑟·霍尔登用pes altera manus来形容脚，大意就是“另一只手”。脚部骨头和手部骨头是相对应的，每只脚的5块跗骨、5块跖骨分别与手部的8块腕骨、5块掌骨相对应。每只手的14块指骨和每只脚的14块趾骨发挥的功能相似，均包括远节指（趾）骨、中节指（趾）骨、近节指（趾）骨，并且指骨和趾骨在英语中统称为phalange。相比于大脚趾、小脚趾这些名字，为了方便，我们将这些脚趾从一（大）到五（小）进行编号，不再另外命名。

不可否认，脚的灵活度不如手。脚没有对掌肌，大脚趾和其他脚趾无法像拇指和其他手指一样做钳形动作，大脚趾在脚部的位置和拇指在手部的位置因此截然不同。但是抛开这一点来看，手和脚相对应的肌肉和骨骼所具备的能力使得脚在必要的情况下可以代替手。

历史上不乏有一些人，他们因疾病、意外或先天性残疾而失去双手，但这并没有阻碍他们进行艺术创作。14世纪著名的德国艺术家和书法家托马斯·施韦克在求爱的决斗中失去了双臂。但是，他的独特技能最终引起了神圣罗马帝国皇帝马克西米连二世的注意，并被带入宫廷。在他1602年去世时，他画的一副自画像被复刻在了他的墓碑上，画中，施韦克用右脚的第一根和第二根脚趾拿着笔作画，用左脚进行辅助。

1957年，来自英国和其他8个欧洲国家的一小群艺术家建立了口足画家协会，他们不用手作画。时至今日，该协会的规模仍在不断壮大。克里斯蒂·布朗是早期的协会成员，因《我的左脚》一书而闻名，该书后被翻拍成电影，获得了多项奥斯卡金像奖。现在英国最著名的口足画家可能是汤姆·延德尔，受反应停影响，他生下来就是没有胳膊的畸形儿。他云淡风轻地说："我学会了适应。"这是重新利用身体部分的精炼总结。作为一个身体能够适应到如此地步的物种，我们的这种能力简直是个奇迹。

但是对于我们大多数拥有大脚趾和拇指的幸运儿来说，大脚趾常常是次要的。由于失去拇指对我们日常生活的影响要远大于失去大脚趾，所以移植大脚趾来代替被截掉的拇指是得到认可的外科手术。

1968年，英国完成了第一例拇趾移植手术。接受手术的病人是一名木工，他的拇指和食指、中指意外被圆锯切掉，用大脚趾替代缺失的拇指成功恢复了他手的部分灵活性。通常外科医生会把移植的脚趾与手部连接至少两根神经，以及相应的血管、肌肉、肌腱和皮肤。移植的脚趾有时被称为thoe，事实证明，与人工材料相比，移植的脚趾效果更好，无论人工材料多好，都不具备运动的细腻度、真实的皮肤、骨骼的灵敏度。

这些病人适应了没有大脚趾的生活，但是有些人似乎适应不了。我们所知的最早的脚趾假体是由三块用铰链串起的木头和皮革制成的，上面钉有一颗钉子。俗称“开罗脚趾”的历史可以追溯到公元前1069年至公元前664年之间。它在卢克索以西的一处墓地被发现，被发现时它与埃及木乃伊Tabaketenmut的遗骸葬在一起。开罗脚趾共有三处连接，在构造上十分适合它的主人，很有可能随着主人年龄的增长，它被修改过几次。

Tabaketenmut是一位僧侣的女儿，在50~60岁去世。她的右脚大脚趾很早就被切除了，或许正如某些人推测的那样，是因为患有坏疽或糖尿病。切除大脚趾后，她的脚已经完全愈合，但是出于某些原因，她想要掩饰这种缺陷。仅仅是虚荣心作祟吗？有人猜测装义趾是为了帮助她保持平衡，但是缺少大脚趾并不会导致这个问题的出现。即使切除所有脚趾，所有跖趾关节均脱节，对平衡、行走或站立的影响也微乎其微，只有在跑步等快速移动时，才会有困难。而且Tabaketenmut是僧侣的女儿，又不是短跑运动员。

当然，在埃及的坟墓中，会有各种木乃伊的陪葬品，以便主人在来世使用，所以，假脚趾可能只是为了下葬或仪式而制作出来，确保Tabaketenmut能够完整地投胎。但是，假脚趾上有明显的穿戴痕迹，再加上可能不止一次被调整的痕迹，说明这不仅是一个葬礼中的装饰品。也许她戴假脚趾，是为了能够舒服地穿上凉鞋。

另一个来自埃及的人造大脚趾，可以追溯到公元前600年之前，“格雷维尔·切斯特大脚趾”以1881年为大英博物馆收购这件作品的收藏家的名字命名。它使用了制造木乃伊盒的复合材料，即多层浸渍了动物胶水的亚麻布或莎草纸。格雷维尔·切斯特的大脚趾无法弯曲，所以它的设计可能仅仅是为了起装饰作用。趾甲所在的位置有一个洞，这里可能曾有过一个镶嵌物，这样的设计既可以让趾甲看起来更加逼真，又可能是炫耀美甲的一种早期尝试。

婴儿出生时，平均脚长约为3英寸（7.6厘米）。在5岁之前，脚的发育迅速，因为它必须尽快成熟才能发挥它的作用。1岁时，婴儿的脚长已经接近成人脚长的一半，5岁时，脚长将达到6英寸（15.2厘米）左右。

大多数孩子在10~16个月时就会用两只脚摇摇晃晃地走路，在6岁左右才能成熟扎实地走路。女孩13岁左右，男孩15岁左右，脚会停止生长。有趣的是，虽然在胚胎中，上肢和手掌比下肢和脚掌出现得早，但是脚率先发育到成人脚的长度。脚发育得更快是因为需要它作为稳定的支撑。

家长总是在孩子第一次独立行走的第6~8周内为他购买具有重要意义的第一双鞋。但是，我们知道，为了孩子能够健康成长，孩子赤脚不穿鞋的时间越长越好。每年约有5%的人因为脚部不适去看足科医生或理疗师，造成这种情况的根源主要是鞋子不合适。女性是受害最严重的群体，她们常常为了美观或是整体搭配而买鞋，而不是为了舒适或健康。厚底鞋、坡跟鞋、细高跟鞋、尖头鞋、芭蕾舞鞋、人字拖等各种款式的时尚鞋履基本上都会磨脚。

穿不合脚或不合适的鞋子，或是进行一些对脚部有伤害的活动等，都会对脚部产生长远的影响，我们应该开始警醒。我女儿曾询问过一名足科理疗师，他曾见过的最糟糕的脚是什么样的，他没有迟疑地答道，是一名上了年纪的芭蕾舞者的脚，她的脚看起来像两盘布丁。这是他的原话。

身高和鞋码之间是有关系的，个高的人一般脚更大。身高约2.2米的杰森·埃尔南德斯拥有活人中最大的脚，他是一名来自委内瑞拉的篮球运动员。2018年，也就是他22岁时，他的左脚长达40.47厘米，右脚长达40.55厘米。他穿美码26号（英码24号）的鞋。身高约62.8厘米的印度女性乔蒂·阿姆奇拥有世界上最小的脚。她的脚长约9厘米，差不多相当于1岁孩子的脚长。

脚小为美的观念，在中国女性裹脚的习俗中体现得淋漓尽致，这种习俗从10世纪一直延续到20世纪初。裹脚一度被认为是身份象征和美学表现。用裹脚布包裹起来的脚和小巧玲珑的绣花鞋被称为“三寸金莲”，被一些人看作女性最私密和性感的身体部分。

上流社会的女性为了增加自己的魅力，会把脚浸泡在水里，修剪完趾甲后，用布带把脚趾紧紧地裹向脚掌的方向。因为脚趾蜷缩在脚掌，这会对脚掌脚趾产生很大的压力，导致脚趾和足弓断裂。最终，脚又会在这种畸形的状态下愈合。

这种做法使前脚掌和脚跟贴在一起，脚的中间部分就抬高了。裹脚的人每天都会解开裹脚布，在清除坏死组织后再重新将其裹好，而且如果骨头愈合得不美观，她们可能会再次折断骨头让其重新愈合。被紧紧裹住的脚会因此而血液循环不畅、感染和持续疼痛。有时候趾甲会被完全拔掉。如果脚趾因坏疽而脱落会被视为一种恩赐。完美的“三寸金莲”不超过10厘米，与一个蹒跚学步的孩子脚长差不多。

毫无疑问，任何形式的运动对这些女性来说都是一种挑战，站着也不例外。脚部发育正常的人长时间保持直立尚且不容易，更不用说这些裹脚的人。因为肌肉骨骼系统需要有极大的协调力才能防止我们摔倒，而站着要比坐着多消耗20%的能量，所以如果你想站起来伸伸懒腰，每次不要超过8分钟。

如果你试着单腿站立一段时间，你会发现站立时保持平衡十分困难。如果喝了酒，就更容易失去平衡，因为这会影响我们保持平衡的协调能力。在我们处于平衡状态时，重心线沿脊柱前侧到髋部后侧，然后到膝盖和脚踝前侧，最后向下传递到仅有几平方厘米的脚部。

为了保护脚部和保持温度而穿袜子和鞋是人类的特征。对于人类学家来说，这些遮盖物可能是最有用的。如今，像羊毛、皮革、真皮等传统的天然材料中都添加了合成材料。所以，即使尸体的其他部位已经开始分解，这些材料也能够帮助脚的各部分保持完整，起到更好的保护作用。食肉动物很难将穿着鞋的脚撕咬下来搬走。而如果尸体落入水中，鞋还可以充当一种漂浮工具。

2007 年到 2012 年，在分隔加拿大与美国的乔治亚海峡，发生了一系列奇怪的事件。在那五六年的时间里，有 20 只穿着鞋的断脚被冲上岸。穿着鞋的脚可以漂浮上千英里，并且低水温会把脚部的脂肪转化为尸蜡，尸蜡是厌氧环境中脂肪水解形成的蜡样物质，可以为脚提供更多的浮力，并且有助于保护脚部的软组织。虽然经过证实，其中一部分脚属于失踪人口，但是围绕此事件而产生的荒诞故事和虚构神话在网络上掀起了轩然大波。

在闹剧最疯狂的时候，有一帮学生决定把一只腐烂的动物脚塞进袜子里，并将其放到满是海藻的运动鞋中，随后把它放在岸上等人发现。但是众所周知，人脚与其他动物的脚不一样，所以，没过多久，人类学家就识破了这个骗局。

人们常常因为船只事故、飞机失事或其他大规模致死事件而在海上失踪，当然也有可能是被故意葬在海中。当尸体在水中腐烂时，尸体各部分自然而然地就分开了。所以当脚上的鞋子能作为浮力工具时，脚这部分很有可能会随着潮汐移动，最终被冲上海岸线。

英国的主要海岸线约为7723英里（约1.2万千米，在不计入岛屿的情况下），而其中一半属于皇家财产，所以在英国的海滩、河岸、湖泊和海湾的岸边或运河中发现断脚并不稀奇。

一只穿着训练鞋的右脚在英国东海岸的一条河中被发现，不久，这条河的更上游部分，一只穿着棕色靴子的左脚被发现。穿靴子的左脚属于当年失踪的一位男性，而穿训练鞋的右脚则属于两年前失踪的另一位男性。后者的左脚最后被证实穿越北海出现在泰尔斯海灵岛的一个沙滩上，这里是荷兰北海岸西弗里西亚群岛的一个岛屿。

从这样一只断脚中，法医人类学家可以确定脚主人的性别（根据脚长、有无毛发等等）、年龄、身高和鞋码，有时甚至可以帮助建立一个广义的身份侧写，缩小搜查范围。但是，这并不能准确地判断他的身份。

有意思的是，仅找到一只断脚并不足以要求验尸官加入调查，因为断脚并非是死亡的象征。虽然割断脚很有可能是一个致命事件，但是，没有脚的人也有可能存活下来。

在调查中，很少出现脚骨是唯一证据这种情况，但是我记得很久之前我还在伦敦工作的时候，碰到过一件这样的事情。我接到了剑桥一位警官打来的电话，他们在沼泽中发现了一位二战时期的波兰飞行员的遗骸和飞机残骸。如果历史没有出错的话，这位飞行员大约在 1944 年跨越北海进行突击后返回英国，当时他的喷火式战斗机的引擎被直接击中，最终在飞越西海岸时失灵。他没有时间在飞机坠毁前从飞机中弹出。他的飞机一头栽进了平坦的沼泽地里，折断的机翼变成了金属管，像雪茄盒一样嵌入了松软潮湿的地面。

这些事件发生的地点都有详细的记录，当局也知道大多数事件发生的地点。在年复一年的耕种中，偶尔会有飞机碎片或飞行员残骸被挖出。我记得，在 2 月底 3 月初农民开始准备为播种新作物而翻土的时候，警方联系了我。

寻找飞机残骸是一门大生意，二战的飞机残骸卖价很高。警方知道，寻宝者在这一带已经搜索了几年，军方知道他们也有小的收获。但是如果能在沼泽地中找到一架喷火式战斗机的完整机身，那么这些寻宝者一定会对这片沼泽趋之若鹜，然而在他们的眼里，看到的只是金钱的价值，并不会去深思其中的历史意义，更不会去反省战争的教训。

但正是其中的一个寻宝队联系了警方。他们说，当他们在喷火式战斗机可能坠毁的地方搜寻时，发现了一块疑似人骨的东西。

他们把骨骼留在了原地，并做了记号。他们觉得这块骨骼可能很重要，所以没有移动它。

警方对此表示怀疑。之前，警方就与这帮人打过交道，并且知道他们曾找到过一只装有骨头的飞行员靴。警察告诉我，如果这根骨头（如果这是人的骨头）与之前的那些骨头来源一致，并且与他们正在寻找的机身关系不大的话，他们也不会对此感到意外。寻宝者深知，如果发现了人类遗骸，相关人员会对这一现场进行考古学和人类学的评估，很有可能会导致大规模的挖掘行动，这为他们的寻宝提供了机会。

在一个寒冷刺骨的早上，我坐警车来到刚刚耕过的田地间，与搜查人员一起检查这片区域。地里有一面橙色的野营旗，标记了他们所说的发现骨头的地点。我们先去了这个地方，以便在做其他事情之前，确定那是否真的是人骨。

这的确是人骨。它是人类左脚的第五跖骨，也就是小脚趾底部的一块骨头。让我深感不安的是，这块骨头就在地表，骨头所有的部分都没有埋在土中，甚至没有粘上一点泥土。骨头很干净，一点污垢、灰尘、淤泥的痕迹都没有，看起来像是有人故意把骨头放在那儿的。为了保留证据，我们给骨头拍了照，然后把它拿起来装进了袋子。接着，我们从田地的边缘开始，向内进行检查，走遍了耕地的每个角落，没有找到任何靴子或鞋子的痕迹，也没有发现任何遗骸的迹象，甚至连动物骨头都没有。

以发现第五根跖骨的地方为中心，在半径不到 2.5 米的范围内，我们找到的是另外四根来自左脚的小骨。我们把这些骨头与那根跖骨对比，从大小、颜色和外观上看，它们都像属于同一个人。每根骨头都恰好被置于犁脊顶部，像那根跖骨一样，这些骨头都没有被埋在土里，也未粘有泥土。在我看来，这些骨头是故意被放置在犁脊上的，为的就是引起我们的注意。

寻宝者声称对此一无所知，对骨头的来源也毫无头绪。但是如果他们的目的是迫使我们进行挖掘，那么他们的愿望就落空了。我认为这些骨头可能是故意被放在那里让我们发现的，而这并不足以让我们进行下一步的挖掘工作，警方和军事机关也都对此表示认同。

我确实建议他们试着从骨头中提取一些 DNA，如果可能的话，把提取的 DNA 与飞行员的亲属进行匹配。但是，那个时候提取 DNA 的技术并不像现在这么成熟，骨头风化严重，实验室无法提取足够的遗传物质。这些遗骸也最终入土为安，但却没有姓名。至少目前喷火式战斗机的碎片和飞行员的遗骸还安静地留在沼泽地中。

不仅是脚骨，那些不幸的趾甲也能告诉我们一些主人生活的情况。趾甲每月约生长1毫米（比指甲的生长速度慢得多），需要12~18个月才能完全长好。一般来说，趾甲能够体现一个人最近几年的生活，甲床能够保留最近的信息，而甲尖能够保留最古老的信息。如果你明确知道自己在寻找什么，从趾甲中就可以了解到关于他居住地、饮食习惯的大量信息。

沃尔夫拉姆·迈耶·奥根斯坦教授及其团队研究了稳定同位素分析在身份识别中的作用及其法医学应用，这项工作具有开创性意义。在一个小男孩死亡案件中，正是他的专业知识帮助警方锁定了小男孩的父亲为嫌疑人，并给他定罪。

医院的急救人员接到一个电话称，有人发现了一个瘦得可怜且已经没有反应的小男孩。赶到现场后，医护人员注意到了楼梯栏杆上的血迹和墙面上的球形压痕，通知了警方。孩子在医院死亡，尸检报告确认其脑部和内脏多处受伤，同时也列出了孩子曾经受过的伤。孩子的父亲否认自己曾打过他，并称孩子的死与他毫无关系。他自称是一位慈爱的父亲。

一些骨头、一个大脚趾趾甲、一个其他脚趾趾甲和部分肌肉等组织样本被送去分析。从大脚趾趾甲我们可以得知过去一年孩子大概的营养状况。

迈耶·奥根斯坦教授能够确定孩子生命中三个阶段的饮食史和两次饮食习惯的变化。他去世前的4~12个月，是能够判断的最早阶段，在这一阶段，小男孩吃正常的杂食性饮食，且营养均衡。去世前的 4 个月，他的饮食发生了变化，相比于 C4 类植物（玉米、甘蔗和小米），他主要吃 C3 类植物（如小麦、黑麦、燕麦和大米）。导致这种变化的原因可能是，他从一个气候温暖干燥的地方搬到了一个气候更加温和的地方。在他生命的最后 2 个月中，他的饮食中几乎不含任何动物蛋白，这与之前的杂食性饮食是完全不同的。

警方在调查中了解到，在男孩去世前约 4 个月，他一直跟着母亲在巴基斯坦生活，从未接触过父亲。随后，孩子来到了英国，虽然在这儿他的监护人是父亲，但是最初他基本都与祖父母生活在一起。而在他生命的最后 2 个月里，他的父亲是唯一照顾他的人。祖父母被告知孩子的伤是意外所致，也从未因此生疑。最后，男孩的父亲承认了自己过失杀人的罪行，被判 19 年监禁。

虽然我们的身体不会说谎，但是有时需要专家想方设法地从中提取信息，甚至从趾甲入手。

脚部也包含着有关于我们生活方式的其他信息。比如说，法医人类学家在看到微小的针孔时，会考虑是否有静脉注射毒品的情况。手部而非脚部往往是注射毒品的首选部位，但是如果在上肢注射 4 年，这里的静脉会萎陷，无法再注射毒品，所以这些瘾君子往往会选择腿部和脚部作为新的注射点。因为脚后部的软组织很少，静脉凸显，所以寻找注射点容易。而这些痕迹也能够被袜子和鞋子遮盖住。

很多静脉注射毒品的吸毒者会选择第一个脚趾和第二个脚趾之间的静脉进行注射，但是在此注射会增加愈合慢、脓肿、感染、静脉萎陷、血栓、腿部溃烂等并发症的风险。脚部的静脉很薄，所以受到注射压力可能会破裂。瘾君子常常会用文身来遮盖注射的位置和留下的痕迹，所以如果看到脚部尤其是大脚趾和第二个脚趾之间有文身，我们会更加仔细地检查脚部。

脚部有大量的神经末梢（只要想想脚部有多怕痒就知道了），所以虚弱的脚部对疼痛是十分敏感的，脚部就成了理想的施暴部位。笞跖是一种古老的脚刑，欧洲人权法院将其认定为一种酷刑，这种刑罚在世界各地，尤其是中东和远东国家都有记载。它会导致行走障碍，有时还会导致脚骨骨折。

2014 年 1 月，总部在伦敦的一家国际法律公司突然与我联系。当时他们正在组建一个包含国际诉讼律师和法医从业人员在内的独立调查小组。我是否应该飞往卡塔尔检查一些影像呢？如果我接受邀请，将只用出差一周的时间，并且他们会负担我的所有花销和开支。他们会在伦敦希思罗机场给我留下一张机票，而我需要在指定日期前往取票。但是，对于影像内容和团队成员，我都一无所知。

为了保险起见，我调查了这家公司的资质。一切似乎都是合法的，而与我联系的那位先生是一位很受尊敬的国际律师。同时我还与外交部的熟人进行了核实，他们向我保证，这家公司的做法不存在任何问题。

我了解到的不过如此，除此之外，一切都要靠我自己，当然我也可能会面临一些危险。因为没有得到这家法律公司更多的消息，我决定听天由命。反正我在伦敦，就去希思罗机场一探究竟吧。如果没有给我留票，那就就此罢休。如果确实有票，倒不如趁此开始一次新的冒险。

机场里不仅有留给我的票，而且还是头等舱。我一时不知道是喜是忧。但是我必须承认，上飞机左转进入头等舱无比美妙，虽然偶尔我也能享受坐在商务舱的飞行时间，但还是与头等舱有很大的差距。

不幸的是，当时我还处在发病已有一月之久的内耳炎的恢复期，因为身体还很虚弱，所以我对此次飞行有些担心。而且，为了不影响药效，我既不喝酒，又对饮食格外注意，生怕再次因为晕机而产生不适。所以我坐在宽敞的头等舱座位上，没有喝香槟、美酒，也没有吃扇贝、牛排和巧克力，入口的只有面包和水，这是我人生中第一次，可能也是唯一一次坐头等舱（我基本算是个精打细算的姑娘）。尽管如此，这依旧是一次美妙的体验。头等舱的床非常舒服，空姐也细致周到，甚至连伴手礼都是迪奥的。但是我仍觉得自己是个随时可能会被抓起来的冒牌货。

当我们在多哈哈马德国际机场降落时，他们要求所有头等舱乘客都留在飞机上。看来会有豪华轿车把我们每个人送到航站楼。我心想，我能适应这种增值服务了。他们最后才念了我的名字，并让我留到最后。直至最后一刻我才发现，或许我不得不尴尬地独自一人走到航站楼。

但是我的想法是错的，有一辆专门的豪华轿车送我回酒店，而且还有一位资深的政府人员护送我。他拿着我的护照与移民局交涉，盖章后还帮我取了行李，而我要做的仅仅是坐在车上休息，但是我却感到一丝不安。如果政府想尽办法服务好你，那一定会让你付出一点代价，所以你必须保持警惕。俗话说得好，天下没有免费的午餐，这样的待遇至少可以说很不正常了。

车把我送到了一家特别好的酒店，我拥有一间私人套房。那儿的一整层都属于我们这个团队，在这儿我们可以不被打扰地工作。现在一切都明晰起来，无论我们在这儿干什么，都会得到卡塔尔政府的全力支持。这个团队共有 6 个人，其中有 3 个是世界著名的国际刑事律师。同时还有一开始联系我的律师，他是最有魅力的绅士。还有一位是英国的病理学家，我与他是旧相识，这也让我更加安心了。最后一位成员是我。一位政府官员给我们介绍了情况。

2011 年反对巴沙尔·阿萨德政府的抗议活动导致叙利亚境内动荡不安。大量的示威活动遭到暴力镇压，而许多人也失踪或被拘留了。《金融时报》曾报道称，在内战发生的前两年，卡塔尔为叙利亚叛乱提供了“高达 30 亿美元”的资金，并且提出了一个难民方案，每年给叛逃者及其家人提供价值约5万美元的补给。其中一个叛逃者是一位男性，而我们所知道的只有他的代号“凯撒”。

凯撒告诉调查战争罪行的人员，在抗议活动之前，他曾是一名法医调查员。叙利亚动荡一开始，他就被聘为叙利亚宪兵队的摄影师。他的工作是在大马士革的两家军事医院为身亡的被拘留者拍照，把死在叙利亚军事监狱中的人的尸体情况记录下来。他声称从未目睹过处刑和酷刑的过程，但是他确实描述了一个记录死亡的组织严密的系统。

他说，送到医院的每具尸体都有两个编号，一个据说与他们的住院号有关，另一个则是他们在拘留营的编号。他必须给每具尸体拍摄一张带有住院号的脸部照片，而这张照片可以发给他们的家人，遗憾地通知他们，其儿子/丈夫/父亲已经在医院自然死亡，同时这张照片也是死亡证明所必需的证据。

他从未在这些脸上看到酷刑的痕迹，所有的痕迹都在下巴以下部位。而他也必须拍摄带有拘留营编号的伤痕，来证明已经执行了对其实施酷刑的命令。

凯撒受眼前发生的事情的影响越来越大，他在卡塔尔提供的诱人难民方案中看到了一条出路，他开始与一个反叛组织进行交涉。最终，他与反叛组织达成统一，他需要冒着风险去复制这些照片。每天他都在袜子的脚趾头处藏一个U盘，把照片复制下来传给那个组织，他们设法把这些 U 盘偷运出国。

2013 年 8 月，凯撒在一场交通惨案中“死亡”。实际上，当他的家人以悲痛万分的心情参加他的葬礼时，他被秘密地送出了叙利亚。到 2014 年 1 月我们在多哈见到凯撒时，他的家人也已转移到安全地带，与他团聚。

据说他复制了 1.1 万余具尸体的 5.5 万余张照片，所有的照片都能够作为他们经历挨饿、被恶狠狠殴打、被勒死以及其他形式的酷刑甚至被杀害的证据。组内律师的任务是与凯撒进行面谈，以确定他是否是一个可信的证人，而法医病理学家和我则需要尽可能多地检查这 5.5 万张照片，以确定照片是否是伪造的、是否有重复，以及判断它们的真实性。

调查组谨慎地对证据进行评估。我们都很警惕，以免成为被传播某些政治观点的人利用的工具。至关重要的是，调查组需要给出一个既不受其他政党影响，又公正合理的结论。

病理学家和我乘车离开酒店，并且绕了很长的一段路才到了多哈市中心的一个公寓。虽然我们已经来过三次了，但是每次走的路线都不一样。我们知道，为了确保凯撒所在的地方不被泄漏，卡塔尔特种部队一直跟着我们。

在被允许进入大楼之前，我们一直坐在车里。在公寓门口，我们见到了安保人员，在他们检查并确定我们没有携带武器后，我们进入了一间装饰简陋的起居室，并在那儿单独留了很长一段时间。最后，凯撒进入了这个房间，有人向他介绍了我们。他是一位安静又讨喜的男性。随后，房间里被送来一台电脑。获许后，我们打开了电脑，并点开了电脑中的文件夹，里面存有数千张死去男性的照片。前一个小时，我们简单浏览了一下这些照片，大体了解后，我们在其中寻找重复或伪造的痕迹。

当然，一开始凯撒也对我们怀有戒备之心，但是随着持续的相处，并解释清楚我们没有特殊目的后，他逐渐放松了下来。我们问他所有照片是否都是他自己拍摄的。他的回答是否定的。我们又问他是否目睹过任何谋杀行为，答案还是否定的。从他的回答中可以看出，他的话中没有任何夸张的成分。

在一张照片中，有很清晰的摄影师拇指的图像。虽然我知道那并非凯撒的拇指，因为我坐在他身边仔细观察了他的手部结构，但是我还是问了他，照片中的拇指是不是他的，他的回答是否定的。无论我们从什么角度提出多少次问题，他的答案总是一致且明确的，当然，如果他不知道答案，他也会实话实说。

虽然当时我们提到了即将要写的报告，但是我并不知道报告最终会呈给谁。凯撒身边的人坚持不在报告中使用任何照片，而我希望他们能够重新考虑一下，因为图片所能呈现出的效果是无法取代的。我向他们展示了我将如何隐匿照片中的信息，我会对获准使用的照片中出现的脸和编码进行不可逆转的黑化处理。在不断讨论和争辩后，他们最终同意，只要在处理后识别不出照片中的人是谁，我们就可以最多使用其中的10张照片。

很明显，我们没有足够的时间来检查文件夹中的所有照片，所以我们决定用文档图片处理系统从每个文件夹中找到具有代表性的伤痕样本。我们在总共浏览了接近5500张照片后把它们分别归类。

像凯撒一样，我们在尸体下巴以上的位置没有看到任何受到酷刑的痕迹。但是有16%的样本照片，颈部存在横向绑扎的痕迹。这些痕迹并非绞刑留下的印记，因为绞刑留下的印记一般是从颈部上端往后蔓延的。我们认为这些是勒痕，是酷刑留下的痕迹。在一张照片中，可以看到一根依旧套在当事人脖子上的绑带，它是汽车上的一根扇形皮带。在另一张照片中，可以看到手腕和脚踝上的一些勒痕和一条塑料扎带。

从5%的样本照片中可以看到所谓的铁轨样挫伤，也就是一个人受到铁棒或塑料棒等长圆柱形物体敲打后，皮肤开裂，造成的线状开放性瘀伤。不仅一些尸体的躯干上有这些明显的平行状痕迹，甚至有些尸体的四肢上也留有这样的印记。其中一具尸体尤为明显，他的躯干从上到下有超过50处这样的瘀伤，受害者受到殴打时应该被绑住了，否则他一定会试着蜷缩起来保护自己。

超过六成以上的样本尸体极度消瘦。看这些样本照片，仿佛是在看二战集中营的照片，一具具尸体消瘦得可怕。他们的骨头透过皮肤凸了出来，每根肋骨都清晰可见，脸部也都凹陷了。

我们分析的最后一类特殊创伤，与下肢，尤其与小腿和脚有关。超过 55% 的尸体在这一部分出现大量溃烂。我们不知道确切的原因，凯撒也无法告知我们，因为他只看到了酷刑留下的创伤。出现溃烂的原因可能是压疮、血管功能不全、受到故意伤害，比如被热的或冷的物品致伤或是营养不良导致组织破裂。由于样本中的大部分溃烂病变出现在青年男性身上，所以这些溃烂不太可能是因为自然原因所致。

最有可能的原因是静脉功能不全，因为膝盖上紧紧绑着一根绑扎带，严重限制了下肢的血液循环，这让他们深受其害。由此可以推测，是血压升高导致血管破裂、皮肤溃烂。在样本照片中，半数以上的男性腿部和脚部出现了这种情况，这也证明了他们曾受到过酷刑的折磨。

并非所有照片的拍摄角度都很完美，所以法医学家在试着准确判断是哪种酷刑所致的伤害时，并不能排除笞跖这种刑罚手段。叙利亚曾报道过，笞跖往往是击打脚部柔软的足弓中间，而非脚后跟或前脚掌，并且需要施刑者之间相互配合或是让受害者无法动弹，从一些照片中可以看到有些受害者受到这种酷刑折磨后形成的其他损伤。

凯撒作为证人是可靠且令人信服的，并且所有的照片都是真的。我们在卡塔尔完成了我们的报告——《达席尔瓦报告》。在接下来的一周里，全世界的很多报纸和广播电台都报道了这份报告的发布，英国的《卫报》全文转载了这份报告。这份报告的发布时间恰逢有关叙利亚问题第二次日内瓦会议的召开，这是一次由联合国支持的旨在结束叙利亚内战的国际和平会议。在和谈前夕发布的这篇报道，让阿萨德政权处于不利境地，并且引发了国际上对大规模屠杀的愤怒和谴责。但截至目前，仍没有公认的解决方法。

把凯撒的话放到最后最为合适。他对美国前总统奥巴马说："我冒着生命危险，把直系亲属的生命安全抛诸脑后，甚至置我的亲人于危险境地，为的就是制止政权对犯人施以酷刑。"

尾　声

你可能想象不到自己有一天也要谈论在衣橱中的骷髅。

——马克·麦奎尔，棒球运动员

相比于我，美国流行病学家南希·克里格更好地总结了我们的身体、我们自己和我们所生活的世界之间的关系，她讲明了我们身体所叙述的故事与我们的生存条件是如何密不可分的。它们往往与我们自己和其他人的陈述相吻合，但也并非总是如此。我们的身体讲述了别人不能或不愿讲述的故事，因为他们不能、不被允许或选择不这样做。

自 2018 年《法医报告》首次出版以来，有很多人写信告诉我他们的身体情况，大多是多年来他们身体出现的问题，他们所发现的自己身上出现的奇怪而奇妙的解剖学上的变化，以及他们咽气后尸体可能呈现的样子。这些故事构成了存在于我们这个物种的人类解剖学的丰富图景，并且证明了我们可以毫无保留地进行分享。

本书的焦点在于一部分一部分地分析人体，这其实就是法医人类学家的工作方式。我们无法得知需要鉴定的是人体遗骸的哪一部分或哪几部分，也并不清楚人体遗骸的保存状况和破碎程度。正如本书中所有案例说明的那样，我们的工作就是根据现有的人体遗骸部分得到每一条信息，从而解答有关于死者身份、生活经历和死亡的问题。

我所从事的行业正是为以下这类案件而生，对我来说，这个案件既体现了法医人类学的作用，又说明了它是如何融入司法程序的。本书应该成为每一位法医病理学家、解剖学家、警察、律师、法官以及法医人类学家的必读书目。这个案件将兰卡斯特，也就是我现在生活和工作的地方，与我的故乡苏格兰联系在一起。它体现了警察和解剖学家一起工作的情况，展示了一些有益于我们这一代科学家和调查人员工作的侦查方法和法医技能。同时也强调了我们需要脑洞大开，接受一切可能性，不断精进技术，并探寻查明真相的新手段。

下面这个案件让我们知道，有时候我们必须不惜一切代价来查明发生在同胞身上的事情，并且也提醒我们，每一次谋杀案的调查结果都应该公平公正地以还原事实真相告终。它说明了我们为什么必须准确地知道单独发现的身体部分透露的信息。或许，这对我们所有人来说都是一项有趣的演习。你能够在身体中用什么来帮助法医人类学家确定你的身份，了解你在生活中所经历的事情呢？正如这本书中所写，你可能会惊讶于从头到脚每一个小小的部分所传达的信息，而把得到的信息组合起来，就很有可能描绘出连你的家人、朋友都会认可的你，以及你的生活的样子。

此案的核心人物是巴克塔亚·鲁斯唐吉·拉谭吉·哈基姆，他于 1899 年出生在一个富裕的中产阶层法国–印度家庭。在取得医学和外科医生资格证后，他任职于孟买的一家医院，后来去了印度服务机构工作。为了拓展眼界，他在 1926 年搬到了伦敦。虽然他有着雄心壮志，但是在这个满是抱负远大的医学工作者的城市里，他是如此渺小且不值一提。后来，他又搬到了高度重视医学和外科的另一个城市爱丁堡，在那儿备考皇家外科医学院的特别研究生，但是三次考试均以失败告终。

他觉得印度名字阻碍了自己的发展，所以通过单务契约改了一个他认为听起来更加英化的名字。他摇身一变成了文雅自信的巴克·卢克斯顿医生，并且与一家爱丁堡餐馆的经理伊莎贝拉·克尔邂逅。伊莎贝拉在经历了一段失败且短暂的婚姻后与丈夫分开，她把这位举止文雅的异国医生视为她的下一站幸福。

伊莎贝拉怀孕后，为了避免引起流言蜚语，他们逃去了伦敦，在那儿他们以夫妻的身份生活并拥有了一个女儿。巴克再次发现在首都难以成功。他最终决定放弃做外科医生，他觉得也许在一个竞争压力小的地方做全科医生，会生活得更好。

所以，在1930年，这个三口之家搬到了兰卡斯特。在这座贫穷的北方城市，医生数量不足以服务好当地群众，所以这里无疑是一个开办全科诊所的理想之地。因为当地房产很便宜，所以巴克贷款买下了道尔顿广场2号的一栋乔治亚风格的联排别墅，并在那儿和伊莎贝拉安了家，而他也办起了自己的诊所。

不久后，诊所蓬勃发展。巴克成了一名受欢迎的全科医生，病人们对他的评价也很高。尤其是在那个孕妇和婴儿死亡率很高的时期，他的妇科技术享有佳誉。在英国国家医疗服务体系出现之前，患者购买所有的药物和就诊都必须自费，而他因为给无力支付医疗费用的贫困患者免费而变得人尽皆知。

巴克有帅气的外表、专业的医学知识以及和善的待人接物方式，再加上伊莎贝拉的魅力和社交能力，当地的时髦人士很快就接受了这对夫妇。5年后，夫妻二人再添两子，从表面上看，他们的生活似乎不错。房子布置得很舒适，每个人都有自己的汽车，这在20世纪30年代是社会地位与财富的象征。他们雇用了几个做饭和打扫的用人，还有一个来自附近沿海小镇莫克姆的住家女佣玛丽·罗杰森。

但是，光鲜亮丽的童话故事背后另有隐情。伊莎贝拉野心勃勃，刚愎自用。她不满足于医生妻子这个身份，想要拥有自己的事业和金钱。巴克想要控制她，而伊莎贝拉想要自由，最终的结果就是他们经常大吵，这一点大家是有目共睹的。伊莎贝拉脖子上有瘀青，她多次告诉前来的警察，她的丈夫十分暴力。因为巴克的暴力行为，伊莎贝拉不止一次带着孩子离开，但总是会再次回来。当时社会对家庭暴力持有的态度是，男性是家里的顶梁柱，无论他如何管理家庭和妻子，都是他自己的事，与他人无关。

伊莎贝拉的性格起初深深吸引了巴克，但如今，却变成了他忧虑和痛苦的源头。他不满伊莎贝拉的独立和她在自己身上花那么多钱。虽然伊莎贝拉不是什么大美女，但她的魅力却让其他年轻男子神魂颠倒，巴克对此嫉妒不已。他认为伊莎贝拉有了情人，并且她会永远离开自己。

这一切都在 1935 年 9 月 14 日的那个周末结束了。伊莎贝拉打算在那个星期六晚上去布莱克浦看望住在那儿的两个姐姐，欣赏闻名世界的彩灯。巴克对此十分不满。为了不多生事端，伊莎贝拉并没有像计划那般在外留宿，而是当晚开车回到了兰卡斯特。但是在巴克看来，她凌晨 1 点才回家就是她与另外一个男人约会的证据。

9 月 15 日星期日凌晨，当伊莎贝拉回家进屋时，巴克很有可能一直在等着她。因为他有暴力行为史，所以他可能掐死了她，或是用拨火棍痛打了她。由于没有目击者，所以我们可能永远都不会知道发生了什么。无论后面发生了什么，伊莎贝拉都死了。可能玛丽·罗杰森听到了骚动，来到楼梯查看后，遭遇到了同样的对待。无论怎样，这主仆二人都在那天清晨丧了命。随后在楼梯上发现的大量血迹说明，她们中至少一人被捅伤了。

巴克是决意要杀害他的妻子和女佣吗？也许不是，但是她们依旧死了，现在他不得不决定如何善后。他应该承担后果，以他的事业和名誉作为代价去坦白一切吗？他应该收拾东西逃跑吗？还是应该试着掩盖一切？他的选择是最后一个。毫无疑问，他是一个聪明人，但是却有些傲慢自大，由于他对自己的聪明过于自信，所以可能有些看不起警察的能力。他必须编造一个讲得通的故事，但是更紧迫的是，他需要想办法处理这两具在楼梯地毯留下血迹的尸体。

对他来说，肢解似乎是一个合理的解决方案。他了解基本的解剖学知识，学习过法医学，通晓外科手术方法。但是，仅仅拥有分尸的专业知识还远远不够，还必须做事有条理，决定抛尸的地点以及如何处理这个烂摊子。巴克在处理尸体、清理房子、编造故事的同时，还需要分解尸体，以及在没有女佣的帮助下照顾三个在屋里睡觉的孩子。

他拖拽着尸体穿过楼梯，进入浴室，这也是大多数凶手肢解尸体时的首选地点，因为这里有大小形状合适的浴缸以及可以冲刷掉血液的管道。他本就知道需要给尸体放血，因为他不能在房子中留下血迹，而且他必须在血液凝固前尽快完成，以免增加难度。他还必须以毁容的方式掩盖她们的身份，他知道，随着时间的推移，腐烂会帮他完成剩余的工作。

只要设备应手，技术过关，肢解并不会耗时太久。他先从妻子伊莎贝拉的尸体下手。巴克把她的尸体放进浴缸，脱去她的衣服，剥掉躯体的皮，并切除了她的乳房。他切除了她的喉，因为他知道喉结是区分男性和女性的明显标志。同时，他也切除了她的内生殖器和外生殖器，割掉了她的嘴唇、耳朵、眼睛、头皮和头发，然后砍下了她的头。他切开了她的脸颊，拔下她的门牙，取出所有能够识别其身份的“内置物”。他肢解了她的整个骨盆，割掉了她下肢的肉，因为她的脚踝很粗，很有辨识度。为了防止指纹识别，他还切掉了她的指尖。他精准又熟练地切断了她的主要关节。他所遇到的唯一一个难题是，他在取出其右脚肿块时，没拿稳刀子，这导致他的手受伤严重。这减缓了他的效率，阻碍了他将玛丽的尸体彻底肢解。

此时他可能已经疲惫不堪了。一开始的冲劲也消耗殆尽，他受伤了，工具也变得很钝且滑。虽然他消除了能够辨别出玛丽的面部特征以及她大腿上的皮肤，还去除了一块胎记，但是他却单独留下了她的手和脚。由于我们没有找到她的躯干，所以我们并不知道她的躯干被肢解到什么程度。

他很好地掩盖了受害者的身份。也许正是因为太过完美，才给警方留下了追查的线索。他干净利落地让玛丽的肩胛和髋部脱位，这说明，做这件事的人既对解剖学有所了解，又具备必要的外科手术技巧。而他所切除的具体的身体部位表明，他对当代法医鉴定知识了解颇深。

肢解完尸体后，巴克锁上了浴室的门，清扫了楼梯地毯，也许还处理了墙壁，他尽可能地清理了所有痕迹，最后换下了可能浸有血渍的衣服。当天早上，他在跟孩子们一起吃过早饭之后，去找了负责打扫的女佣，并告诉她今天不必前来打扫卫生，然后把孩子们送到朋友那儿，这样他就可以回家继续完成见不得光的工作。

他用旧衣服和报纸把大块的尸体包裹起来。现在他有一大堆装满尸体的包裹，一些衣物，还有割下来的具有辨识度的尸体部分，他想要分开处理身体部分。他买了汽油，之后的几个晚上，他在后花园的一个旧桶里烧掉了这些东西。

他编造了各种各样的故事来解释伊莎贝拉和玛丽不在的原因，一开始他甚至在玛丽父母的面前编造了这样一个故事，那就是玛丽怀孕了，而伊莎贝拉陪她去堕胎了。因为堕胎是违法的，所以他希望自己编造的故事可以阻止他们报警。他想方设法牵制住大部分人，这样他就有足够的时间来思考该如何处理这些包裹。诊所的工作人员和病人察觉到了一丝异常，不仅仅是奇怪的气味、消失的地毯，还有他不修边幅、疲惫不堪的样子。他的解释有两种，一是他打算重新装修诊所，二是伊莎贝拉再次离开了他，总之他把这一切都归咎于自己的压力和担忧。他说，自己的手被门挤了，所以打上了绷带。但是，俗话说得好，骗得了一时，骗不了一世。

巴克意识到他不能开自己的车去处理尸体，因为他在当地颇有名气。所以，他从当地的一家公司租用了一辆带有行李箱的不起眼的车，并决定开车北上，抛尸于英格兰。毫无疑问，他这么做的原因是异地的警察不会互通有无。而他因为曾经在爱丁堡生活过，所以对这条路十分熟悉。

9 月 17 日星期二一早，他开着租来的车带着年幼的儿子向两地边界莫法特镇驶去，这段路程超过 100 英里（约 160 千米）。这样的路程，在当今这个高速公路健全、车速更快的时代，甚至用不了两个小时，但是在 1935 年，这却是一段不短的路程。行驶到距离邓弗里斯郡莫法特镇以北几英里处，穿过加登霍姆·林恩小溪的旧石桥时，他停了下来。当时正值暴雨，洪水泛滥。他把装在行李箱中的东西从护栏上方扔进了湍急的水流中。

晚上 12 时 25 分，一名骑自行车的人联系警方说，他在肯德尔镇被一辆超速向南行驶的汽车撞了。他记下了这辆车的车牌号，并致电道路下一个站点的米尔索普警察局。当巴克路过这里时，一名警察拦下了他。这只是一个小插曲，因为无人伤亡，所以巴克得以继续行驶，他解释道，因为有病人在兰卡斯特等着他，所以他才开得这么快。巴克应该知道，这是他的一个大纰漏，他开着租来的车从边界返回的日期和时间都在坎布里亚有了官方的记录。

两天后，他带着剩下的东西再度往返于两地。这一次他更加谨慎，他大概是在安南河及其支流的不同位置扔掉了剩余的尸体。

到了 9 月 25 日，玛丽·罗杰森的家人因为迟迟没有见到她而心生疑虑，所以报了警。在警察询问玛丽的雇主巴克时，他讲述了一个早就编造好的故事。

在 9 月 29 日这个星期天，也就是伊莎贝拉和玛丽被杀的 14 天后，一个在莫法特附近散步的年轻女子无意中从桥上望向加登霍姆·林恩小溪时，她以为自己看到了一只举起的胳膊和一只从水中伸出的手。她找来当地的男人仔细查看后，发现了一个被巨石卡住的包裹，里面有一个人头和上肢。邓弗里斯郡警察局迅速召集警力，骑着自行车赶到现场。

在对小溪，以及附近的溪流、峡谷、河流进行搜查时，警方发现了几十个身体部分，其中还有另外一颗头颅。其中一些用布料或衣物包着，还有一些则被包裹在湿报纸中。在那个时候，还没有犯罪现场调查员，没有 DNA 检测，没有法医摄影，甚至在晚上都没有发电机为现场调查工作供电。警察们行动迅速，检查彻底，工作高效。他们找到了一切可以找到的东西，并做了大量的笔记，对细节也十分关注。这些残肢被带到莫法特公墓一角的屋子里，以便医生进行仔细的检查。

第二天，他们对发现的所有身体部分进行了盘点，使用的方法与现在的方式差不多。迄今为止发现了两只前臂、两根上臂骨、两根大腿骨、两根小腿骨、一个躯干、包括脚在内的两条腿的下半部分、一个骨盆、两个面目全非的头颅，共计约 70 块不同的人体遗骸。他们把包裹遗骸的布料和报纸全部取下后，对其进行了清洗并仔细晾干。

很明显，这些人并非自然死亡，这些尸块至少来自两个受害者。同时也可以看出，肢解的操作是十分专业的。警方想知道这一切是否是由医生操作的，或者这本就是恶作剧，可能是医学生从解剖室拿出来丢掉的尸块。当时他们并不知道受害人是本地的，还是这些残骸从其他地方被运到了莫法特。与现在的情况一样，想要找到凶手，查明原委，那么确定两具尸体的身份就至关重要。

从我们罗列的清单中可以清楚知道，还有一些身体部位没有被找到，虽然在进一步的搜查中，他们依靠狗灵敏的嗅觉找到了一些小碎片，但是还不足以拼凑出两具完整的尸体。他们之前判断受害人可能是一位年长的男性和年轻的女性。这个错误信息，导致当时的寻找目标并非两位失踪的女性。当地并没有情况相似的失踪人口，所以必须扩大调查的范围。尸体更可能从北面来而非南部，尤其是在尸体在苏格兰而非英格兰被发现这种情况下，所以格拉斯哥警方加入了此次调查，来自格拉斯哥和爱丁堡两所古老大学的解剖学家和法医也参与到调查中来。

其中，领头人的是来自爱丁堡大学的詹姆斯·布拉什教授，另外两位分别是来自爱丁堡大学的法医学教授悉尼·史密斯和来自格拉斯哥大学的法医学教授约翰·格莱斯特。这三位教授在世界上闻名遐迩，你可能想不到，巴克医生一直很尊敬他们。布拉什教授和史密斯教授甚至很有可能在其准备外科医生考试时教过他。

他们开始比对这些尸块，并分别将它们列至以尸体 1 和尸体 2 简单命名的所属尸体。他们怀疑肢解者拥有外科或者解剖学经验，他们深知，切除一些部位是为了毁掉那些足以辨别尸体身份的证据。他们知道肢解的目的就是掩盖受害人的性别和身份，但是他们工作的大前提仍是认为这两具尸体分别属于一个年长的男性和一个年轻的女性。他们为每具尸体准备了两罐防腐液体，并且为了防止进一步的分解，将特定的部分置于液体之中。

9 月 30 日，报纸上报道了在莫法特的可怕发现，但报道中仍将受害者描述为一男一女。巴克一定稍稍松了一口气。然而，正是报纸给警方提供了突破口。

用来包裹尸体的其中一份报纸是 1935 年 9 月 15 日发行的编号为 1067 的《星期日图画报》，这可能是抛尸的最早日期。除此之外，这份报纸是兰卡斯特地区的本地报纸，而且它只在兰卡斯特和莫克姆附近发行，销售量很小。

调查完这份报纸后，警方的注意力从格拉斯哥转移到了兰卡斯特和莫克姆。这里也没有符合尸体特征的一男一女失踪，但是却有两位失踪的女性。这让警方看到了曙光，尤其是得知其中一位女性的丈夫是具有外科经验的全科医生时，他们着实眼前一亮。在案件调查的前12天，他们的调查方向一直有误，这个典型案例解释了在案件调查伊始给警方提供准确信息的重要性。

这些鼎鼎大名的教授很快就承认自己可能判断有误。我们从中可以得到另外一个重要的教训，那就是在调查中不要盲目自信，想当然地进行判断。10月13日星期天，巴克医生被指控谋杀玛丽。玛丽的家人认出了包裹尸体的一部分衣物。

一项全新的法医科学成果第一次在案件中使用。虽然伊莎贝拉的指尖被切掉了，永远无法找到，但是玛丽的指尖是完整的。尸体1的手部外表皮有脱套伤，造成这种情况的原因是手长期浸泡在水中，洗衣工的手常常会这样。尽管如此，她深层的皮肤即真皮层的指纹却清晰可见。指纹专家把从尸体上提取出的真皮指纹，与在道尔顿广场2号玛丽房间里发现的指纹进行了对比。事实上，她打扫过的地方，甚至玻璃器皿上，都留有她的指纹。

虽然真皮指纹更细也更不清晰，但是却与表皮的指纹相似，同样可以用于鉴定。在英国案件中，这是真皮指纹第一次发挥作用，同时此类证据也是第一次在法庭上被认可。

根据尸体1的手和脚做出的橡胶模型，穿戴上玛丽的手套和鞋子是十分合适的，但是与伊莎贝拉的物品并不匹配。玛丽腿上被移除的皮肤是带有胎记的，这说明有人故意这样做来阻碍辨别身份。如果身体的某一部位被毁坏了，这定会引发一个疑问：凶手想要掩盖的是什么呢？

巴克先是被指控谋杀了玛丽，因为能够证明玛丽身份的证据与尸体1相符，即一个头部有多处钝器伤的18~25岁女性。这些能够证明其身份的证据一方面包括性别、年龄、身高、衣着、指纹，另一方面，虽然关键部位缺失，但通过手套、鞋子与手和脚的匹配程度，也足以证明。尸体2是一名年龄为35~45岁的女性，其胸部有5处伤口，并且舌骨骨折。因为巴克把能够证明其身份的特征消除得更加彻底，所以证明尸体2是伊莎贝拉就更难了。

科学家们把注意力转到了这两个女人的照片上。玛丽的现存照片质量不佳，但伊莎贝拉戴着钻石头饰的照片质量很高。他们决定把一张尸体颅骨的照片叠加在一张伊莎贝拉头部的照片上，这样的尝试前所未有。60年后，我们仍然在使用这项技术，正如第二章所描述的，我们使用这种方法确认了"水磨石怪兽"案中两位受害者的身份。

这既是灵光一现，又是摄影师耐心和韧性的惊人表现。虽然玛丽的照片说服力不足，但是伊莎贝拉照片的叠置却是一个胜利，并且时至今日，这一次照片叠置在法医界仍是一个标志性的成果。

11月5日，巴克被指控谋杀了他的同居妻子。想要给巴克定罪需要足够的证据来排除合理怀疑，虽然看起来证据充分，但是并没有目击证人，没有找到凶器，甚至连供词也没有。由于此案的证据几乎都是间接证据，所以在很大程度上需要依赖这些新的、未验证过且未测试过的法医技术，检察官、警察和科学家只希望法庭能够相信这些技术。

在审判过程中，控方放弃了对巴克谋杀玛丽的指控，案件仅就与伊莎贝拉有关的证据进行审理。这种情况在法庭上时有发生，目的是规避风险，采用最佳决策以确保能够给嫌疑人定罪。玛丽的家人因为巴克杀害玛丽却未受到法律制裁而悲痛欲绝，他们的这种表现是可以理解的。

巴克并不认罪，控方为 1936 年 3 月 2 日星期一在曼彻斯特法院的审判，准备了 11 名证人和 209 件物证。虽然负责案件调查的警察和专家主要是苏格兰人，残骸也是在苏格兰发现的，但是由于案发地在英格兰，所以案件的审判在英格兰进行。此案本应在兰卡斯特审理，但是因为担心被告是一个在小范围内有名望的人物，可能无法进行公正裁决，所以案件被转移至曼彻斯特审理。

案件的审理持续了 11 天，这是英国法庭记载中审理时间最长的案件之一。法庭接受了法医的证明，这些证明加上案发前后的证人证词构成了此案的大部分证据。3 月 13 日星期五，也就是案件审理的最后一天，对巴克医生来说这无疑是一个倒霉日。陪审团在 4 点退席，于一个多小时后，一致裁定巴克有罪，法官约翰·辛格尔顿爵士宣布巴克判处死刑。巴克·卢克斯顿将被带往斯特兰格威监狱处以绞刑。

当然，巴克提起了上诉，他的案件于4月27日由首席大法官，也就是后来的伯里·休厄特男爵主持审理，但最终被驳回。兰卡斯特的万余人签署了请愿书，请求对巴克宽大处理，但并没有起到作用，1936年5月12日，巴克被处以绞刑。当时他仅36岁，留下了三个年仅6岁、4岁和2岁的孩子。

像这种声名狼藉的案件发生之后，会发生各种令人反感的事情。虽然最终伊莎贝拉和玛丽的尸体被下葬，但是她们的颅骨被爱丁堡大学保留下来。还有一些江湖骗子四处造谣。有人在酒吧和娱乐场所哼唱或念着下流的小曲。发现尸体的地方在当地被称为卢克斯顿垃圾场。至于道尔顿广场的房子，出于试验目的，科学家拆除了房子的大部分，包括两位女性被放血和肢解的浴缸。兰开夏郡骑警把未被拆除的部分用作马槽多年。

如今，我们能不能做到像20世纪30年代的警察和科学家那样竭尽全力呢？我当然希望能够如此。前辈们倾注所有心力来完成自己的工作。除了小心翼翼地保留证据和应用叠置法、真皮指纹等创新技术外，格拉斯哥的昆虫学家亚历山大·米恩斯博士也发挥了重要作用，他被请来分析在遗骸上发现的蛹，以进一步缩小可能的死亡时间范围，这是当时另外一项刚刚出现的新技术。这次调查包罗万象，我强烈建议对整个故事感兴趣的读者去阅读汤姆·伍德的佳作《卢克斯顿：第一起现代谋杀案》。

当然，如今我们可以从尸体部位中进行 DNA 取样，这样就可以判断尸体的主人是谁，如果当时有这项技术，我们可以把提取出的 DNA 样品分别与玛丽的父母、伊莎贝拉的孩子和姐妹进行匹配。但是如果失去了这些核心技术，我们就会遭殃，我们并不知道什么时候能够依靠这些技术。即使是最新的技术也不能一直为我们提供解决办法。

我们对 DNA 技术过度依赖，如今，检测时需要格外谨慎，因为在法庭上可能会出现质疑样品污染这样的情况存在。在法医层面，我们对 DNA 自然变化的方式还了解不够。比如说，它是如何转移到不同的材料上的，或是在那儿停留多久了。我们并不知道 DNA 从一个物体表面转移到另一个物体表面是易是难，提取混合在一起的样品也存在困难。

虽然 DNA 足以证明身份，但是却不足以在法庭上证明嫌疑人是有罪还是无罪，所以有足够多的确凿证据支持结论就显得尤为重要。当 DNA 无法在一个案件中发挥作用的时候，我们必须依靠并信任不同学科的科学技能和知识，只有这样，当调查人员和科学家作为一个团队进行工作时，才会取得重大进展。

虽然我们总会就解决方法达成一致，但是如果能够迅速统一方案，有时这样最简单的方法恰恰是最正确有效的。在我们脑海中久久挥之不去的案件往往是那些最难、最需要大量思考的，并非那些很容易就侦破的案件。我们应该始终铭记，每一个尸体部位都曾属于一个在世的人。他们可能曾经是别人的父亲、母亲，可能有兄弟姐妹、孩子，或者还有关心着他们的朋友和同事。

正如此案中尸体所传递的信息一样，法医人类学家的工作不是创造故事，而是试着找到并理解已经写在人体骨骼、肌肉、皮肤、肌腱和纤维中的故事。我们必须起到桥梁的作用，把因悲惨可怕的事件或者仅仅因为意外而丧生的人的故事讲述给他们的家人，把尸体交还到可以安葬他们且深爱他们的人手中。

虽然有时候人们赋予法医工作非凡的意义，但事实上，这并非什么难事。虽然这是一项对身体、智力和情感都富有挑战性的工作，有时候甚至对调查过程影响甚微，但是当你知道你所做的会影响某个地方的人的生活时，你会沉醉于这种殊荣中无法自拔。

很快，我就需要把接力棒传到那些能干的后辈手中，相比之下，他们更能胜任这项对体力要求颇高的艰苦工作。我从未设想过自己会成为老前辈，但是不知怎的，在我没察觉到的情况下我就慢慢地变成了这种人。最近，我在电视上看到了我与犯罪学家戴维·威尔逊一同录制的采访，我当然能够从中看到我所熟悉的自己的样子。但是如果从屏幕中的那个自己抽离出来，把她当作一个不一样的人来看，我想我会发现更多有关于她的东西。

虽然我能在自己身上看到我父母的影子，但是我们在说话方式上并不相像。无论是言谈举止还是口音，都不相似。虽然我能够像我的父亲一般讲述故事，但是却不一定能对别人提出的问题对答如流。但是，我的大脑运转速度比嘴要快，我的思考比说话要提前两步。我能够从自己的肢体语言、说话语气中判断出自己什么时候不自在，什么时候放松又踏实。我的笑有两种含义，其中一种是违心的笑。这些都是我能认识到我是谁的特征，但是在我逝去后，法医人类学家通过我的骨头和尸体并不能辨别出我的这些特点。

所以，我们需要在以下两个方面更切实际，一是陌生人能从我们的尸体中得到什么信息，二是这些信息在辨别遗体身份时有什么价值以及能发挥什么样的作用。我希望在我离世后，一个好的法医人类学家能够确定我是女性、死亡时的年龄、身高（约 1.67 米）、红色的头发（如果它们那时依旧还是红色的）。如果我的头发已然不是红色，他们可以从我的基因中找到这种颜色，以辨别出我的肤色以及我是否有雀斑（事实上，我有雀斑）。我希望他们能够确定我是高加索人的后代，是一个典型的凯尔特人。

他们会看到我没有文身，没有先天性异常（据我所知），没有畸形（虽然这些可能还会出现），也没有变异，如果幸运的话，我也不会受到截肢和大病的折磨。我有几处因意外留下的伤疤，比如右指戒指下的瘢痕，那是我在十几岁时打开罐装咸牛肉留下的。至今唯一一个手术瘢痕是在做妇科绝育手术时留下的。我的骨盆可能会留有生过三个孩子的迹象。我的牙齿也透露出我是个苏格兰人，因为有些牙齿已经拔掉了，所以补的牙比原本的牙还多。我没有扁桃体。我的颈部、背部、臀部和大脚趾都有早期关节炎的征兆。几年前，我在冰上骑摩托车时，不幸摔落导致右锁骨骨折。

我的身上没有植入物。我也没有受枪伤或刺伤。我没有服用过任何违禁药物（至少在我看来是这样），毒物学会证明这一点。话至此，这确实是一具无聊、乏味的尸体，而我所能做的只能是道歉，因为他们在仔细检查骨头过后，并没有发现什么值得关注的部分。

我曾经说过，在我去世后，希望能由邓迪大学的解剖系解剖我的尸体。我希望能够用蒂尔法对我的尸体进行防腐处理，在英国，我们系是这项技术的领头羊。我平平无奇的尸体也许是最棒的无言的老师。我更希望我的学生们是科学家，而不是内科医生或牙医。理科生会更加仔细地学习解剖学，因为他们的课程设置会让他们有更充足的时间来学习这门课。当我的尸体完成它的使命，我希望我所有的骨头在被煮掉脂肪后，能够制作成教学用的骨架，挂在我帮忙设计的解剖室内，继续发挥作用。

在我看来，火化或埋葬尸体都是极大的浪费。对一个解剖学家和法医人类学家来说，死后把尸体制作成一具有关节的骨架是最合适不过的选择了。

致　谢

因为要感谢的人太多了，所以我竟一时无法下笔。一本书从无到有，确实需要一个团队的精诚合作，而作者不过是其中的一员。毋庸置疑，我首先要感谢的是我的丈夫和可爱的女儿们。他们需要忍受我一连几小时、几天甚至几周都躲在阁楼里。他们既要隔着门给我递进食物和大量的茶水，还要忍受外界经常性的质疑。没有他们，我的努力就没有意义。

然后需要感谢的是我的第二个家庭，多年来他们对我照顾有加，我难以用言语来表达我对他们的喜爱。感谢可爱又格外疯狂的苏珊娜·维德森，感谢沉着又善谈的迈克尔·阿尔科克，我们在惠康餐厅喝茶、吃蛋糕，侃侃而谈的画面让我记忆犹新。我永远不会知道你们是如何说服我做这件事的，但是我发自内心地感谢你们。

感谢卡罗琳·诺思·麦克宛琳，她把自己形容为我背后的女人。你从来都不是活在昏暗处的女人，书中每一页都有你的身影，我敬畏你的才华，也将永远感激你。

斯蒂芬·邓肯虽然在我的生活中只是个戏份不多的小角色，但是却为我的生活添趣不少。谢谢你一直为我们提供专业帮助，指引正确方向。

我要感谢我的第三个家庭。虽然我可能只见过这些创造力十足且才华横溢的人一次或两次，但是他们在背后默默付出，让现在的一切成为可能。感谢凯特·萨曼诺、莎莉卡·泰尔瓦、卡特里娜·沃恩、凯特·希勒顿、塔比莎·佩利、艾玛·伯顿以及环球出版社的所有朋友。我还要感谢不服输的传奇人物：感谢帕齐·欧文一直以来的正确指导，感谢理查德·谢勒天赋异禀的艺术才能，由衷地感谢你们。

我想向另外一个小群体表示由衷的敬意，也就是解剖学家和法医人类学家，他们教会了我太多的东西，而我也与他们分享了我多年来的一些经历。

虽然我解剖学的启蒙老师们已经不在了，但正是他们让我能够在职业生涯中感受到工作的热情和自己存在的意义。我还要感谢约翰·克莱格教授和迈克尔·戴教授对我的信任。

感谢路易斯·朔伊尔教授和罗杰·索姆斯教授，我们一起度过了很多美妙的时光，虽然我总是不听话，但是我的确从你们身上学到了很多，我要在这里为我的不懂事说句抱歉。

最后，感谢我的死党。这位法医人类学家在我心中的地位不同寻常，我与她分享了很多永远也无法公之于众的荒谬经历。如果每个人都能够在生活中拥有一个像鲁西娜·哈克曼这样的朋友，是多么幸运啊，我也很感激能够认识她并与她一起工作。感谢我的朋友、同事以及搭档。